学以致用 3ds Max

环境艺术设计与模型制作标准教程

微课视频版

丝路教育 主编

人民邮电出版社
北京

图书在版编目（CIP）数据

学以致用 : 3ds Max环境艺术设计与模型制作标准教程 : 微课视频版 / 丝路教育主编. -- 北京 : 人民邮电出版社, 2016.8（2020.8重印）
现代创意新思维·十三五高等院校艺术设计规划教材
ISBN 978-7-115-42359-7

Ⅰ. ①学… Ⅱ. ①丝… Ⅲ. ①环境设计－计算机辅助设计－三维动画软件－高等学校－教材 Ⅳ. ①TU-856

中国版本图书馆CIP数据核字(2016)第169236号

内 容 提 要

本书将环境艺术设计实际工作中的众多制作规范与案例相结合，详细讲解了利用 3ds Max 进行环境艺术设计及模型制作的方法。全书共 7 章，分别介绍了 3ds Max 基础与界面的设置、建筑图纸基本常识、地形的制作、中国古建筑的制作、高层住宅楼的制作、别墅的制作、室内单面建模的制作等内容，还在附录中收录了 3ds Max 常见问题解决技巧。本书从实际工作要求出发，把模型规范、渲染规范、场景规范等配合实际案例编写成书，让学习最大限度地接近实际工作，学以致用。

本书适合作为环境艺术类专业、建筑设计类专业 3ds Max 课程的教材，也可供广大读者自学参考。

◆ 主　　编　丝路教育
责任编辑　桑　珊
责任印制　焦志炜

◆ 人民邮电出版社出版发行　　北京市丰台区成寿寺路 11 号
邮编　100164　　电子邮件　315@ptpress.com.cn
网址　http://www.ptpress.com.cn
北京捷迅佳彩印刷有限公司印刷

◆ 开本：787×1092　1/16
印张：16.5　　2016 年 8 月第 1 版
字数：304 千字　　2020 年 8 月北京第 2 次印刷

定价：42.00 元

读者服务热线：(010)81055256　印装质量热线：(010)81055316
反盗版热线：(010)81055315

序

PREFACE

本书的面市要特别感谢南京信息职业技术学院数码艺术学院的姜松华院长和徐俊主任。在一次关于学院课程设置的讨论会上，徐俊主任提出希望能引入公司的制作规范作为课程设置基础的想法，当时也得到了姜院长及其他参与讨论老师们的认可。

这个提议让长期从事技术工作的我们茅塞顿开。

记得在2000年，我们刚开始接触3ds Max，也买了一些“入门”“精通”等类型的图书。看完之后，我们发现这些图书对命令做了很细致的讲解，但是对于一个初学者来说，这些命令怎么运用到实际工作中去是个很困扰的事情，因为初学者并不了解实际工作的要求。就如同学了很多招式，但在实际战斗中，单独的一招一式很难派上用场，因为实际的战斗是一组组合拳的运用。因此，一定要了解实际的战斗需求，把一招一式组合起来运用，才能杀敌致胜。

丝路公司在数字视觉领域有十五年的从业经验，在这些年的工作中积累了很多工作规范，如模型规范、渲染规范、场景规范等。如果能把这些规范配合实际案例编写成书，对于学习者来说应该会是一个福利。因为学习的内容实际上就应该是制作公司对于工作的要求，工作中部门主管是用这样的标准来要求的，部门和部门之间的工作也是按这样的标准来衔接的，我们应让学习最大限度地接近实际的工作，所以也有了对于这个系列书特点的概括——“学以致用”。

在这个系列中，我们会依次将丝路公司的众多制作规范配合案例整理成书。在这里，我们要感谢丝路教育的全体老师，是他们用多年的工作经验及教学经验整理出众多有代表性的案例，并编辑成书。参与编写的有周利翔、曾剑、冯栋、陆杨、程其

梅、刘宇飞、肖丽红和王雪刚。由于篇幅有限，这个系列的书中所有内容都是基于实际工作的要求来编写的，对于基础的命令会做适当的讲解。为了更好地解决读者在学习中遇到的问题，我们还把书中内容录制成了视频，放在了丝路教育的在线教育网站上（www.silucg.cn），并在书中插入了二维码，读者既可以扫码观看，也可以登录云盘下载视频内容，下载链接为http://pan.baidu.com/s/lkU7UexD。同时，我们还成立了讨论组来帮助读者随时解决问题。

课时安排表（建议）

章	内容	建议课时	备注
第1章	3ds Max基础与界面的设置	2	配合视频课程
第2章	建筑图纸基本常识	2	
第3章	地形的制作	4～6	配合视频及练习
第4章	中国古建筑的制作	8～10	配合视频及练习
第5章	高层住宅楼的制作	8～12	配合视频及练习
第6章	别墅的制作	12～16	配合视频及练习
第7章	室内单面建模的制作	8～12	配合视频及练习
附录	3ds Max常见问题解决技巧	2	
	课程考核	2	
	课时总计	48～64	

最后，借此机会感谢所有与丝路公司及丝路教育合作的相关学校，由于数量很多不能一一列举了，是大家给了我们很多专业意见让我们来做好这个系列书。

丝路教育

2016年6月

目 录

CONTENTS

地形的制作

中国古建筑的制作

第5章

高层住宅楼的制作

别墅的制作

第7章 室内单面建模的制作

附录 3ds Max常见问题解决技巧

第1章

3ds Max基础与界面的设置

3ds Max是美国Autodesk公司开发的一款创作型三维软件，它的强大功能使其从诞生以来就一直受到CG艺术家的喜爱。在三维创作领域里，3ds Max是目前世界上应用最广、使用人数最多的三维建模、动画与渲染软件，广泛应用于建筑设计、广告、影视动画、工业设计、多媒体制作、游戏设计、CG制作等领域。在国内发展比较成熟的建筑效果图和建筑动画制作中，3ds Max的使用率更是占据了绝对的统治地位，如图1-1～图1-3所示。

▲图 1-1　建筑室内外表现

▲图 1-2　游戏设计

▲图 1-3　影视动画

本章重点讲述了如何使用3ds Max软件，以及制作建筑效果图的流程和规范。

1.1 3ds Max的界面组成

3ds Max的操作界面主要由以下几部分组成，如图1-4所示。

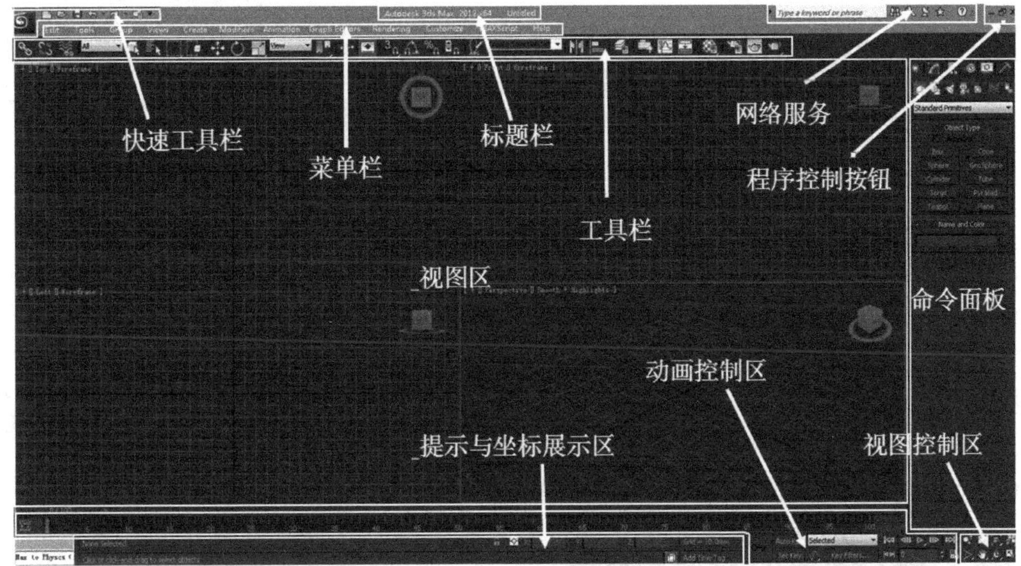

▲图 1-4　界面组成

（1）快速工具栏：集合了用于管理场景文件的常用命令，便于用户快速管理场景文件，包括新建、打开、保存、撤销和重置等命令。

（2）标题栏：包含当前编辑的文件名称、软件版本信息。

（3）网络服务：用于访问有关3ds Max 2012和其他Autodesk产品的信息。

（4）程序控制按钮：最小化、最大化和关闭软件。

（5）菜单栏：包括编辑、工具、组、视图、创建、修改器、动画、图形编辑器、渲染、自定义、MAXScript（MAX脚本）和帮助12个主菜单。

（6）工具栏：集合了最常用的一些编辑工具。

（7）命令面板：对场景对象的操作，包含创建、修改、层次、运动、显示和实用程序6个面板。

（8）视图区：是用于工作的区域，在视图区中可以从不同的角度对场景中的对象进行观察和编辑。

（9）视图控制区：主要用来控制视图的显示和导航。使用这些按钮可以缩放、平移和旋转活动的视图。

（10）动画控制区：用于时间轴以及关键帧的控制。

（11）提示与坐标展示区：显示物体所在的坐标位置、提示下一步的操作。

为了符合建筑模型的制作规范，需要在开始建模前做一些必要的相关设置。

1.2 单位的设置

由于建筑模型对模型的精度要求比较高，所以需要设置精确的单位。

依次单击【Customize】（自定义）→【Units Setup】（单位设置）菜单命令，打开单位设置面板。单击【System Unit Setup】（系统单位设置）按钮，弹出【System Unit Setup】（系统单位设置面板），在【System Unit Scale】（系统单位比例）中设置【1Unit】为【Millimeters】（毫米）；单击【OK】（确定）按钮，返回到【Units Setup】（单位设置）面板，在【Display Unit Scale】（显示单位比例）组中选择【Metric】（公制），并单击展开下方的下拉列表选择【Millimeters】（毫米），如图1-5所示。

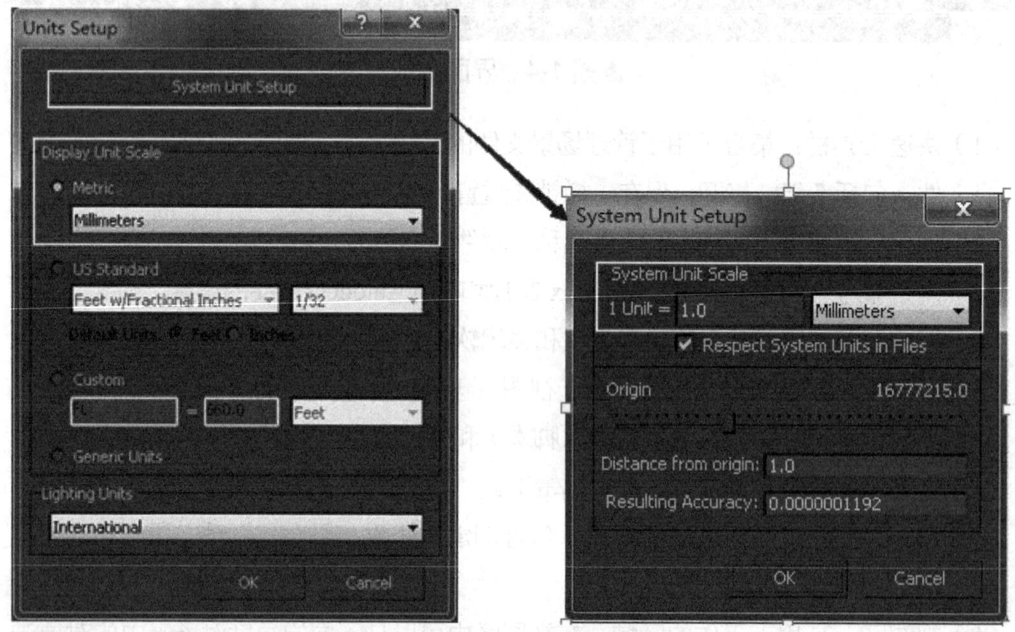

▲图 1-5　单位设置

室外建筑静帧建模时，一般设置单位为毫米；室外建筑动画建模时，一般设置单位为厘米；而在大面积建筑规划建模时，一般设置单位为米。在实际工作中，请根据公司的要求进行正确的系统单位设置。

1.3 首选项的设置

接下来对软件的【Preference】（首选项）进行设置，依次单击【Customize】（自定义）→【Preference】（首选项）命令，打开【Preference Settings】（首选项设置）面板。

1.常规选项的设置

在【General】（常规）选项卡的【Scene Selection】（场景选择）组中勾选【Auto Window/Crossing by Direction】（按方向自动切换窗口/交叉）选项，如图1-6所示。

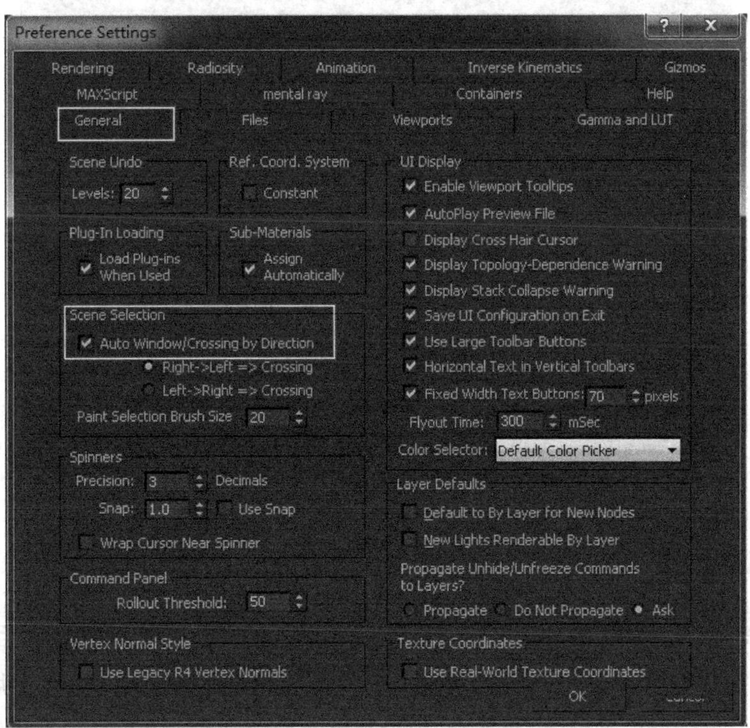

▲图 1-6 设置【General】（常规）选项卡

温馨提示

按方向自动切换窗口/交叉选择【Right>Left=>Crossing】（从右到左交叉）是和AutoCAD里的选择方式相匹配的。

2.文件选项的设置

在【Files】（文件）选项卡的文件处理组中勾选【Compress on Save】（保存时压缩）选项，设置【Auto Backup】（自动备份）组中的【Number of Autobakfiles】（自动保存文件数）为9，【Back Interval（minutes）】（备份间隔（分钟））参数为5，如图1-7所示。

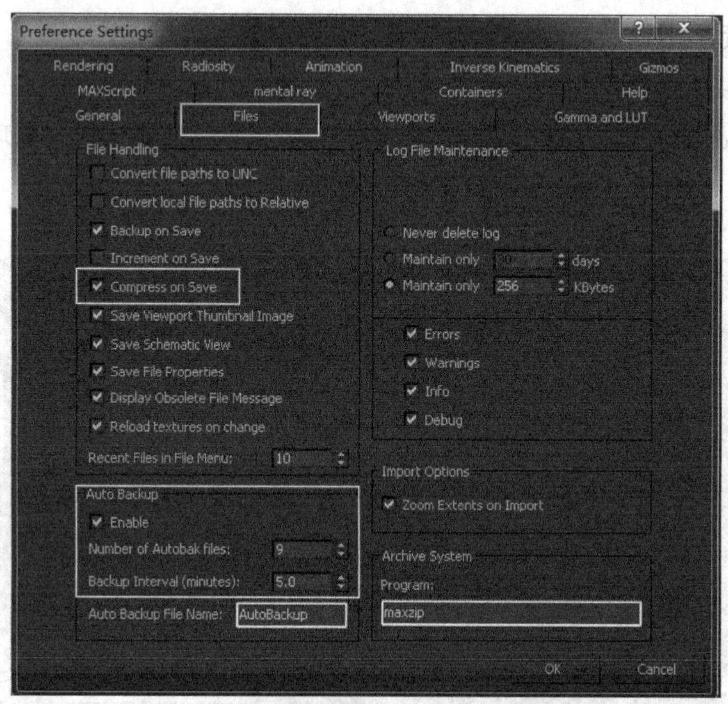

▲图 1-7　设置【Files】（文件）选项卡

【Number of Autobak files】（自动备份文件数）设置为9时，系统可以自动备份9个文件。【Back up Interval（minutes）】（备份间隔（分钟））参数用于每隔多少分钟备份一次，当参数设置为5.0时，系统会每隔5分钟备份一个文件，当备份到第10个文件时将覆盖第1个文件。文件的个数和备份间隔的时间可以根据自己的需求进行合理的设定。

3.视口选项的设置

在【Viewports】（视口）选项卡的【Mouse Control】（鼠标控制）组中勾选【Zoom About Mouse Point（Orthographic）】以鼠标点为中心缩放（正交）选项，如图1-8所示。

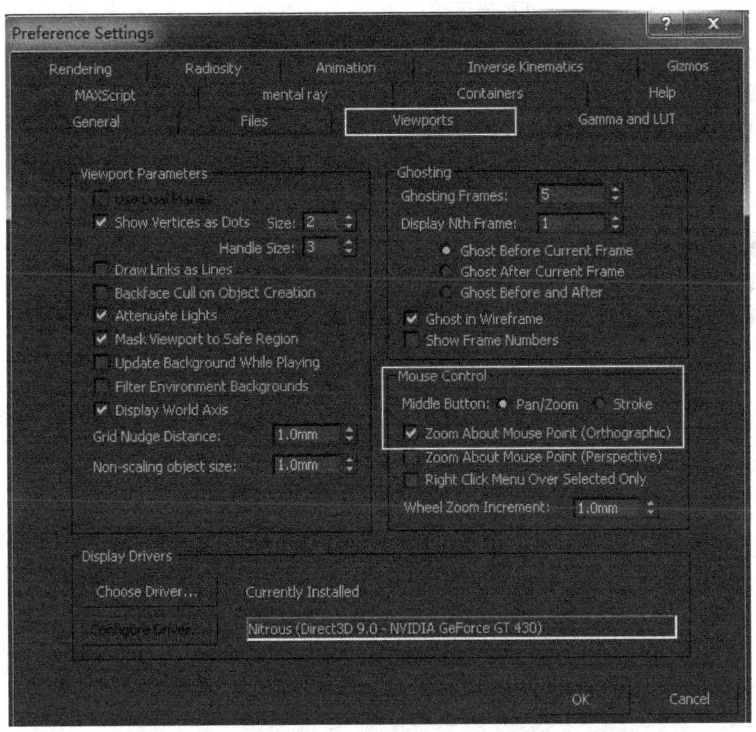

▲图 1-8 设置【Viewports】（视口）选项卡

温馨提示

勾选【Zoom About Mouse Point（Orthographic）】（以鼠标点为中心缩放（正交））选项的好处是在操作的过程中滚动鼠标中键，视口会以鼠标点为中心进行缩放。

1.4 自动保存寻找的路径

在3ds Max低版本中，【Auto Back】（自动保存）的文件是在Max安装的根目录下的，版本升级后，【Auto Back】（自动保存）寻找的路径为【计算机】→【文档】→【3ds Max】→【autoback】，如图1-9所示。

▲图 1-9 自动保存文件

1.5 用户界面方案的设置

在默认情况下，3ds Max 2012的界面颜色为黑色，如果用户的视力不好，就很可能看不清界面上的文字，这时可以选择菜单【Customize】（自定义）→【Customize UI and Defaults Switcher】（自定义UI与默认设置切换器）进行如图1-10所示的设置。

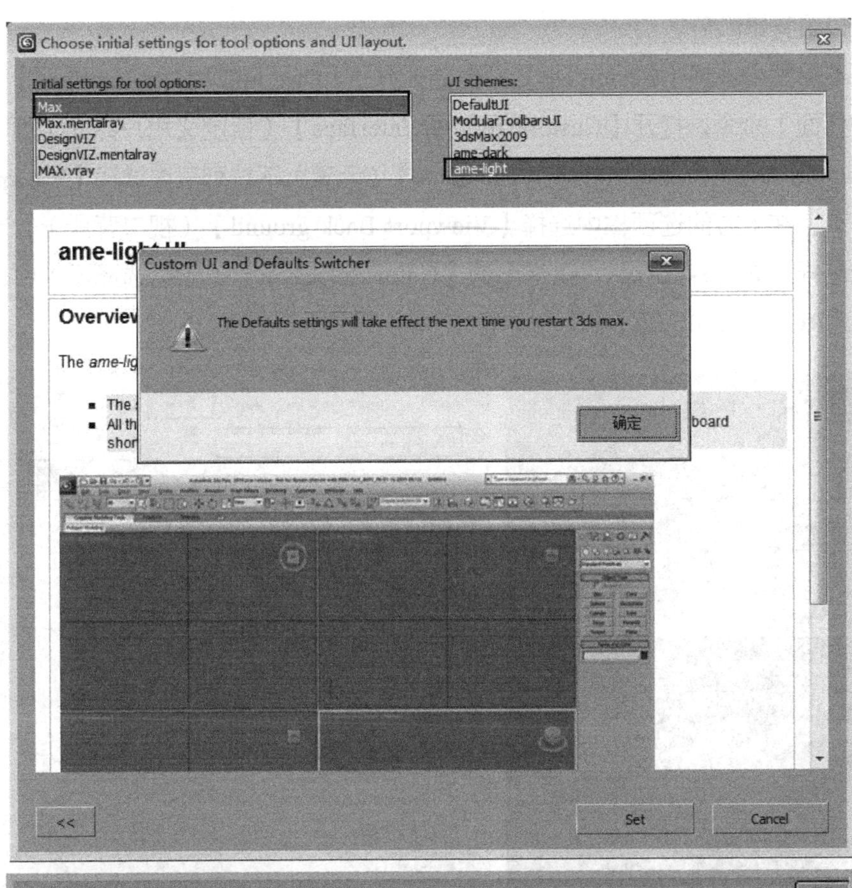

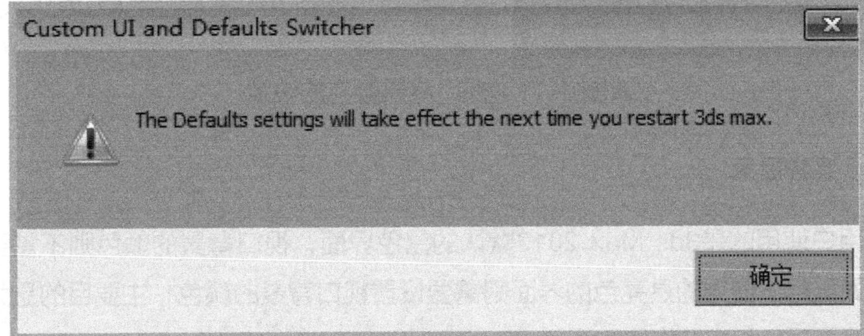

▲图 1-10　自定义用户界面方案的设置

弹出的对话框中提示该设置将在下次重新启动3ds Max时生效。

1.6 视口背景的设置

在建筑建模时，常常需要将建筑设计图纸导入3ds Max中并将其冻结，然后根据图纸进行建模。但是，冻结之后的模型颜色与视口背景颜色相似，不易区分，所以需要重新设置背景颜色。

在菜单栏中选择【Customize】（自定义）→【Customize User Interface】（自定义用户界面）命令，打开【Customize User Interface】（自定义用户界面）面板。选择【Colors】（颜色）选项卡，在【Elements】（元素）下拉列表中选择【Viewports】（视口），在下方的选项栏中选择【Viewport Back ground】（视口背景），单击颜色后的色样，如图1-11所示，在弹出的【Color Selection】（颜色选择器）中设置背景颜色为RGB【0，0，30】。

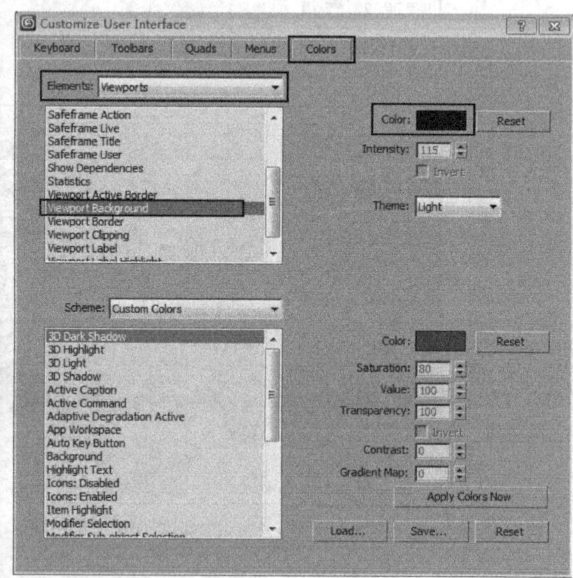

▲图 1-11　视口背景颜色的设置

温馨提示

如果用户使用的是3ds Max 2012默认的黑色界面，视口背景的颜色则不需要设置。如果用户使用的是亮色的界面则需要设置视口背景的颜色，主要目的是为了区别背景颜色和冻结物体的颜色。

1.7 快捷键的设置

由于建筑建模是一个连续不断的操作过程，设置理想的快捷键能够大大提高制作速度，下面介绍如何设置快捷键。

选择菜单【Customize】（自定义）→【Customize User Interface】（自定义用户

界面）命令，打开【Customize User Interface】（自定义用户界面）面板。选择【Keyboard】（键盘）选项卡，在该选项卡中可以设置快捷键，也可以单击【Load】（加载）按钮，调入kbd格式的快捷键，如图1-12所示。

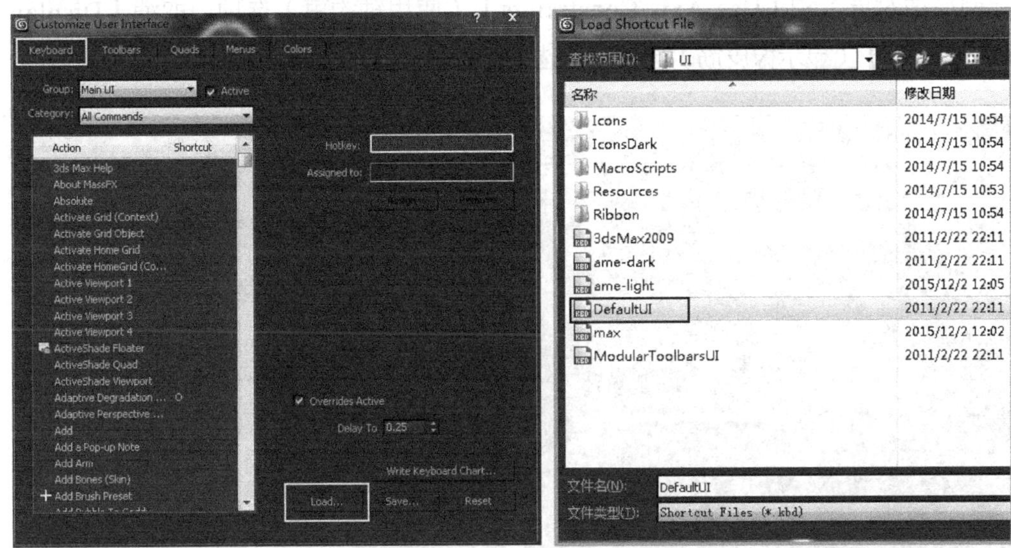

▲图 1-12　快捷键的设置

温馨提示

快捷键的设置要注意不能以两个或者两个以上的字母或数字来设置，一般都是单个字母或数字及功能键与字母、数字的组合（功能键是指Shift、Ctrl、Alt）；快捷键一般都设置在键盘左边以方便操作。

1.8 捕捉的设置

在建筑建模时，会经常使用捕捉功能对一些几何形状进行精确的对齐，下面对捕捉进行设置。

首先在工具栏的捕捉工具中设置捕捉为2.5维捕捉。在【Snaps Toggle】（捕捉开关）按钮 上按住鼠标左键，在弹出的下拉菜单中选择图标，如图1-13所示。

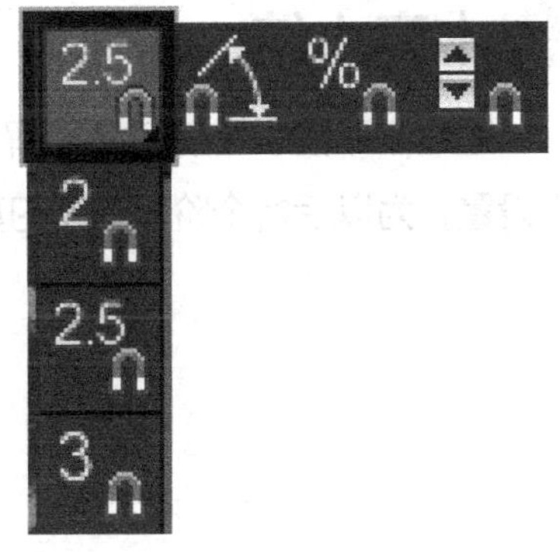

▲图 1-13　工具栏中的捕捉工具

在【Snaps Toggle】（捕捉开关）按钮上单

击鼠标右键，弹出【Grid and Snap Settings】（栅格和捕捉设置）窗口，在【Snaps】（捕捉）选项卡中勾选【Vertex】（顶点）、【Endpoint】（端点）和【Midpoint】（中点）选项；在【Options】（选项）选项卡中勾选【Snap to frozen objiects】（捕捉到冻结对象）和【Use Axis Constraints】（使用轴约束）选项，取消【Display rubber band】（显示橡皮筋）选项的勾选，如图1-14所示。

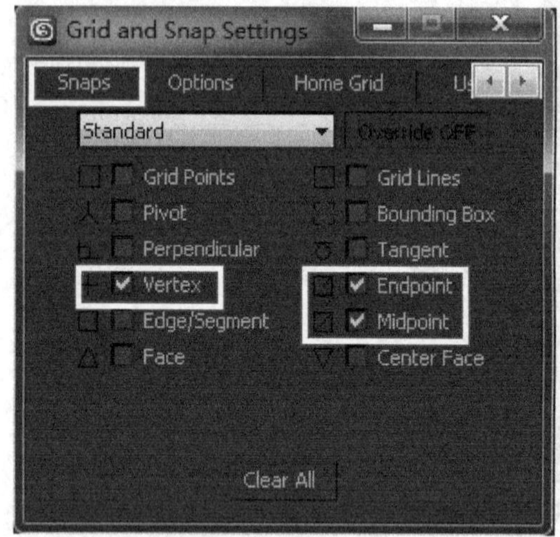

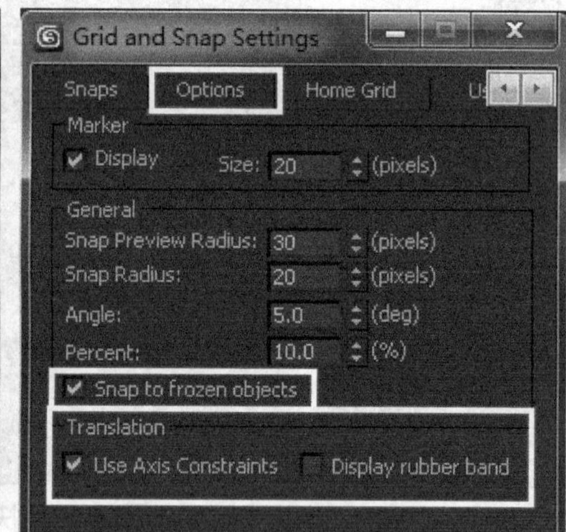

▲图 1-14　捕捉设置

温馨提示

捕捉开关默认为捕捉，之所以设置为捕捉，是因为室外建筑建模的所有操作过程都是在正投影视图中完成的，正投影视图也就是视口中的顶、前和左视图，而在这些视图中进行捕捉是不需要三维捕捉的。

本章小结

通过本章的学习使读者了解到3ds Max界面的组成以及3ds Max操作中的一些基本设置，为以后各个阶段的学习奠定了基础。

建筑图纸基本常识

本章讲解投影的原理与建筑图纸平、立、剖面图的形成和识读以及AutoCAD图纸的清理与导入。通过本章的学习使初学者提高空间想象能力，掌握物体与投影图之间的转换规律，为以后准确地理解设计师的设计意图、快速地制作建筑模型打下坚实的基础。

2.1 投影法的基本知识

1.投影法的概念

在日常生活中，当阳光或灯光照射物体，在墙面或地面上会产生影子，构成影子的内外轮廓称为投影。在制图中，把光源称为投影中心，光线称为投射线，光线的射向称为投射方向，落影的平面（如地面、墙面等）称为投影面，影子的轮廓称为投影。用投影表示物体的形状和大小的方法称为投影法。

2.投影的分类

根据物体和影子之间的关系，可以将投影分为中心投影和平行投影。其中，平行投影根据投射线与投影面的关系又可分为斜投影和正投影，如图2-1所示。

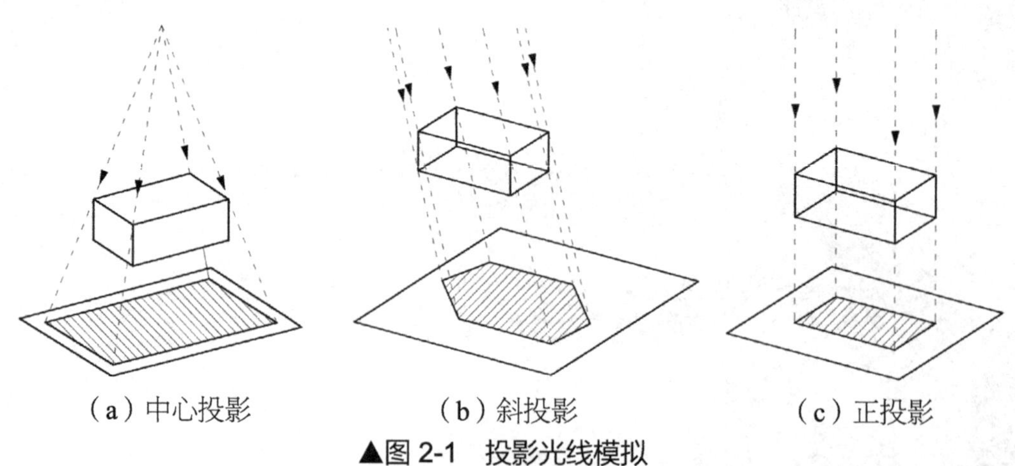

（a）中心投影　（b）斜投影　（c）正投影

▲图 2-1　投影光线模拟

（1）中心投影

由一点放射的投射线所产生的投影称为中心投影，如图2-1（a）所示。

（2）平行投影

由相互平行的投射线所产生的投影称为平行投影。根据投射线与投影面的角度不同，平行投影又分为以下两种。

① 斜投影：当平行投射线倾斜于投影面时称为斜投影，如图2-1（b）所示。

② 正投影：当平行投射线垂直于投影面时称为正投影，如图2-1（c）所示。

3.工程中常用的几种图示法

工程中常用的图示法有透视图、轴测图和正投影图，如图2-2所示。

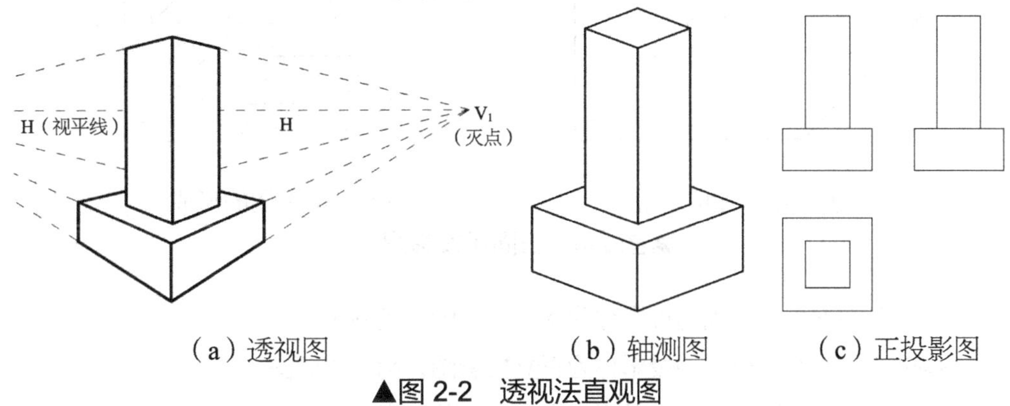

（a）透视图　（b）轴测图　（c）正投影图

▲图 2-2　透视法直观图

（1）透视图

透视图与照相原理一致，接近人的视觉，故图形逼真、直观性强，一般用于建筑设计方案的比较及工艺美术和宣传广告画等，如图2-2（a）所示。

（2）轴测图

轴测图是运用平行投影法来绘制的，其图形也富有立体感，但不如透视图自然、直观，所以在工程中一般作为辅助性图样，如图2-2（b）所示。

（3）正投影图

正投影图是应用相互垂直的多个投影面和正投影法来绘制的，是一种多面投影。正投影图作图比较简便，各投影图联合起来能表示形体的真实形状和尺寸，以便于施工，但缺乏立体感，如图2-2（c）所示。

4.三面正投影图的建立和形成

设空间有三个相互垂直的投影面，如图2-3（a）所示。水平投影面用H表示，正立投影面用V表示，侧立投影面用W表示。三个投影面的交线OX、OY、OZ称为投影轴，交点O称为原点，如图2-3（b）所示。将物体放置在H、V、W三个投影面中间，按箭头所指方向分别向三个投影面做正投影。

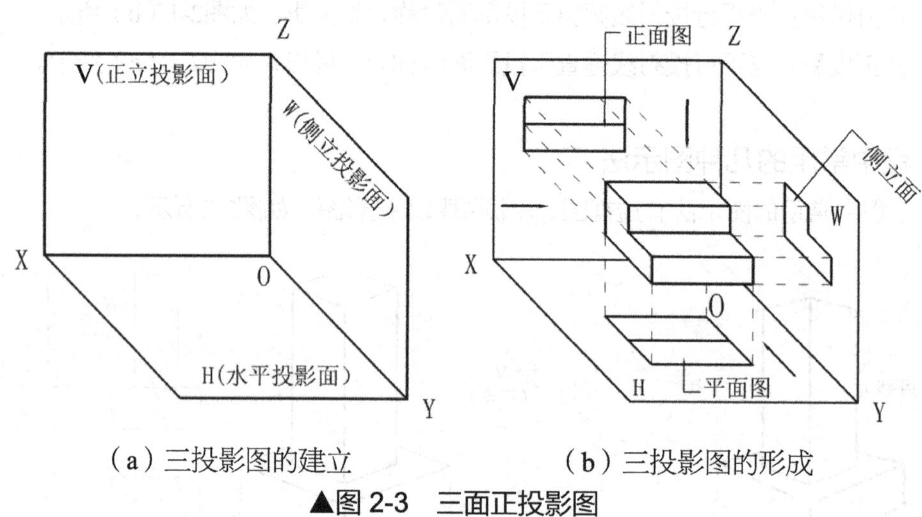

（a）三投影图的建立　　（b）三投影图的形成

▲图 2-3　三面正投影图

由上向下在H面上得到的投影称为水平投影图，简称平面图。

由前向后在V面上得到的投影称为正立投影图，简称正面图。

由左向右在W面上得到的投影称为侧立投影图，简称侧面图。

5.三投影面的展开

为了把空间三个投影面上得到的投影图画在一个平面上，需要展开三个互相垂直的投影面，如图2-4（a）所示。三个投影面展开后，原三面相交的交线OX、OY、OZ成为两条垂直相交的直线，原OY轴则分为两条。从展开的三面投影图的位置来看，左下方为水平投影图，左上方为正立投影图，右上方为侧立投影图，如图2-4（b）所示。

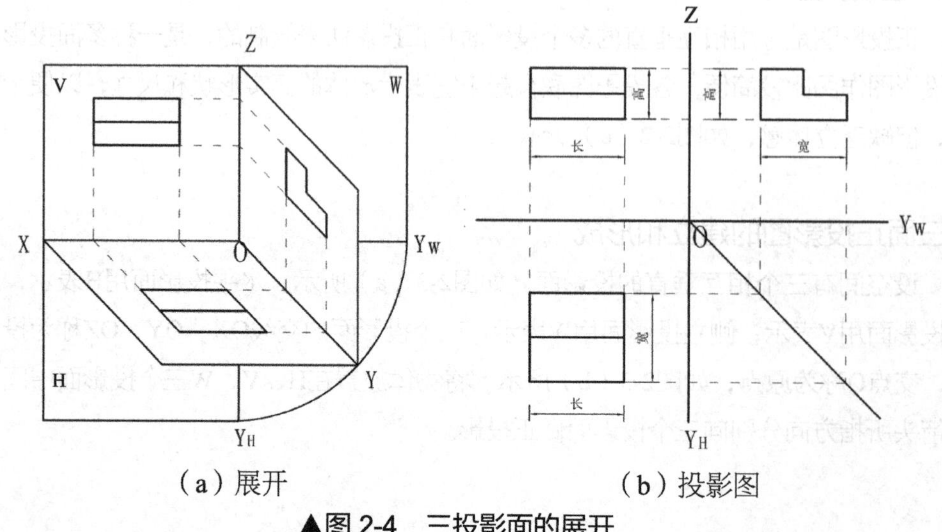

（a）展开　　（b）投影图

▲图 2-4　三投影面的展开

6.三面正投影面的投影规律

任何一个空间物体都有长、宽、高3个方向的尺度，以及上、下、左、右、前、后6个方位。每一个投影都能反应长、宽、高3个方向尺度中的2个及6个方位中的4个。

（1）投影图中的三等关系

如图2-4（b）所示，正立投影图反映物体的长、高尺寸；水平投影图反映物体的长、宽尺寸；侧立投影图反映物体的宽、高尺寸，因此归纳为正立投影图与水平投影图——长对正；正立投影图与侧立投影图——高平齐；水平投影图与侧立投影图——宽相等。

“长对正、高平齐、宽相等”的三等关系反映了三面正投影图之间的投影规律，是画图、尺寸标注、识图应遵循的原则。

（2）投影图小结

根据三面投影图可知，正立投影图反映物体的左右、上下；水平投影图反映物体的左右、前后；侧立投影图反映物体的前后、上下。熟练掌握投影图之间的三等关系及方位判别，对画图、识图将有极大的帮助。

2.2 剖面图

形体的正投影图主要表示形体的外部形状。在正投影图中，形体内部形状的不可见轮廓线需要用虚线画出，当形体内部构造复杂时，投影图中就会出现很多虚线，因而是图面虚、实交错，给读图、画图带来不便，甚至会出现错误。

为了清楚地表达形体内部构造的形状和材料，可以假想用一个面将物体剖开，让它内部显露出来，使物体的不可见部分成为可见部分，用粗实线表示其内部形状和构造，如图2-5和图2-6所示。

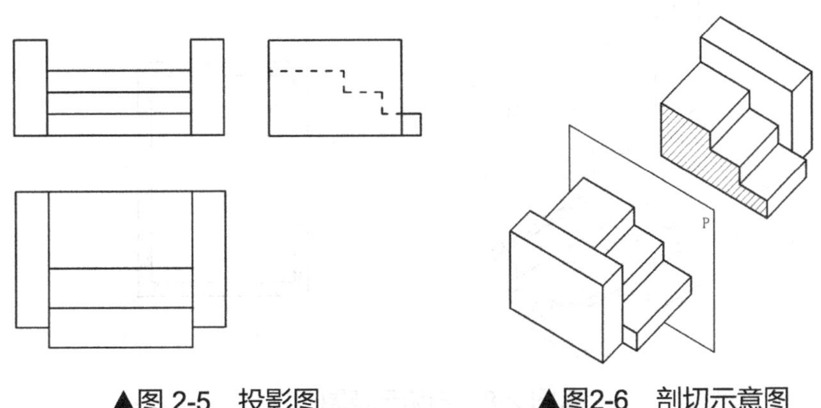

▲图 2-5　投影图　▲图2-6　剖切示意图

1.剖面的形成

为了清晰地表达形体的内部构造，假想用一个剖切平面将形体切开，移去剖切平面与观察者之间的部分形体，将剩下的部分形体向投影面做正投影，所得到的投影图称为剖面图。

形体被剖开后，使形体内部原来看不见的部分变为看得见的部分，而且原来在投影图中表示内部结构的虚线，在剖面图中变成了看得见的粗实线，如图2-7所示。

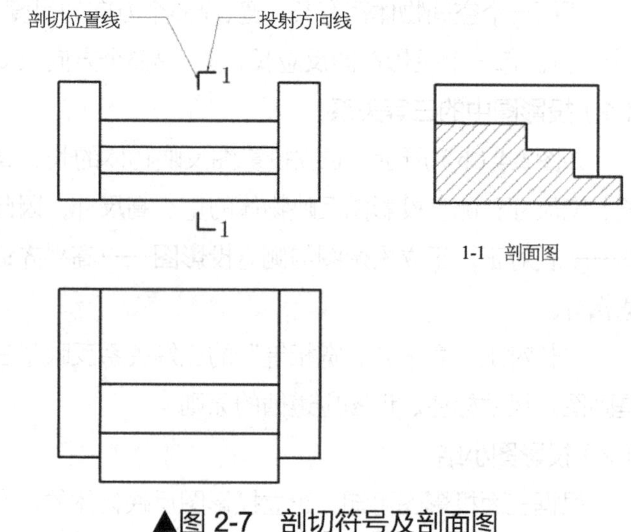

▲图 2-7 剖切符号及剖面图

2.剖面的分类

由于形体的形状不同，对形体作剖面图时所剖切的位置和作图方法也不同，通常所采用的剖面图有全剖面图、半剖面图、阶梯剖面图和展开剖面图。

（1）全剖面图

用一个剖切平面将形体完整地剖切开所得到的剖面图，称为全剖面图，如图2-8所示。

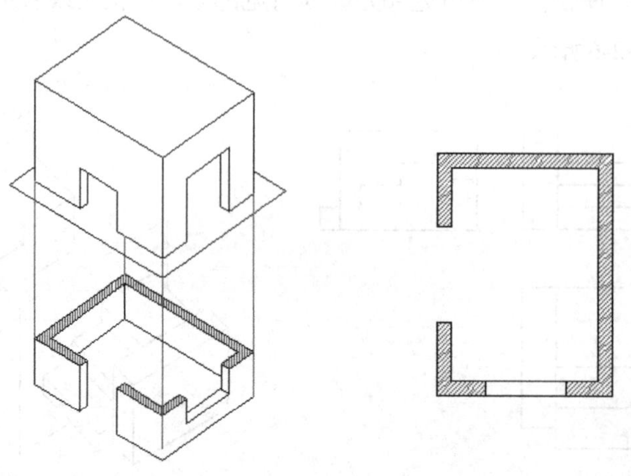

▲图 2-8 剖切示意图

（2）半剖面图

如果形体是对称的，画图时常把形体投影图的一半画成剖面图，另一半画成外形图，这样组合而成的投影图称为半剖面图。这种作图方法可以节省投影图的数量，而且从一个投影图可以同时观察到立体的外形和内部构造，如图2-9所示。

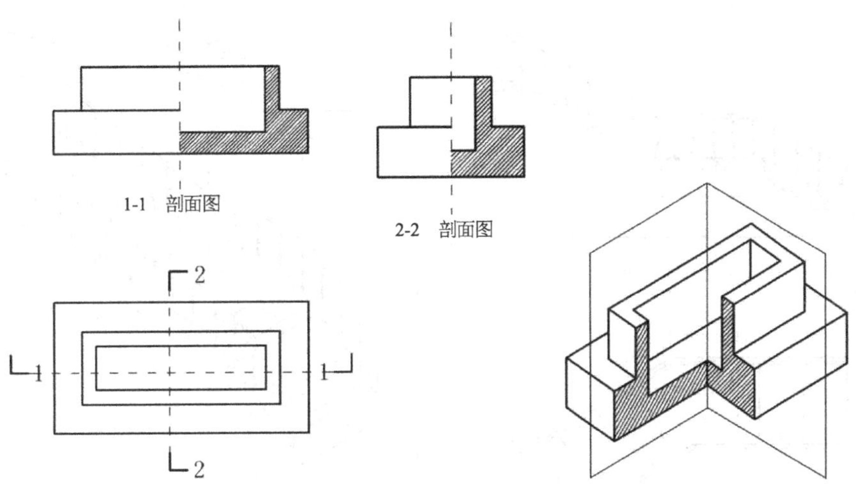

▲图 2-9 半剖图示意图样

（3）阶梯剖面图

不便同时剖切两个孔洞时，可用两个相互平行的平面通过两个孔洞剖切，这样在同一个剖面图上可以将两个不在同一个方向上的孔洞同时反映出来。这种用两个或两个以上互相平行的剖切平面将形体剖开所得到的剖面图称为阶梯剖面图。

温馨提示

由于剖切平面是假想出来的，所以剖切平面转折处由于剖切而使形体产生的轮廓线不应在剖切图中画出，如图2-10所示。

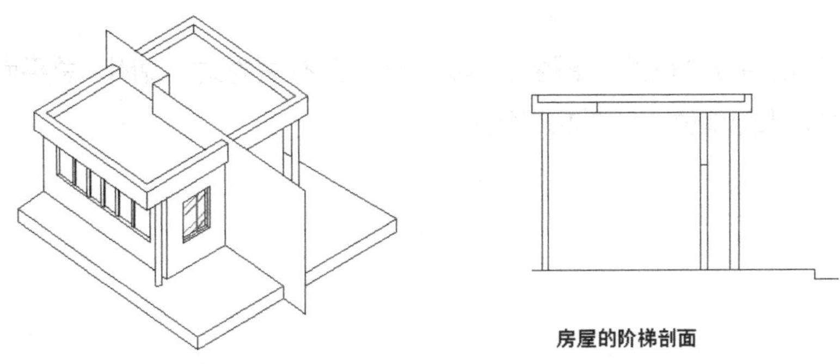

▲图 2-10 阶梯剖面图示意图样

（4）展开剖面图

用两个相交的剖切平面将形体剖切开所得到的剖面图，经旋转展开，平行于某个基本投影后再进行正投影，称为展开剖面图，如图2-11所示。

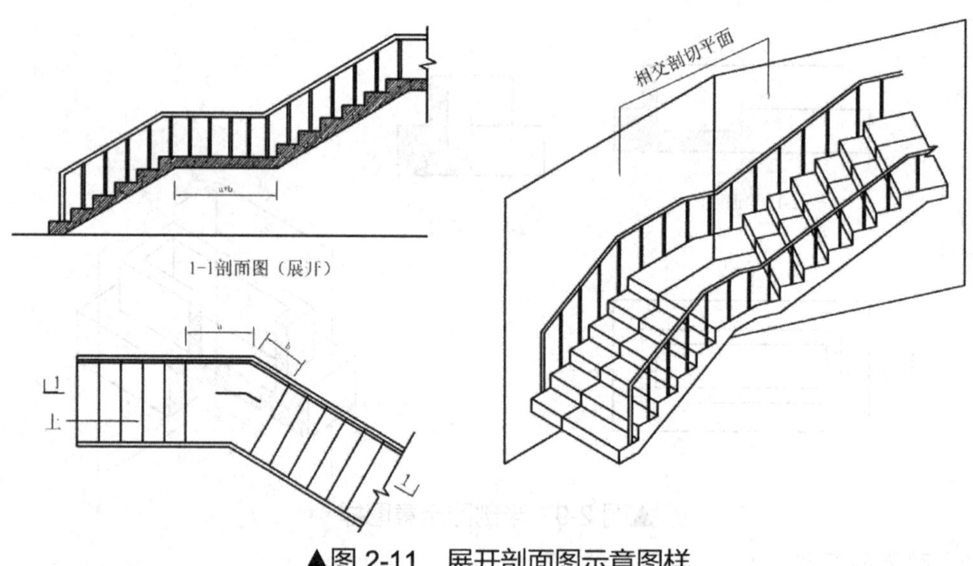

▲图 2-11　展开剖面图示意图样

2.3 建筑施工图

建筑施工图主要包括建筑总平面图、建筑平面图、建筑立面图和建筑剖面图。

1.建筑总平面图

建筑总平面图是假设在建设区的上空向下做投影所得的水平投影图，主要表达拟建房屋的朝向和位置，与原有建筑物的关系，周围道路、绿化布置及地形、地貌等内容。

识读建筑总平面图主要看图名、比例、图例及有关的文字说明。总平面图上标注的尺寸一律以米为单位，如图2-12所示。

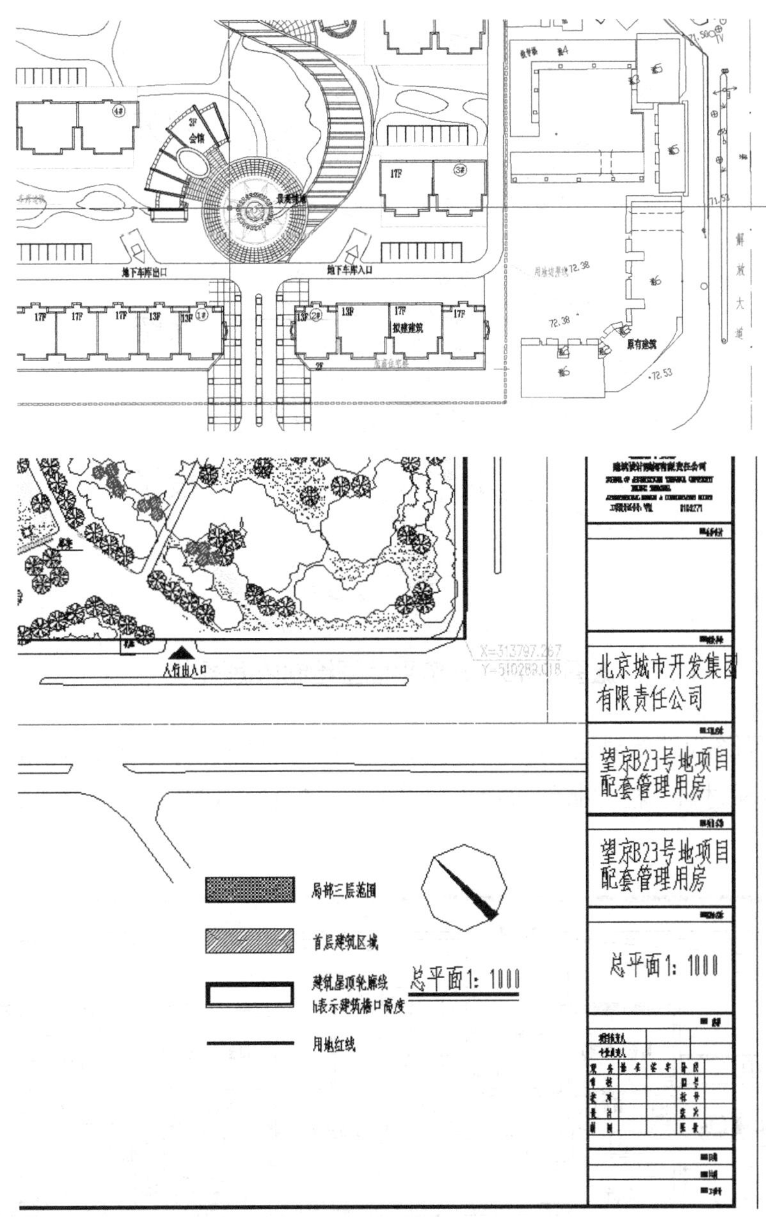

▲图 2-12　总平面图地形地貌局部

2.建筑平面图

建筑平面图是用一个假想的水平剖切平面沿略高于窗台的位置剖切房间，移去上面部分，将剩余部分向水平面做正投影所得的水平剖面图，如图2-13所示。

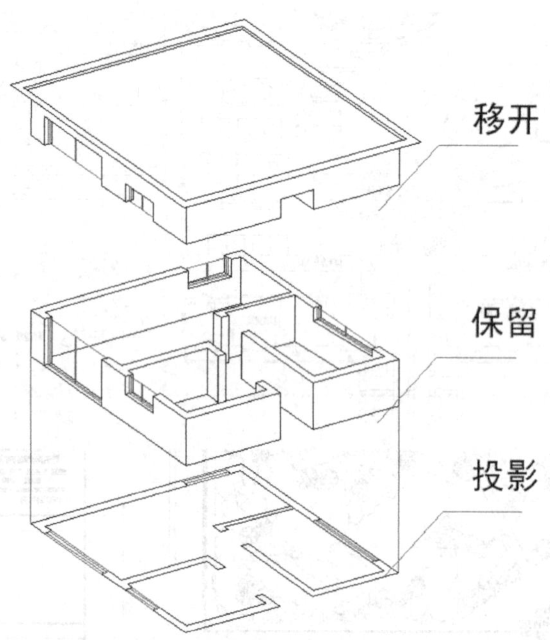

▲图 2-13　建筑平面图绘制依据图样

建筑平面图反映新建建筑的平面形状、房间的位置和大小及相互关系，墙体的位置及其厚度和材料，柱的截面形状与尺寸大小，门窗位置及类型等情况，如图2-14所示。

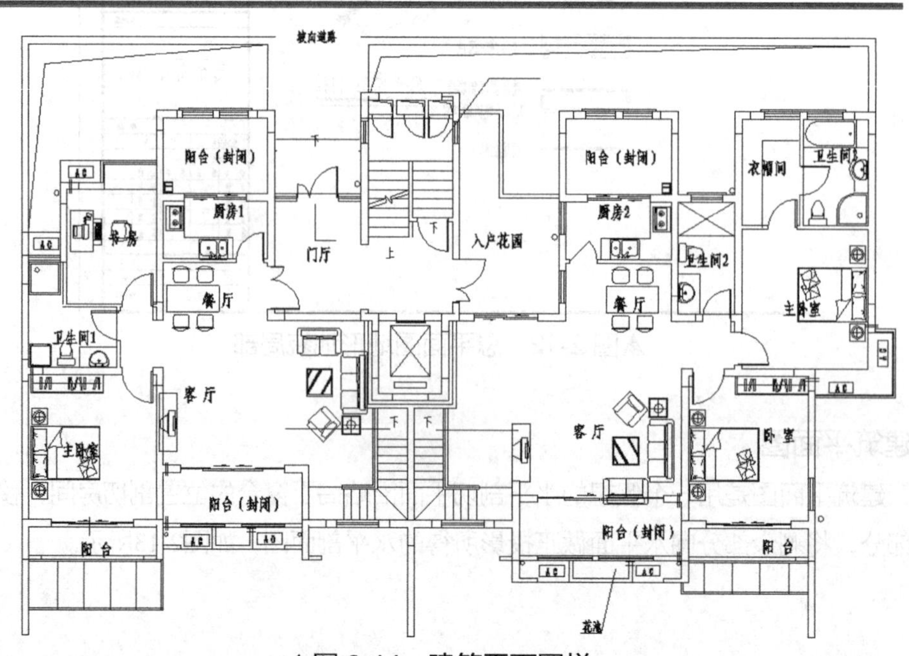

▲图 2-14　建筑平面图样

（1）建筑平面图的组成

建筑平面图实际上就是房屋各层的水平剖面图，但习惯上不标注其剖切位置，也不称其为剖面图。一般来说，房屋有几层，就应画几个平面图，并在图的下方注明相应的图名，如底层（或一层）平面图、二层平面图等。但当有些建筑中间各层的构造、布置情况都一样时，可用同一个平面来表示，称其为中间层（标准层）平面图。因此，多层建筑的平面图一般由底层平面图、标准层平面图和顶层平面图组成。此外，还有屋顶平面图。

（2）建筑平面图的定位轴线编号

建筑平面图上定位轴线的横向编号应用阿拉伯数字，从左至右顺序编写，竖向编号应用大写拉丁字母，其中拉丁字母的I、O、Z不得用作轴线编号，如图2-15所示。

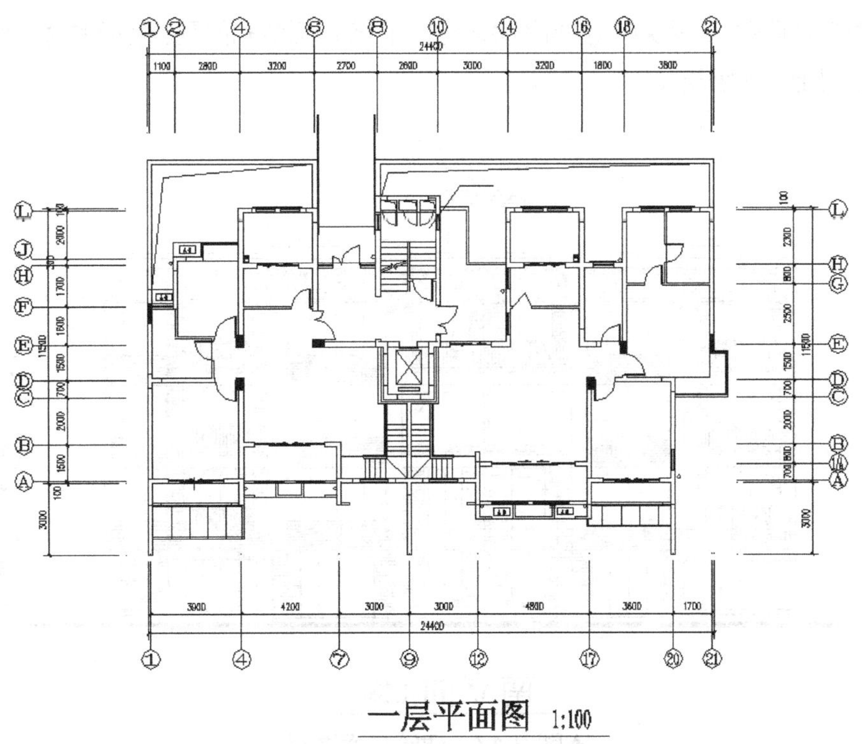

▲图 2-15 定位轴线标注图样

3.建筑立面图

以平行于房屋外墙的面为投影面，用正投影的原理绘制出的房屋投影图，称为建筑立面图，简称立面图，如图2-16所示。某些平面形状曲折的建筑物，可绘制展开立面图，并应在图名后注明“展开”二字。

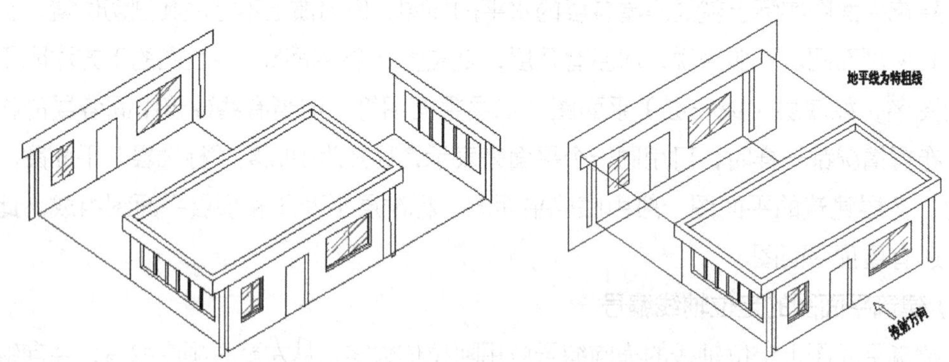

▲图 2-16　建筑立面图绘制依据图样

建筑立面图主要反映房屋的形体和外貌、门窗的形势和位置、墙面的材料和装修做法等，如图2-17所示。

南立面 1:100

▲图 2-17　建筑立面图样

（1）建筑立面图的命名方式

①以建筑朝向命名：建筑物的立面面向哪个方向，就称为哪个方向的立面图，如东立面图、南立面图、西立面图、北立面图。

②以建筑平面图中的首尾轴线命名：依照观察者面向建筑物从左到右的轴线顺序命名，如1-5轴立面图，A-E轴立面图，如图2-18和图2-19所示。

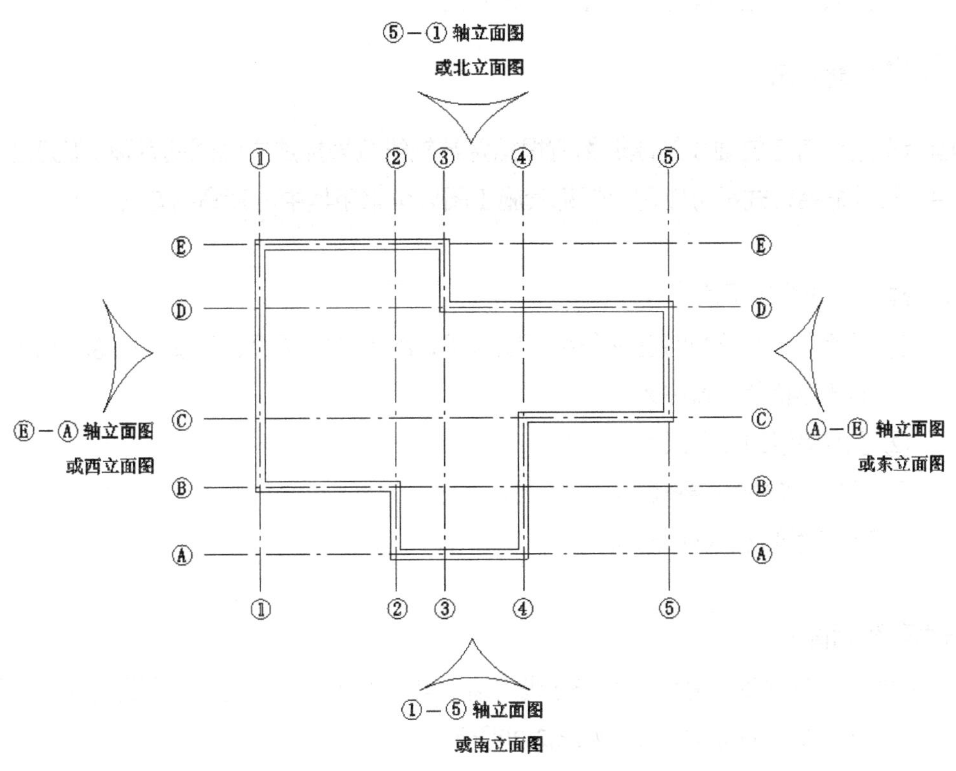

▲图 2-18　轴立面图标注

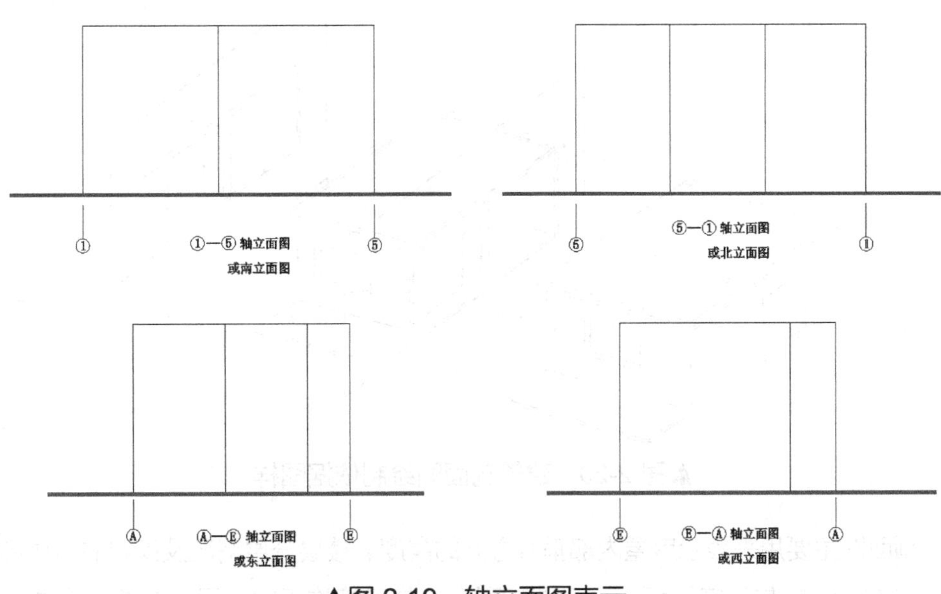

▲图 2-19　轴立面图表示

③以建筑墙面的特征命名：例如正立面图、侧立面图、背立面图（建筑的主要

出入口所在墙面的立面图称为正立面图）。

温馨提示

国标规定，有定位轴线的建筑物宜根据两端轴线编号标注立面图的名称。施工图中这三种命名方式都可以用，但每套施工图只可采用其中一套命名方式。

（2）建筑立面图的识读

①了解房屋的外貌特征并与平面图对照，深入了解屋面、门窗、雨篷、台阶等细部形状及位置关系。

②了解房屋的竖向尺寸和标高。

③了解建筑物的装修做法。

④建立建筑物的整体形状。

4.建筑剖面图

假想用一个或多个垂直于外墙轴线的铅垂剖切平面将房屋剖开，所得的正投影图称为建筑剖面图，简称剖面图，如图2-20所示。

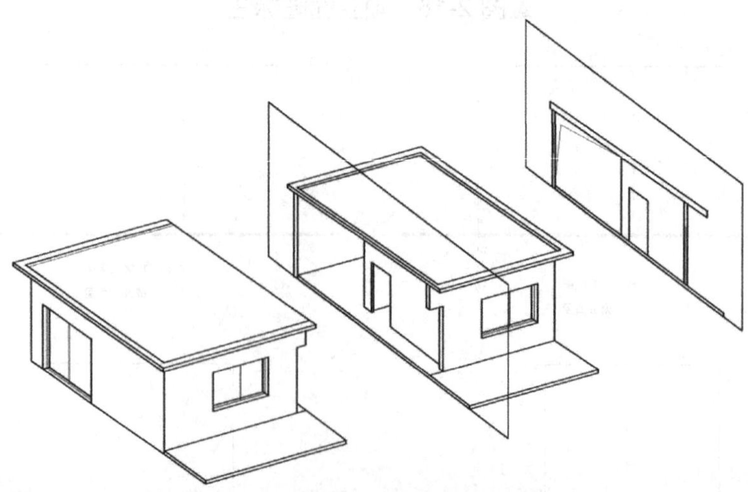

▲图 2-20 建筑剖面图绘制依据图样

剖面图主要用来表示房屋内部垂直方向的高度、楼层分层情况及简要的结构形式和构造方式。它与建筑平面、立面图相配合，是建筑施工中不可缺少的重要图样之一，如图2-21所示。

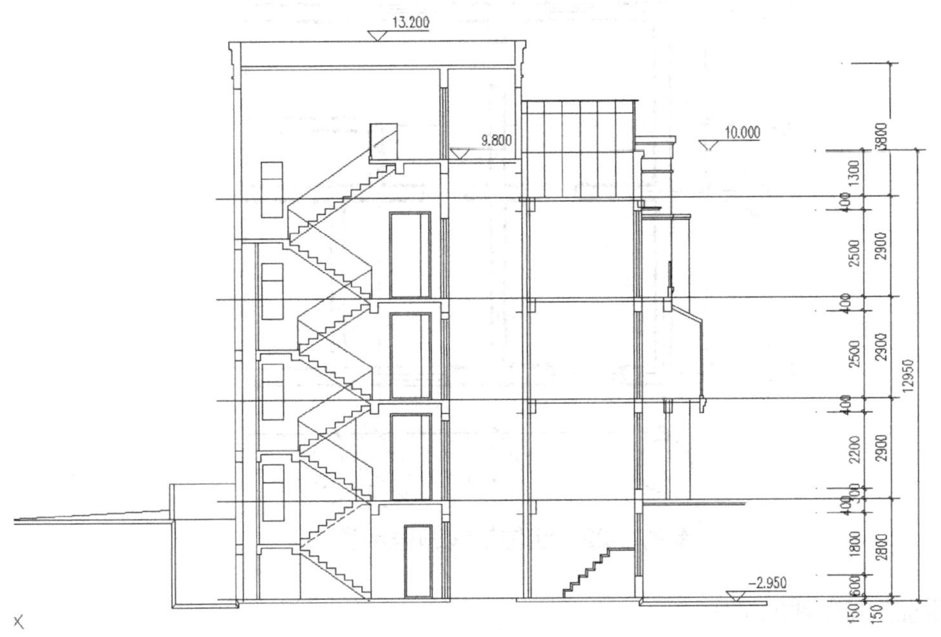

▲图 2-21 建筑剖面图样

2.4 建筑常用的专业符号

1.定位轴线

（1）定位轴线

定位轴线是用来确定房屋主要结构或构件的位置及其尺寸的基线。是人为地在建筑图纸中为了标示构建的详细尺寸，按照一般的习惯或标准虚设的一道线（在图纸上），习惯上标注在对称界面或截面构件的中心线上，如基础、梁、柱等结构上。

（2）定位轴线编号

定位轴线编号宜标注在图样的下方与左侧，横向编号应用阿拉伯数字，从左至右顺序编写；竖向编号应用大写拉丁字母，从下至上顺序编写，如图2-22所示。

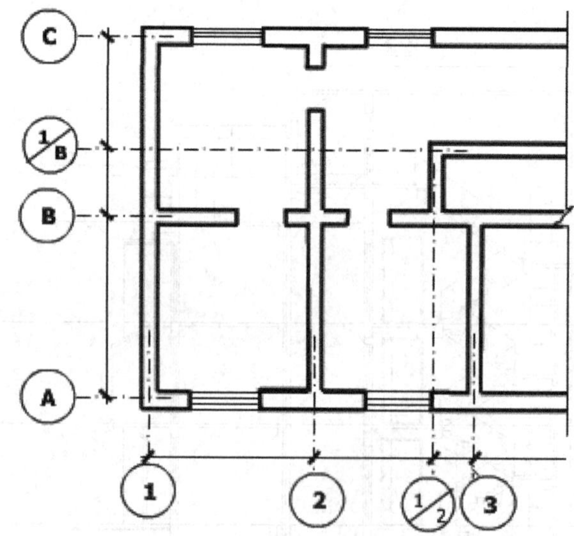

▲图 2-22　定位轴线编号示意

（3）附加定位轴线的编号

附加定位轴线的编号应以分数形式表示，并按下列规定编写：两根轴线间的附加轴线应以分母表示前一轴线的编号，分子表示附加轴线的编号，编号宜用阿拉伯数字顺序编写，如图2-23所示。

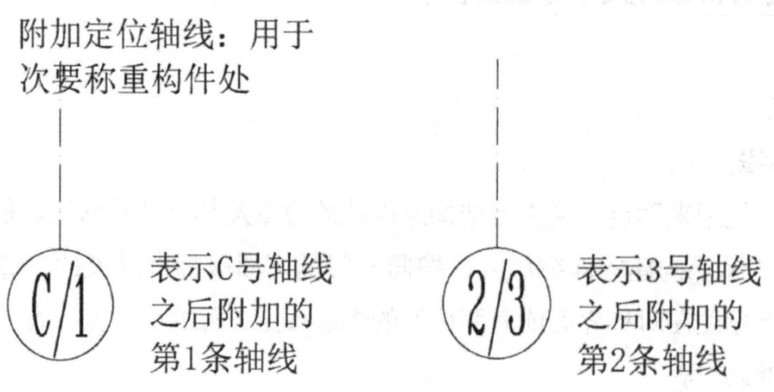

▲图 2-23　附加定位轴线编号示意

2.标高

标高是标注建筑物某一部位高度的一种尺寸形式。标高的符号如

用于个体建筑标高　　用于总平面图标高

▲图 2-24　标高符号

图2-24所示。

标高的数字，总平面图标注到小数点后两位，其余标注到小数点后三位。

3.索引符号与详图符号

在施工图中，有时会因为比例问题而无法将某一局部表达清楚，这时为方便施工需另画详图。一般用索引符号注明画出详图的位置、详图的编号以及详图所在的图纸编号。索引符号和详图符号内的详图编号与图纸编号两者对应一致。索引符号和详图符号如图2-25和图2-26所示。

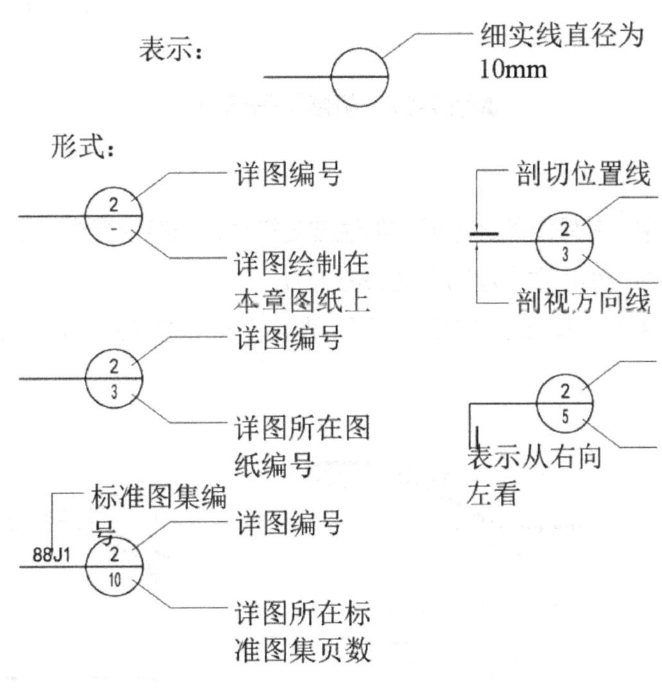

▲图 2-25 索引符号示意

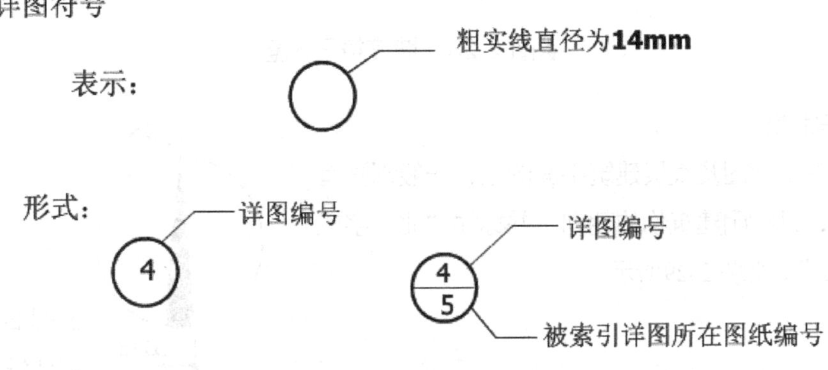

▲图 2-26 详图符号示意

4.图形符号

（1）折断符号

折断符号是在绘制的物体比较长而中间形状又相同时，为节省界面而使用的。制图者只用绘制两端的效果即可，中间不用绘制，如图2-27所示。

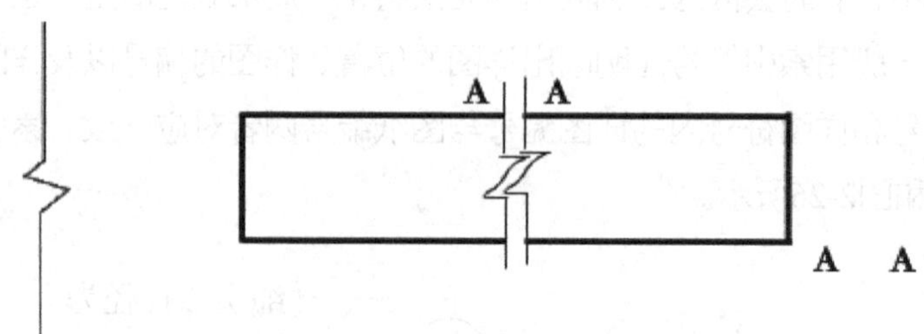

▲图 2-27　折断符号示意

（2）坡度符号

房屋施工图中，其倾斜的部分通常加注坡度符号，一般用箭头表示。箭头应指向下坡方向，坡度的大小用数字注写在箭头的上方。

对于坡度较大的坡屋面、屋架等，可用直角三角形的形式标注它的坡度，如图2-28所示。

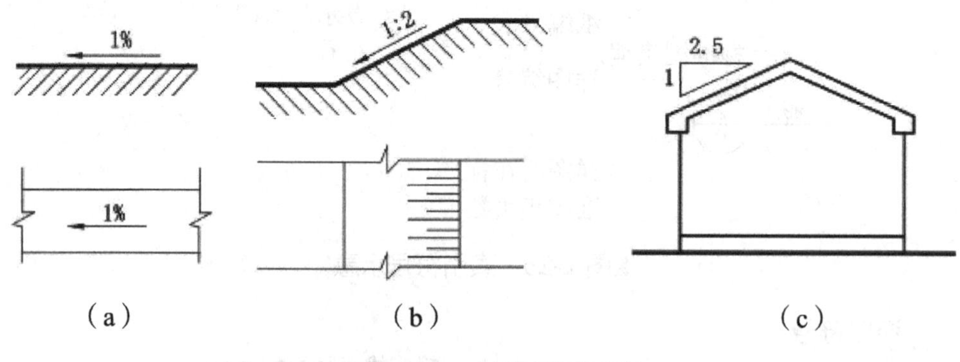

▲图 2-28　坡度符号示意

（3）指北针

在总平面图及底层建筑平面图上，一般都画有指北针，以指明建筑物的朝向，并标注“北”字或字母“N”，如图2-29所示。

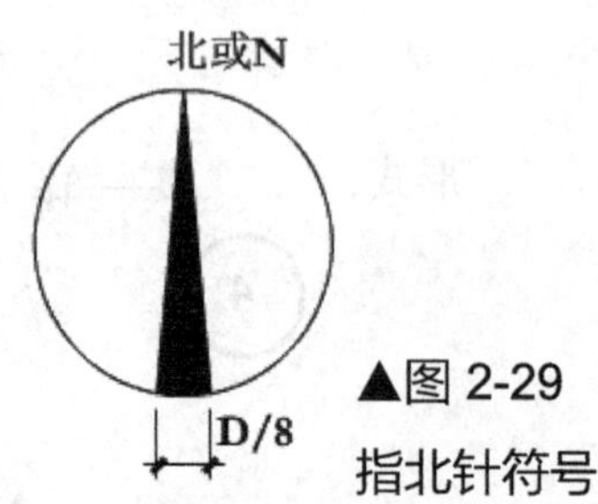

▲图 2-29
指北针符号

2.5 清理、导入AutoCAD图纸

（1）清理图层。工作中经常遇到的建筑图纸中，难免有一些图层区分混乱的，在清理这类图纸的过程中，不能一味地在图层管理器中进行关闭操作，因为这样很容易造成图层的误删。

使用Layiso（隔离图层），S（设置）为O（关闭），将不需要的图层孤立出来，通过观察来处理掉它们，再使用Layon（打开图层）。重复此操作，直到清理完毕。其实，加载隔离/释放图层的小插件操作会更加快捷一些，只需输入LP（隔离图层）和ON（打开图层）。

模型创建的是建筑的结构部分，可将图纸中说明性的图层，如定位轴线、文字说明、尺寸标注、室内家具布置、填充等结构以外的图层通过上述方法清理完成，如图2-30所示。

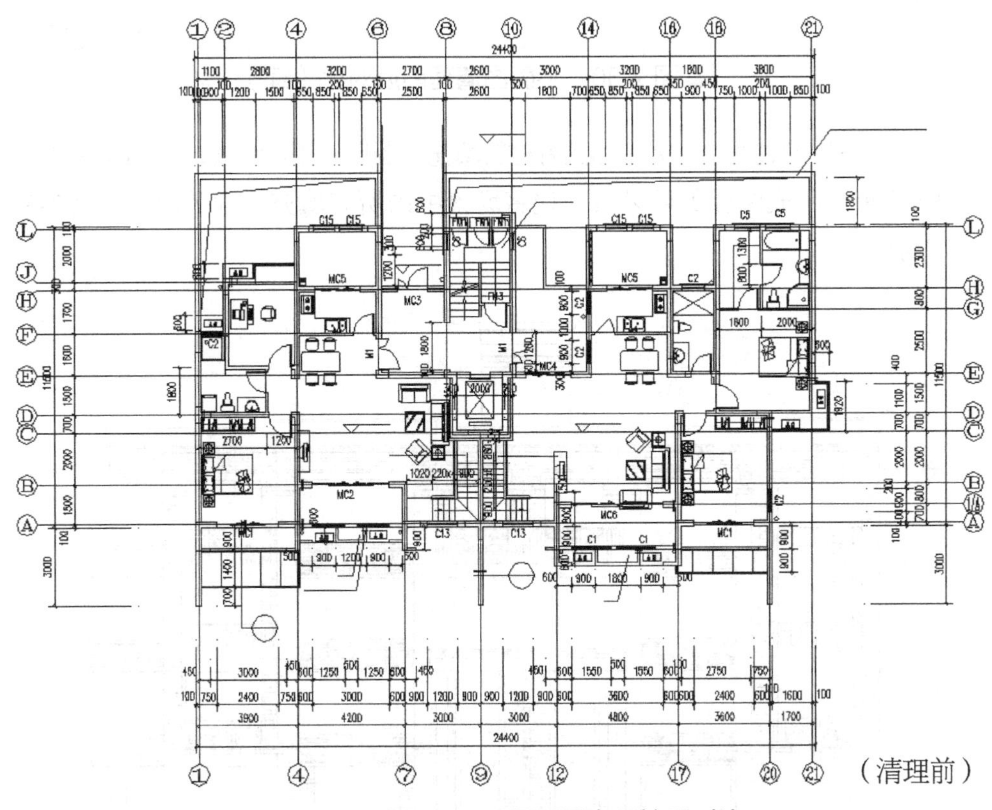

▲图 2-30　平面图清理前后对比

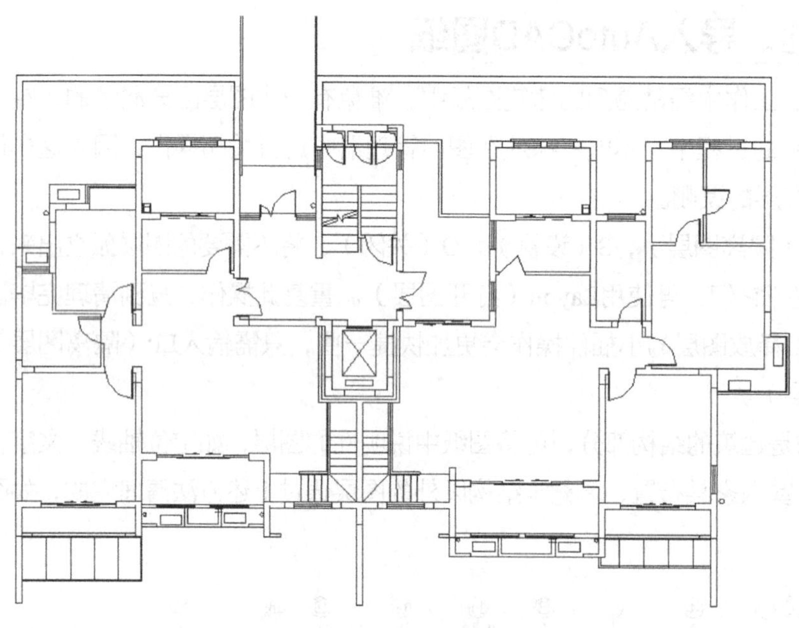

（清理后）

▲图 2-30　平面图清理前后对比（续）

（2）在清理图层的过程中，如果遇到有材料填充的图层，用Fill（填）/Off（关闭）/Re（重新生成图层）可以快速地将场景中的所有填充全部关闭，如图2-31所示。

（填充关闭前）

▲图 2-31　立面填充关闭前后对比

（填充关闭后）

▲图 2-31　立面填充关闭前后对比（续）

（3）将AutoCAD文件导入3ds Max中，相同的图层是相互附加在一起的一个物体，根据此特性我们可以在AutoCAD中将每一个图样分别变成不同的同层，在导入3ds Max后每一个图形即是一个单独的对象，如图2-32所示。

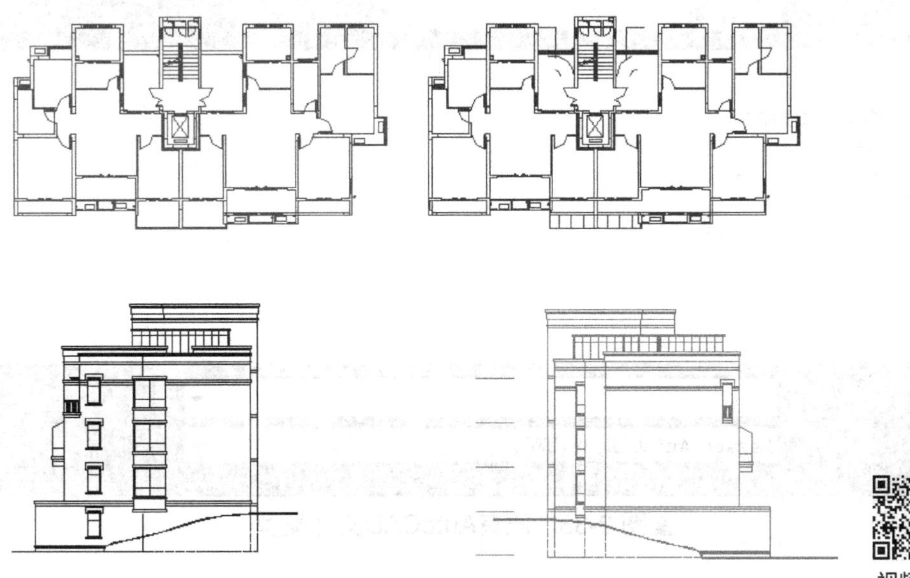

视频01

▲图 2-32　分层后的平立面

（4）选择清理好的AutoCAD文件，按W键进行写块操作，以避免在最终保存时替换掉原始文件。将写块文件打开，通过移动命令将图像移到坐标原点（建议将移动基点指到一层平面左下角）。再双击鼠标中键或单击【Zoom】（放大镜）按钮，显示移动后的图形文件。

（5）通过【PU】（清理）命令处理场景中的垃圾图层后，保存文件即可。如果使用的AutoCAD版本高于3ds Max版本，需要另存为低于3ds Max软件版本的AutoCAD文件，否则将无法导入。

2.6 平面图的摆放原则

1.导入

打开3ds Max，在文件菜单中选择Import（导入）命令，将之前清理完成的AutoCAD文件导入3ds Max场景。

2.文件类型

在导入过程中，有不同的文件类型可供选择，如图2-33所示。

▲图 2-33　原有AutoCAD文件类型

通常使用默认的文件类型导入即可，如图2-34所示。

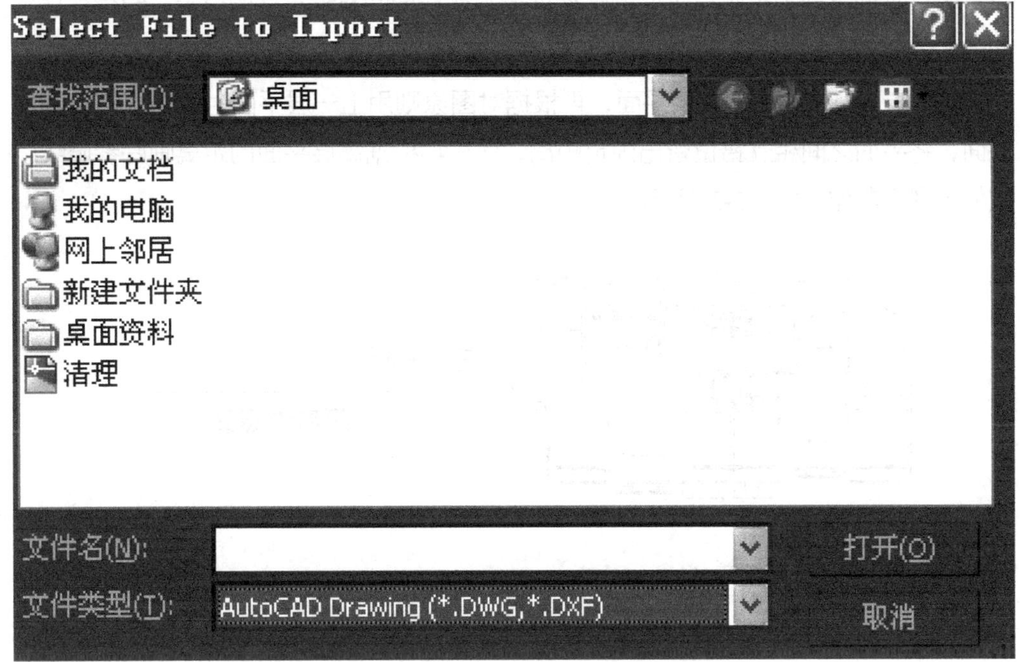

▲图 2-34　默认AutoCAD文件类型

温馨提示

偶尔会出现导入的文件在3ds Max中AutoCAD文件局部具有挤出的特性，或是曲线部分点特别密集，导致3ds Max场景很卡。此时，可选择使用Leggac AutoCAD（原始图层）的文件后缀，设置为如图2-35所示的选项进行导入。

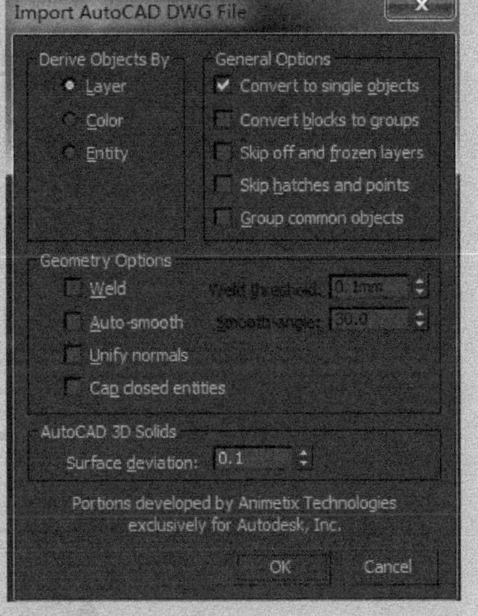

视频02

▲图 2-35　导入AutoCAD文件类型

3.平面对位

各层平面需要根据每层平面的结构外形观察楼梯间及承重柱的位置，定位各层平面的实际位置。

首先Freeze（冻结）首层平面，再根据对图原则用上一层平面对下一层定位好的平面，将平面之间相互错位留出固定距离，然后再根据每层平面的距离画好参照线，以便于观察制作，如图2-36所示。

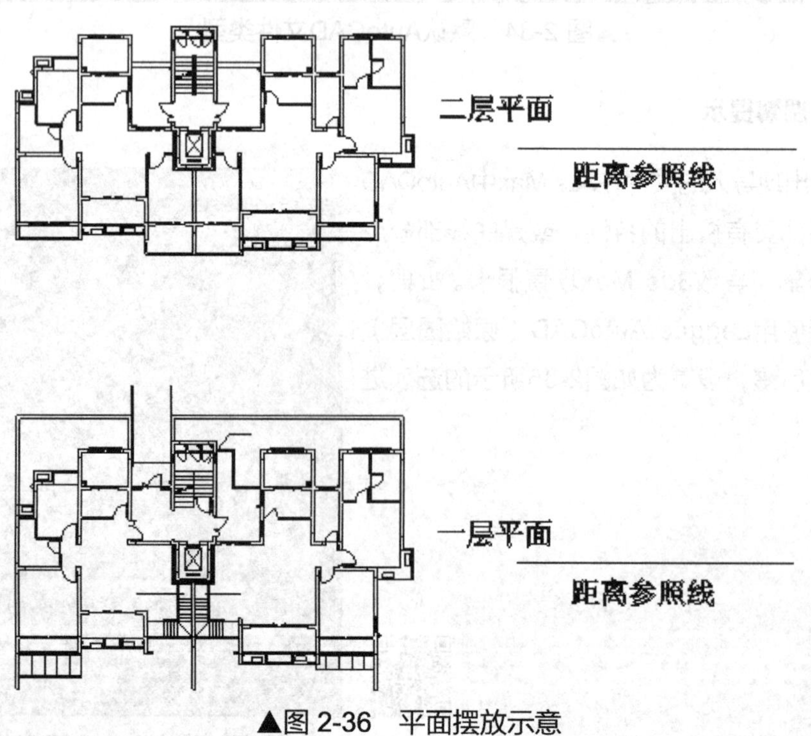

▲图 2-36　平面摆放示意

视频03

温馨提示

工作中，底图的摆放形式各异；平面的摆放有错位摆放和叠加图层控制摆放；立面的摆放分为上下错位和图层控制。此处讲解平面错位和立面图层控制的方法。

4.图层归纳

平面的图层是错位摆放的，可将所有平面归为一个图层，将多余的图层删除，以便于观察。如果是将平面叠加摆放，可用每层平面的图层控制显示/冻结，如图2-37所示。

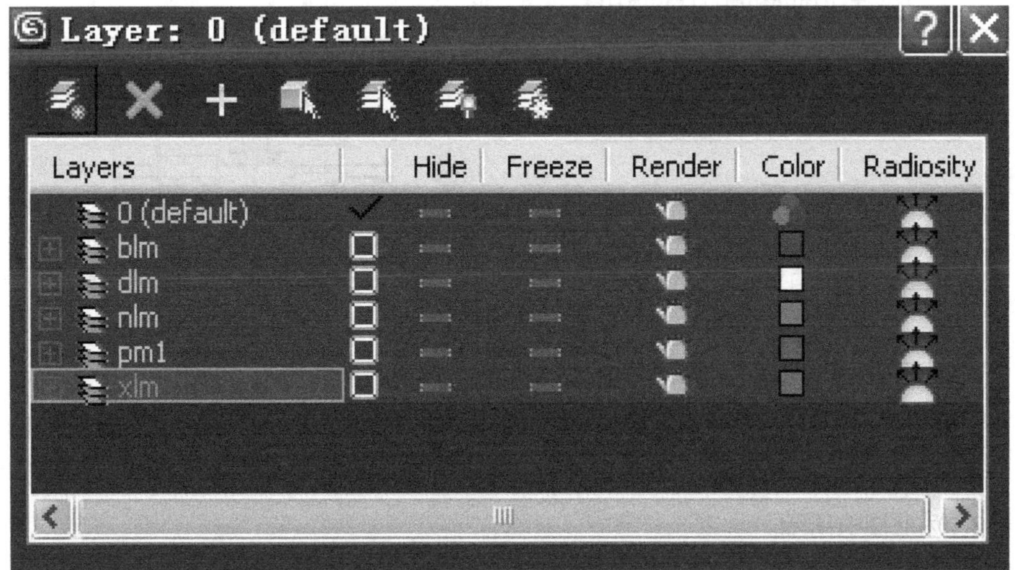

▲图 2-37　图层面板

视频04

2.7 立面图的摆放原则

1.南、北立面与平面对图原则

南、北立面与平面图遵循“长对正”的原则。其中，北立面与平面对图根据制图原则需要沿X轴镜像，如图2-38和图2-39所示。

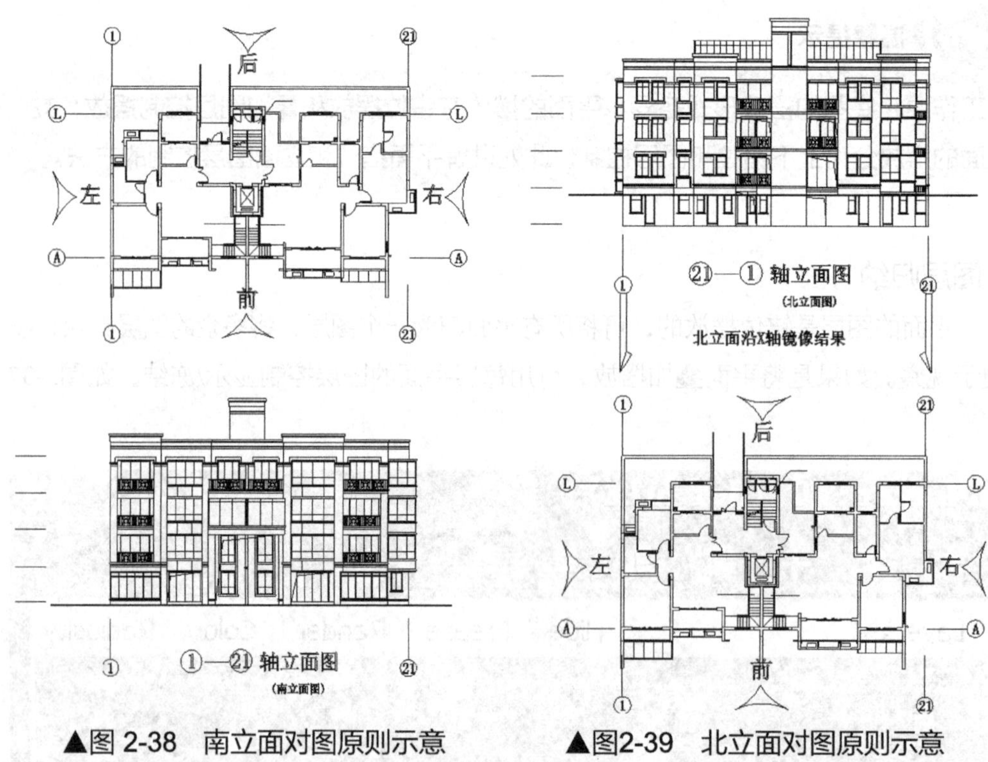

▲图 2-38　南立面对图原则示意　　▲图2-39　北立面对图原则示意

2.东、西立面与平面对图原则

根据三面正投影图的投影规律，东立面沿Z轴逆时针旋转90°，西立面沿Z轴顺时针旋转90°（注意观察图纸，个别案例的图纸摆放原则并非是按照投影规律的），如图2-40和图2-41所示。

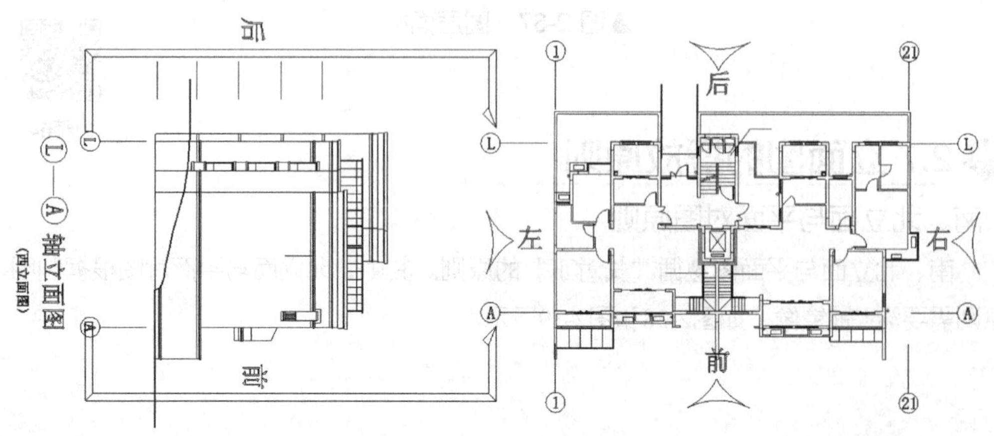

▲图 2-40　西立面旋转图样

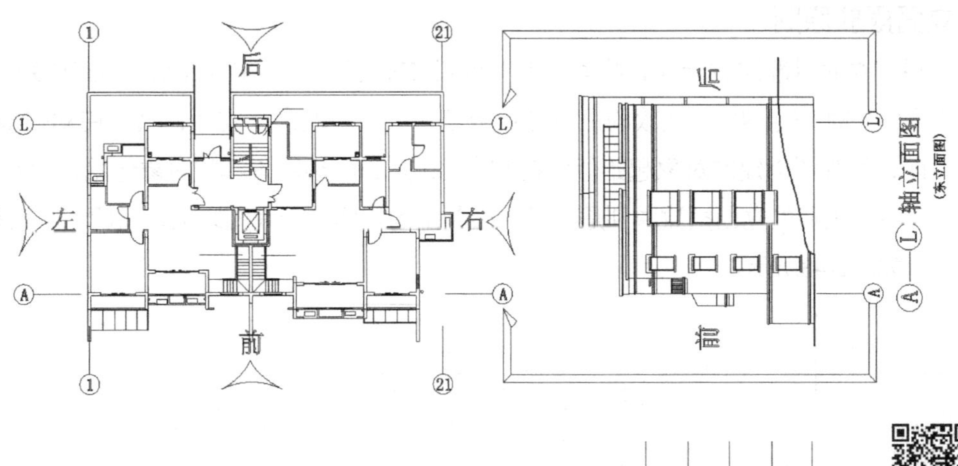

视频05

▲图 2-41 东立面旋转图样

3.东、西立面的转正规律

根据上述原则将4个建筑立面与平面对准之后，南、北立面通过X轴旋转90°，西立面沿Y轴旋转−90°，东立面沿Y轴旋转90°，如图2-42所示。

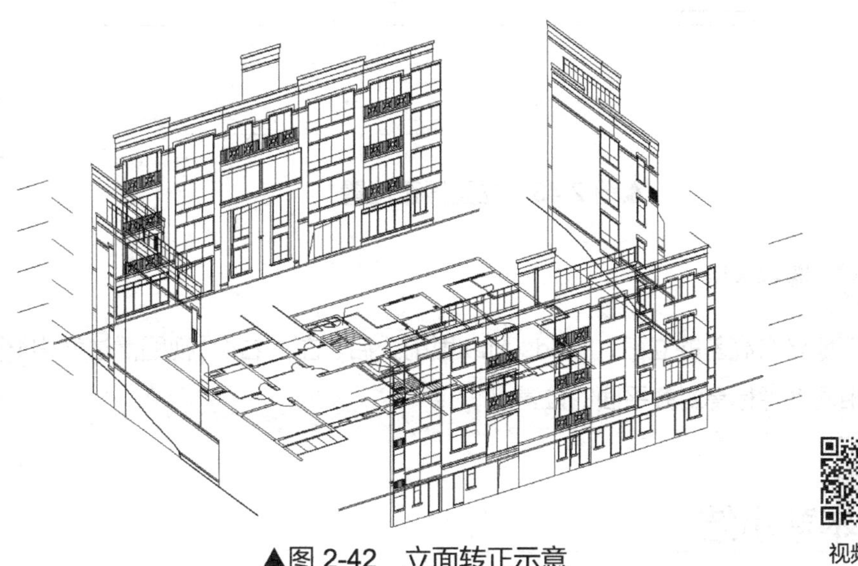

视频06

▲图 2-42 立面转正示意

如果掌握了三面正投影图的投影规律，那么将立面对准后，旋转度数的正负值就比较好掌握了。如果立面转反了，也可根据镜像来调整。

4.立面摆放原则

平、立面对准定位无误，将南、北立面沿X轴旋转90°，东立面沿Y轴旋转90°，西立面沿Y轴旋转-90°。摆放的位置是：上南、下北、左东、右西，因为在3ds Max中，前、后视图创建的对象起始位置在X轴上，东、西视图创建的对象起始位置在Y轴上。遵循上述的立面摆放原则是为了让绘制出的物体置于底图之上，以便于观察和操作，如图2-43所示。

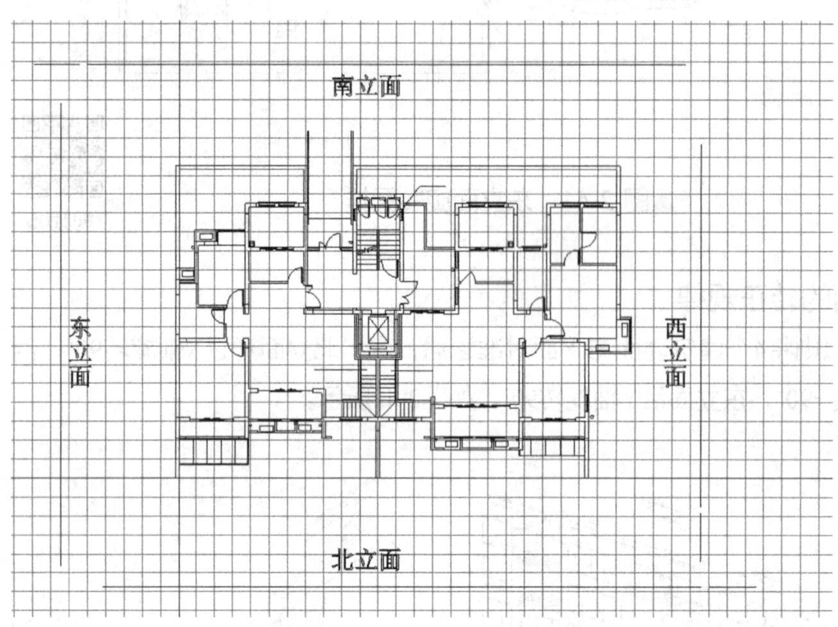

▲图 2-43　立面摆正位置

视频07

温馨提示

建筑地势有高差的立面，在3ds Max里前、后、左、右4个视图需注意用4个立面的相同地坪标高对齐平面的位置。

本章小结

通过本章的学习，可以充分了解建筑图纸中的常见符号、剖面图的形成与分类、三面正投影图的投影规律、建筑平面图的摆放原则以及建筑立面与平面图的对位、旋转规律，并且通过实际案例将三面正投影的规律得到了充分的实践练习。熟练掌握三面正投影图的投影规律，并且不断练习，进而熟能生巧，是模型制作不可或缺的重要基础。

第3章 地形的制作

地形是项目中不可或缺的一部分。本章将带领大家了解地形的组成元素以及公司制作规范，通过实际案例讲解地形的制作步骤、注意事项和制作方法。

3.1 地形制作规范

1.地形元素

地形的基本元素组成大致可分为路网、人行道、路牙、绿化、铺地、水系、景观小品，如图3-1所示。

▲图 3-1　地形基本元素组成

地形元素的关系如图3-2所示。

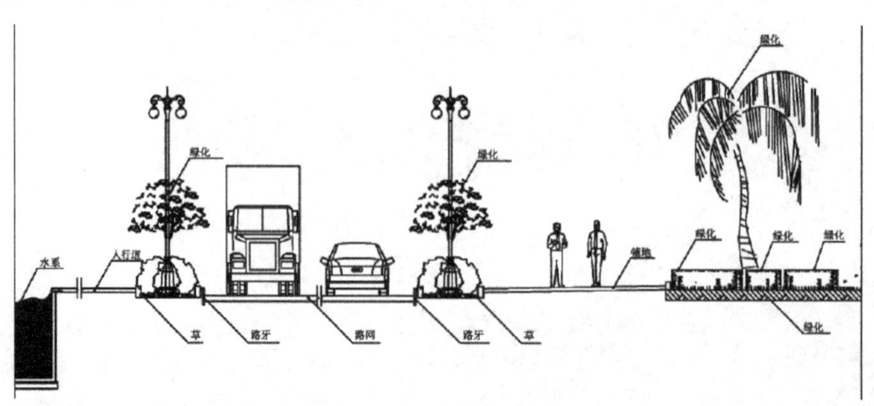

▲图 3-2　地形元素的关系

2.常规地形的制作规范

（1）在CAD里面整理好参照图形。常见的地形CAD图纸中，有很多无用图形，看起来比较杂乱。我们需要把绿化图形、树木图形、标注和边界图形、行道树图形这些无用的图形删除，仅保留路网关系，以方便制作。

（2）在3ds Max中设置好单位，如图3-3所示。3ds Max单位设置详见“1.2单位设置”。

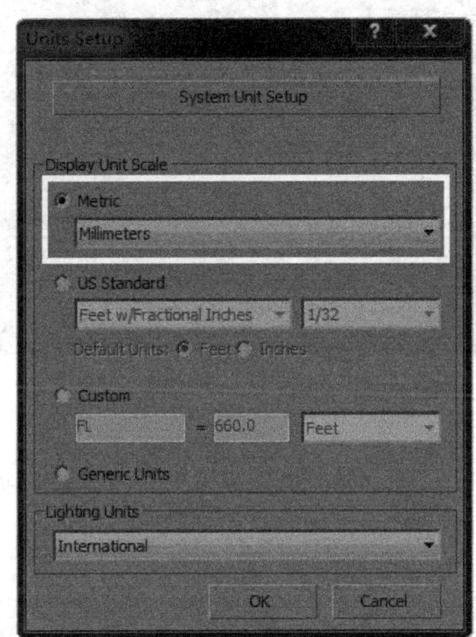

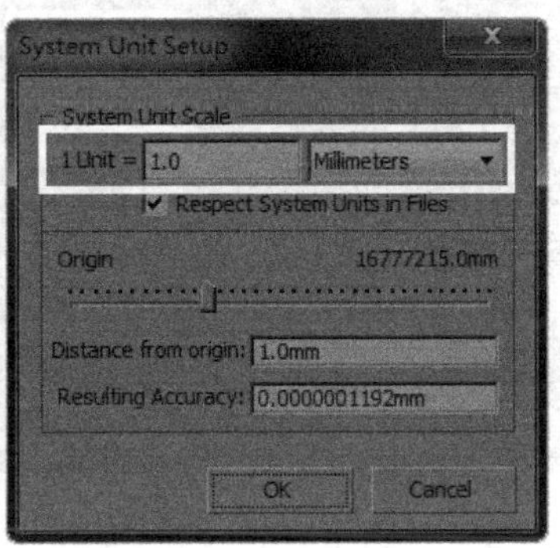

▲图 3-3　单位设置

（3）导入3ds Max内作为参照的DWG文件或图片先成组或附加成一体，通过右键单击移动按钮，得到物体的坐标信息，并且让坐标归零，如图3-4所示，然后将其移动到绝对标高-100mm的位置，最后冻结物体。

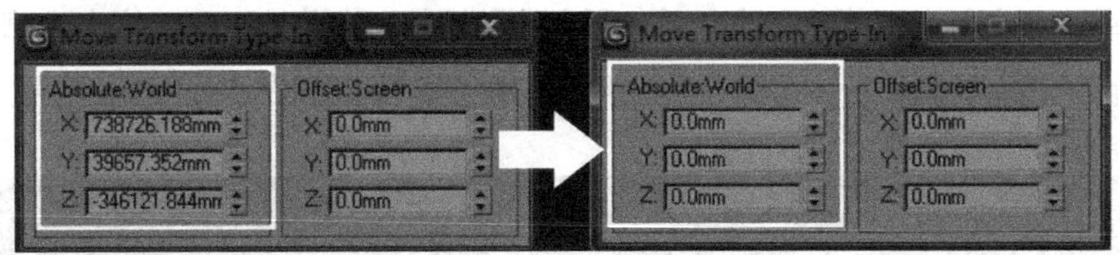

▲图 3-4　坐标归零

（4）按照CAD参照文件先描绘出马路并挤出，把封口始端的勾去掉，如图3-5所示。

（5）制作人行道需提取马路边线。人行道是沿着马路的外沿生成的，是高于马路表面的，所以为了让人行道边线贴合马路，制作人行道的时候必须提取马路边线。

（6）提取人行道边线，绘制出草地，和人行道接平。

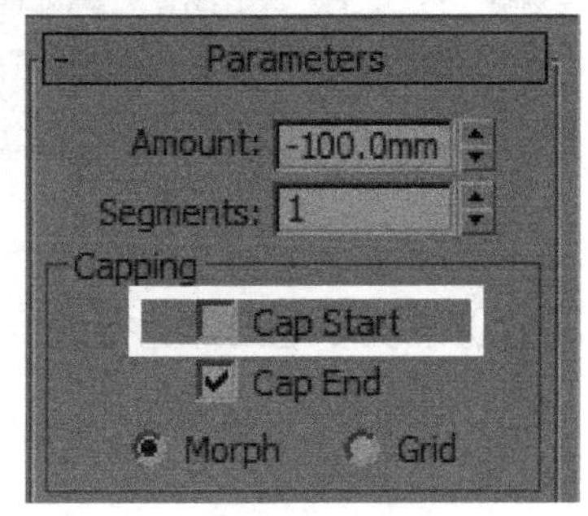

▲图 3-5　取消勾选封口始端

（7）提取马路边线，利用放样命令，绘制路牙。

（8）道路元素的尺寸如图3-6所示。

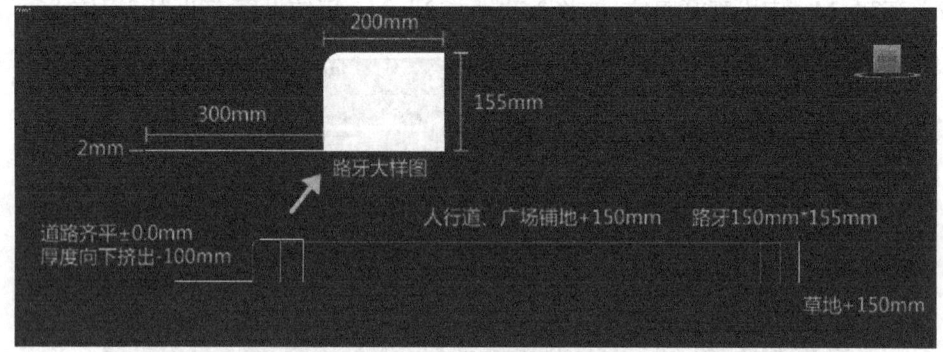

▲图 3-6　道路元素尺寸

（9）广场上的拼花铺地及各种材质的变化，应通过将不同材质面片挤出高度错落的方式实现，如图3-7所示。

▲图 3-7　挤出高度错落的方式制作铺地

（10）马路、人行道、草地完成之后，所有的铺地都压在草地上面，挤出比草地高就行，没有特殊情况，尽量不要使用分解拼接的方法制作，如图3-8所示。

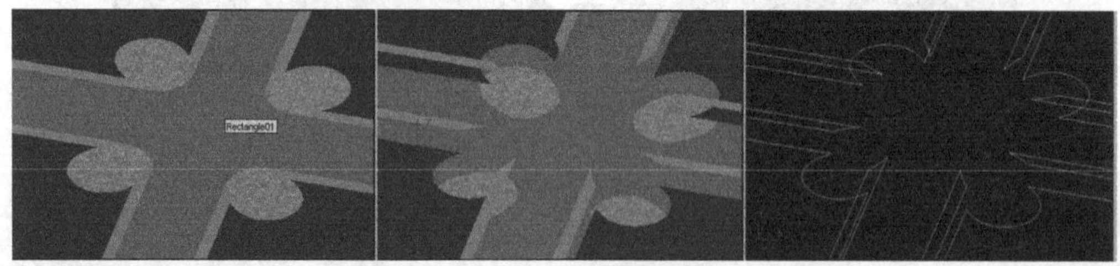

▲图 3-8　分解拼接

（11）景观绿地内的步行道、小广场与铺地的制作方法类似，挤出比草地高向上叠加，如图3-9所示。

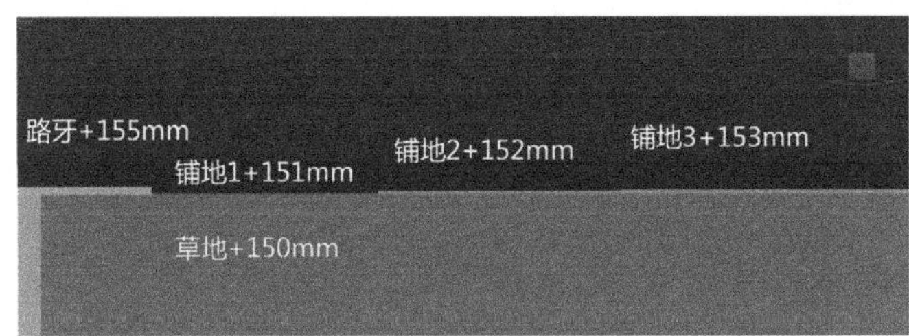

▲图 3-9 地形尺寸剖面图

温馨提示

所有叠加的铺地与路牙相接部分的面片高度不得高于路牙。

地形制作时根据参照底图描画出来的线作为基准线保留，制作路牙、铺地的时候复制该基准线，基准线在创建过程中应该将所有路口或其他结构的位置预先添加好节点。

制作地形时要注意保留基准线，巧妙利用基准线，提高工作效率。必须保证相交接的物体其接触边、接触面严丝合缝，并且注意省面。

3.2 简单地形制作案例

本节选取了一个景观小地形作为案例，通过对CAD图纸的分析，逐步学习小地形模型的创建方法及规范。

知识重点：①地形制作的顺序；②地形制作规范。

CAD图纸文件如图3-10所示。本案例的最终效果如图3-11所示。

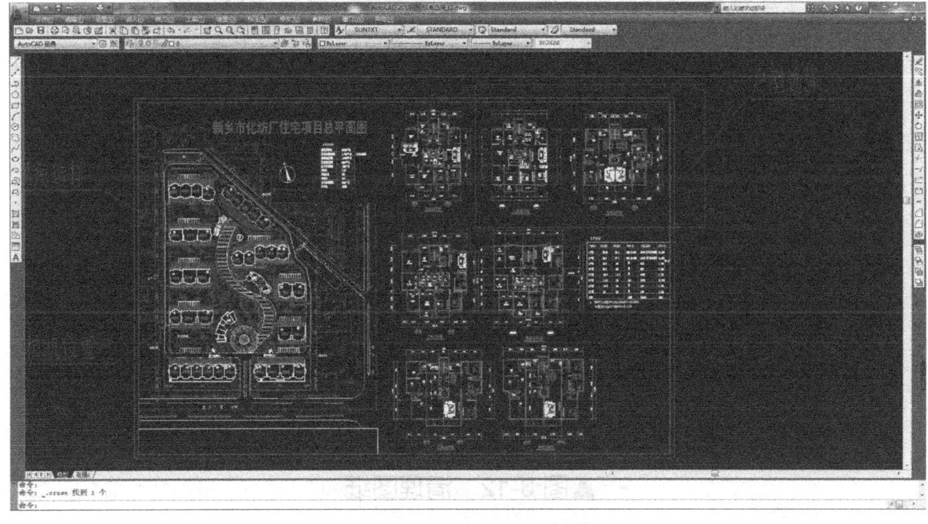

▲图 3-10 图纸文件

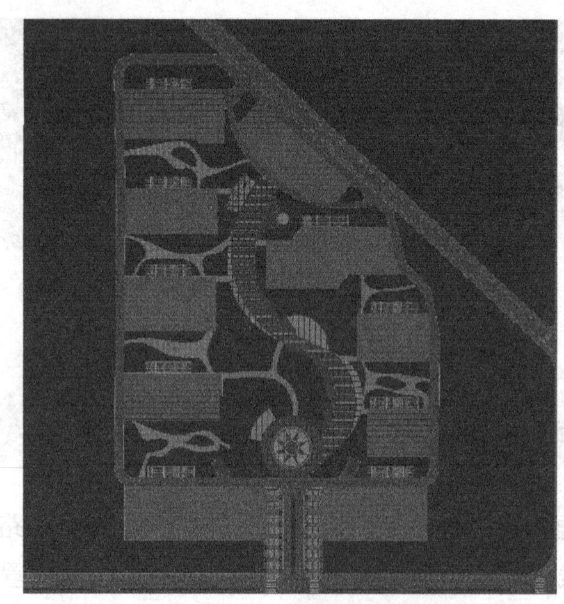

▲图 3-11　最终模型效果

1.清理资料里无用的CAD线型

首先，清理资料里无用的CAD线型，清理后的效果如图3-12所示。

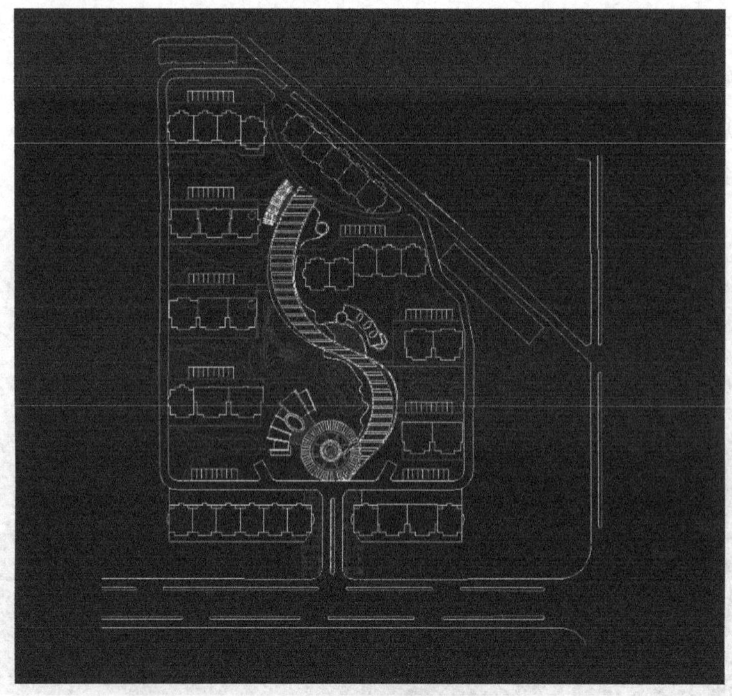

▲图 3-12　清理图纸

温馨提示

清理树木图层时，需要注意减选山体等高线，并炸开剩余植物（如果直接删除，停车位也会被删除）；建筑轮廓的粗实线需要炸开。

2.导入图纸及图纸对齐

（1）在3ds Max软件中先设置好显示单位和系统单位。3ds Max单位设置详见“1.2单位设置”。

（2）选择菜单【Import】（导入）命令，找到整理好的CAD文件，文件类型选择【LegacyAutoCAD（*.DWG）】（原有AutoCAD（*.DWG））并打开，如图3-13所示。

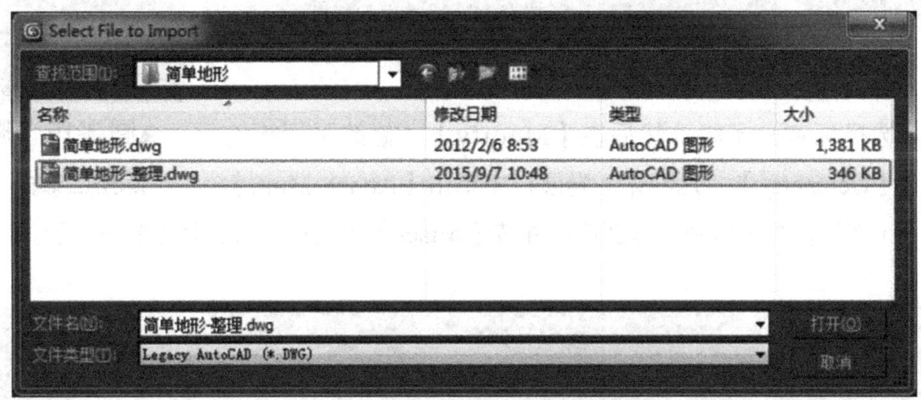

▲图 3-13　导入图纸

温馨提示

导入图纸时有两种文件类型【AutoCAD Drawing（*.DWG，*.DXF）】（AutoCAD图形（*.DWG，*.DXF））和【Legacy AutoCAD（*.DWG）】（原有AutoCAD（*.DWG）），这个CAD图纸文件是在三维视口中创建的，所以用【Legacy AutoCAD（*.DWG）】（原有AutoCAD（*.DWG））这种方式打开。两种文件类型区别详见“2.6平面图的摆放原则”。

（3）将CAD图纸导入3ds Max，选择几何体，执行菜单栏【Group】（组）→【Explode】（炸开）命令，如图3-14所示。然后，在【Modify】（修改）面板中将【Extrude】（挤出）命令删除，如图3-15所示。

▲图 3-14　炸开导入的图纸文件

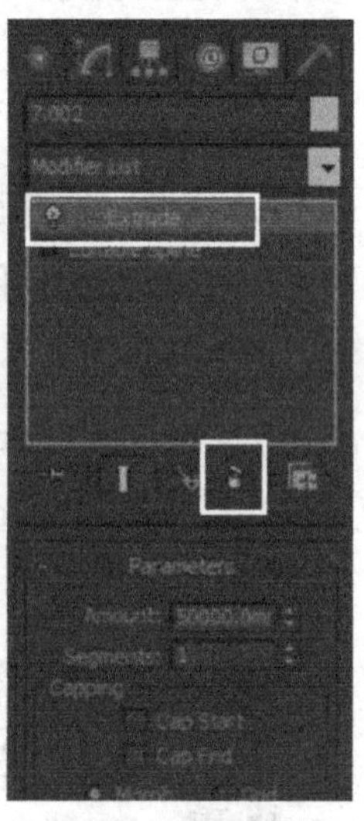

▲图 3-15　删除挤出命令

（4）选择任意一条线，然后在【Modify】（修改）面板的【Geometry】（几何体）卷展栏中单击【Attach Mult.】（附加多个）命令，全部选择并按【Attach】（附加）键，如图3-16所示。

▲图 3-16　附加多个

温馨提示

CAD图纸【Attach】（附加）后能成为一个物体，减少物体数量，并且能清除掉CAD的垃圾物体，防止制作时出错。

（5）选择物体，在【Hierarchy】（层次）面板中单击【Affect Pivot Only】（仅影响轴），再单击【Center to Object】（居中到对象）命令，然后单击【Affect Pivot Only】（仅影响轴）进行关闭，如图3-17所示；接着单击【Create】（创建）面板中【Shapes】（图形）下的【Rectangle】（矩形）命令，创建一个比图纸大的矩形，然后选择CAD图纸【Attach】（附加）矩形，再把物体移动到X：0mm Y：0mm Z：-100mm的位置上并冻结，如图3-18所示。

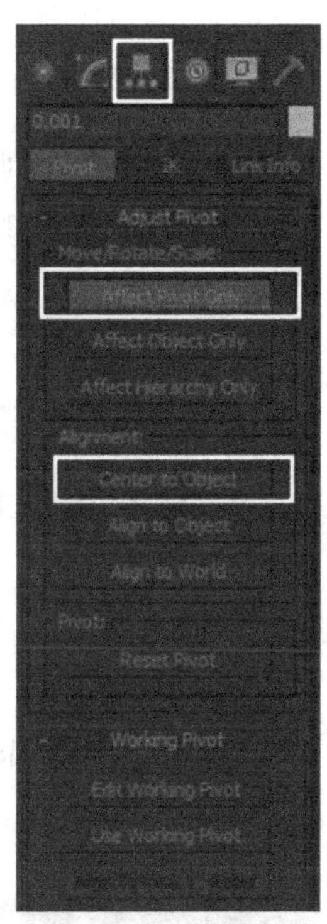

▲图 3-17　轴居中

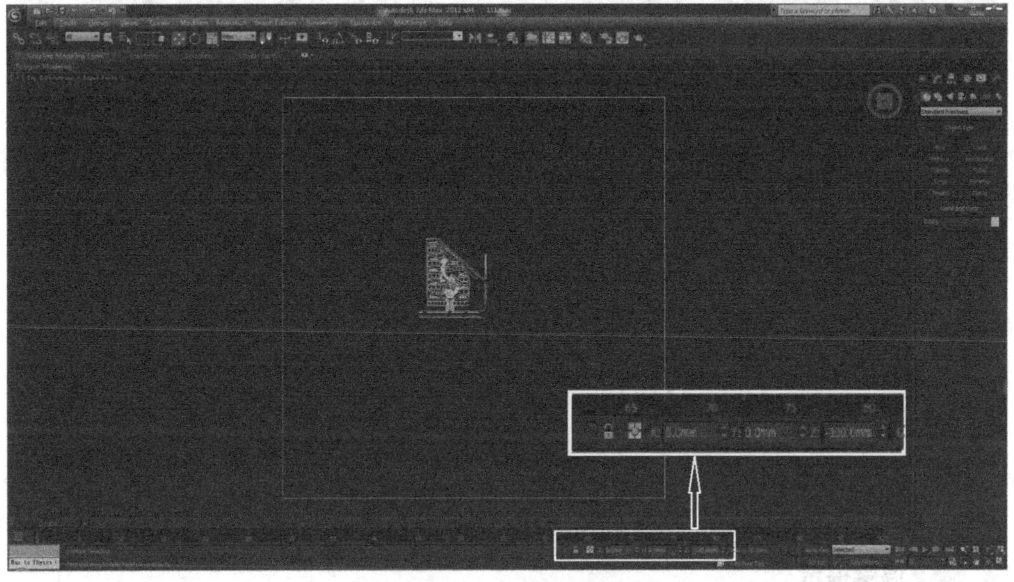
▲图 3-18　冻结图纸

将CAD图纸的坐标归零是为了方便我们制作；将Z轴移动到-100mm是为了防止我们制作马路描线时和CAD图纸叠加在一起；在图纸外部创建矩形是为了我们制作外围地形。

3.制作地形模型

本案例地形模型主要由道路、人行道、草地、铺地、水系、地下车库入口、路牙和斑马线组成。

（1）制作道路

根据CAD图纸，先制作道路部分，在制作道路的同时，把原有图纸的道路延长至矩形框边，并挤出-100mm，取消勾选【Cap Start】（封口始端），如图3-19所示，并赋予道路材质。

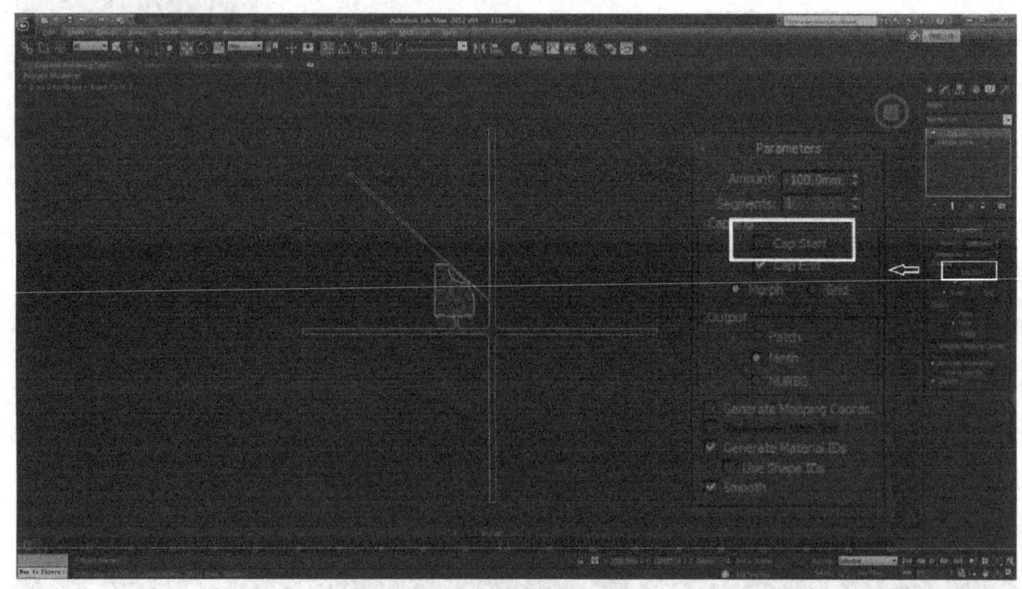

▲图 3-19　制作道路

为了方便后期铺地与道路的交接，方便后期制作时提取线和捕捉，在制作道路的时候，可在道路和铺地交接处加上点，如图3-20所示。

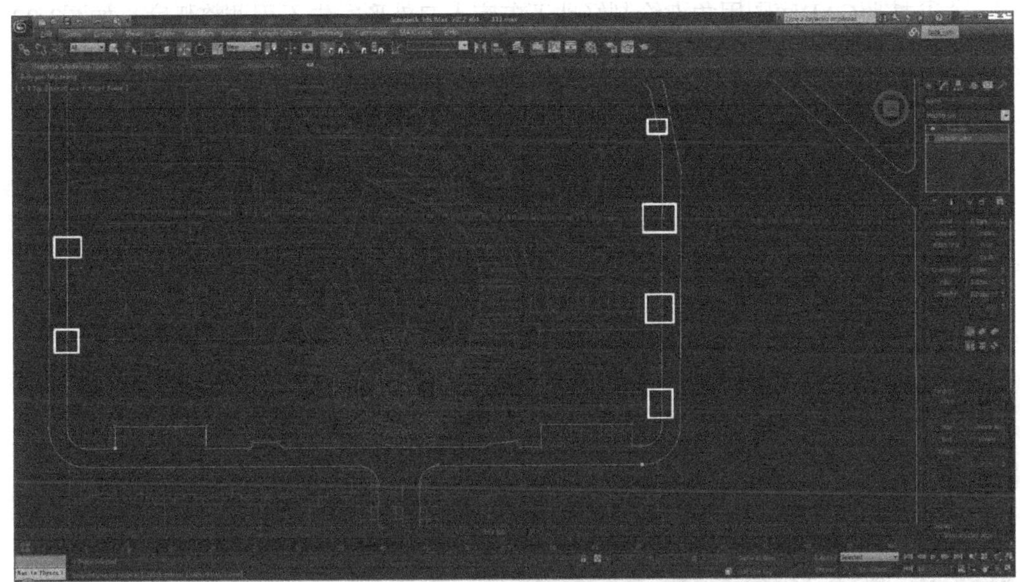

▲图 3-20　在关键位置上加点

（2）制作地下车库入口

地下车库入口坡度净高不得小于2.40m，室内考虑设备后净高不小于2.20m，如图3-21所示。

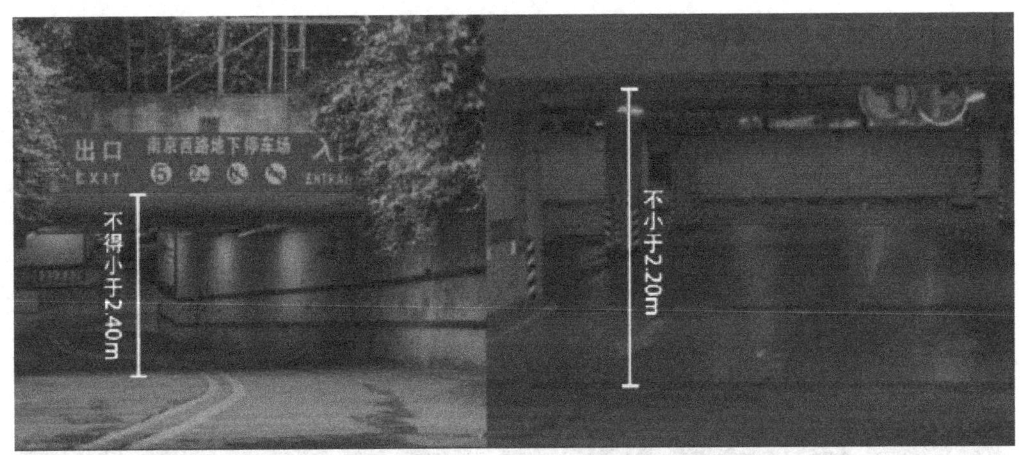

▲图 3-21　地下车库入口高度

①按照CAD底图用角点绘制好地下车库入口外形，先不用调整弧度，如图3-22所示。

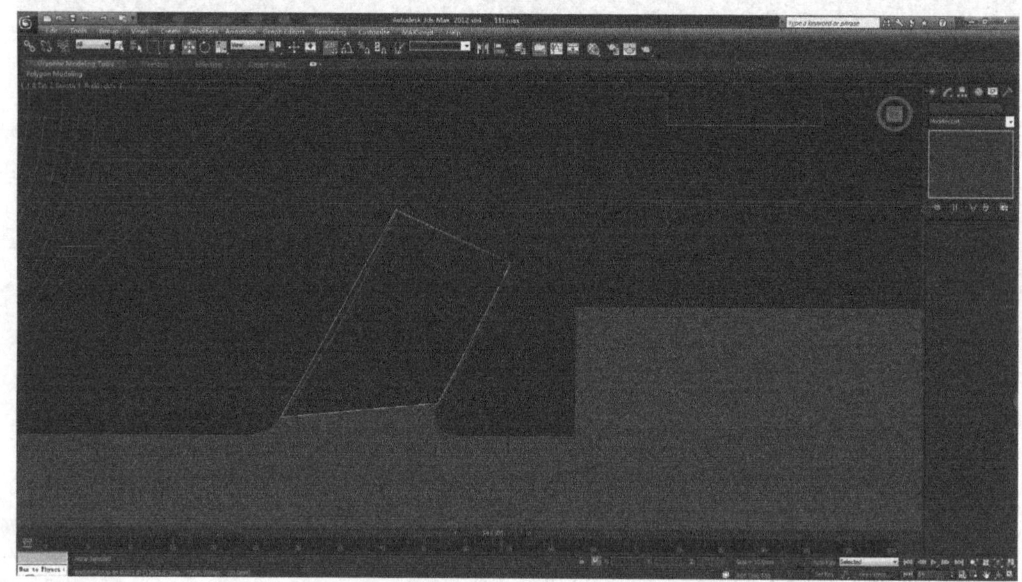

▲图 3-22　绘制地下车库入口

②打开绝对坐标并选择两点，在Z轴上输入−2 400mm，如图3-23所示。

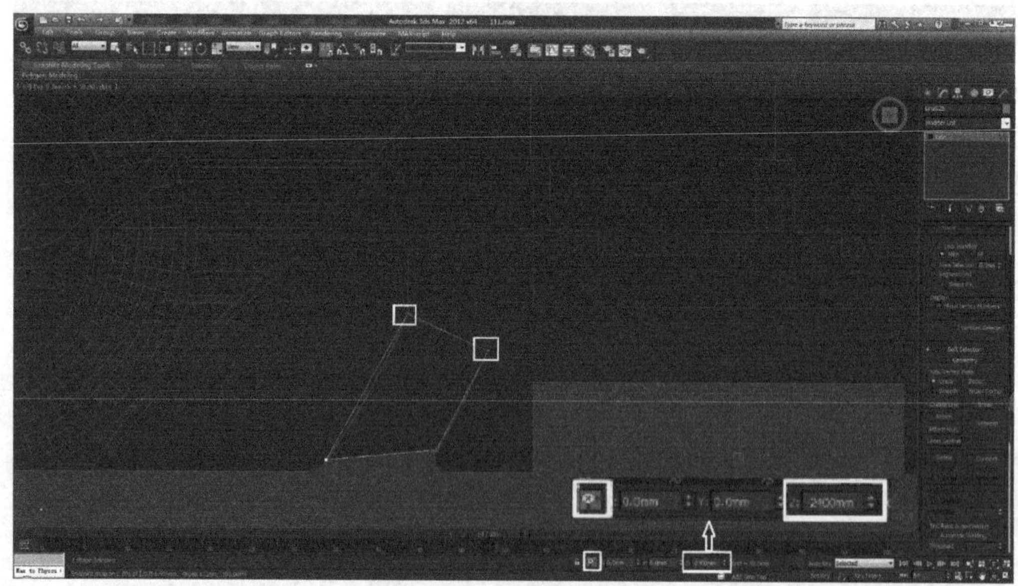

▲图 3-23　调整两点高度

③在透视视图中观察描绘好的线，如果发现坡度较陡，可以适当加长坡道长度，直到坡度较缓，如图3-24所示。

▲图 3-24　调整后效果

④在顶部视图中把点转成贝塞尔角点，并用滑杆调节曲线至与CAD图纸吻合，如图3-25所示。

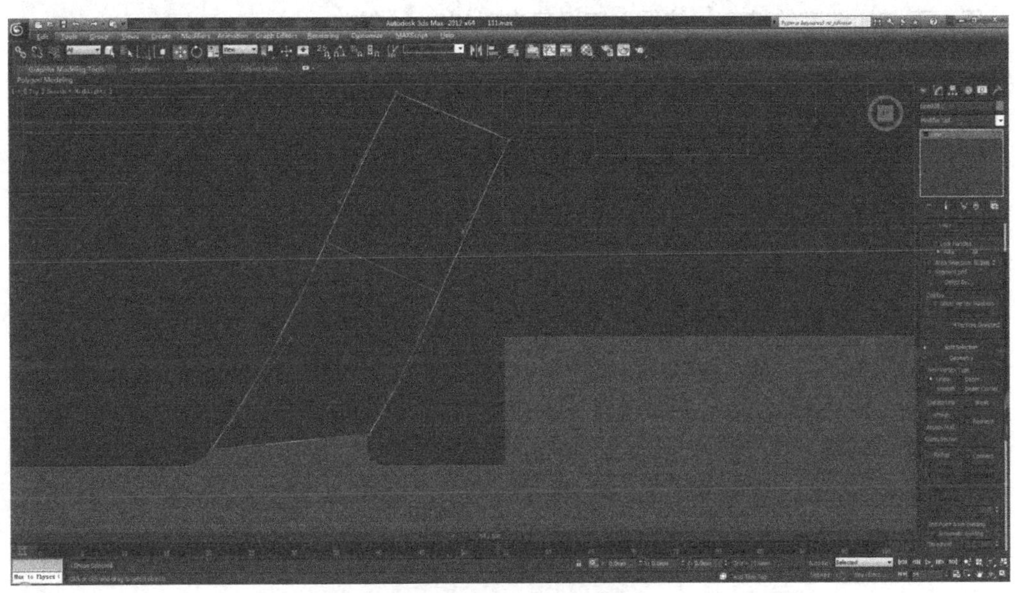

▲图 3-25　调整曲线

⑤挤出-100mm，并取消勾选【Cap Start】（封口始端），如图3-26所示。同理，制作出另外一个地下车库入口，并赋予道路材质。

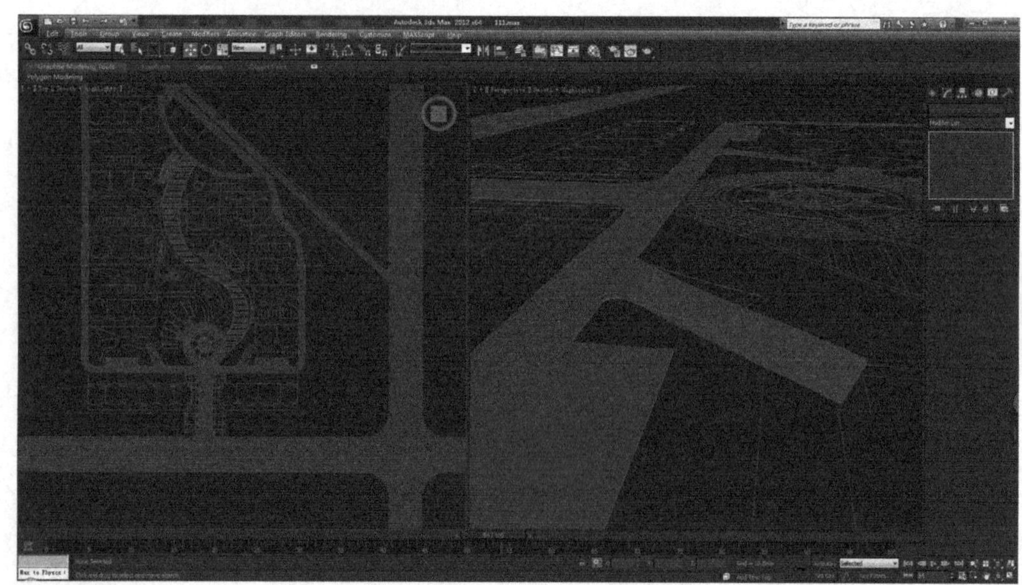

▲图 3-26　地下车库入口效果

温馨提示

因为坡道尺寸加长了，所以入口处高度小于2 400mm，可以根据模型的最终效果，再增加坡道的坡度，使得入口净高在2 400mm左右。

（3）制作人行道

①选择道路模型，单击鼠标右键，选择【Clone】（克隆）选项，并在克隆面板中选择【Copy】（复制）选项，并在修改面板中删除挤出命令，只留下样条线命令。

②选择复制出来的样条线，单击鼠标右键，选择【Isolate Selection】（孤立当前选择），在【Modify】（修改）面板中的【Editable Spline】（可编辑样条线）下【Segment】（线段）层级，将封口处的线段删除，删除的线段如图3-27所示。

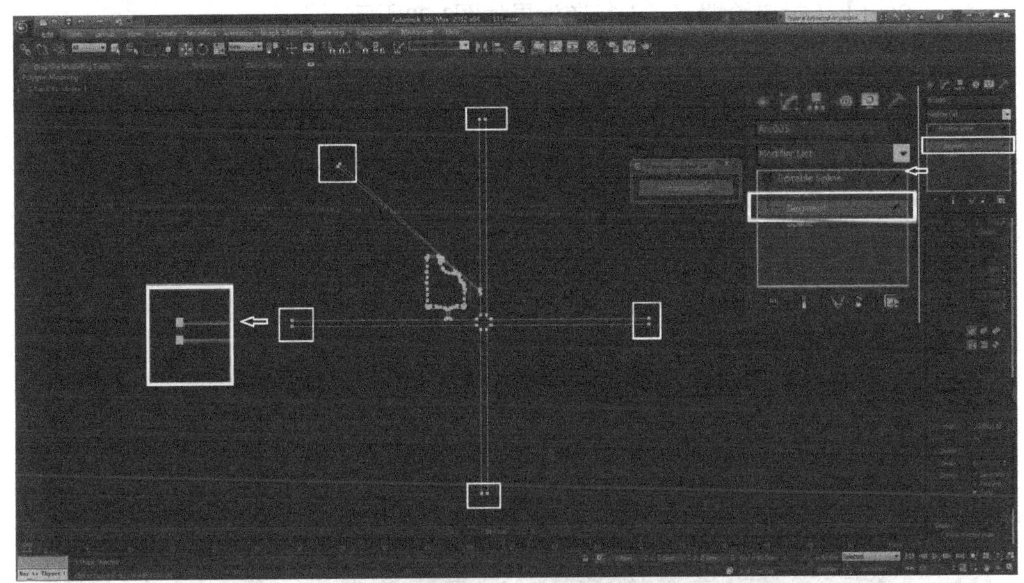

▲图 3-27 处理道路边线

③进入【Editable Spline】（可编辑样条线）下的【Spline】（样条线）层级，如图3-28所示，选择主道路边的线段，执行【Geometry】（几何体）卷展栏中的【Outline】（轮廓）命令，并在后面输入3 000mm。

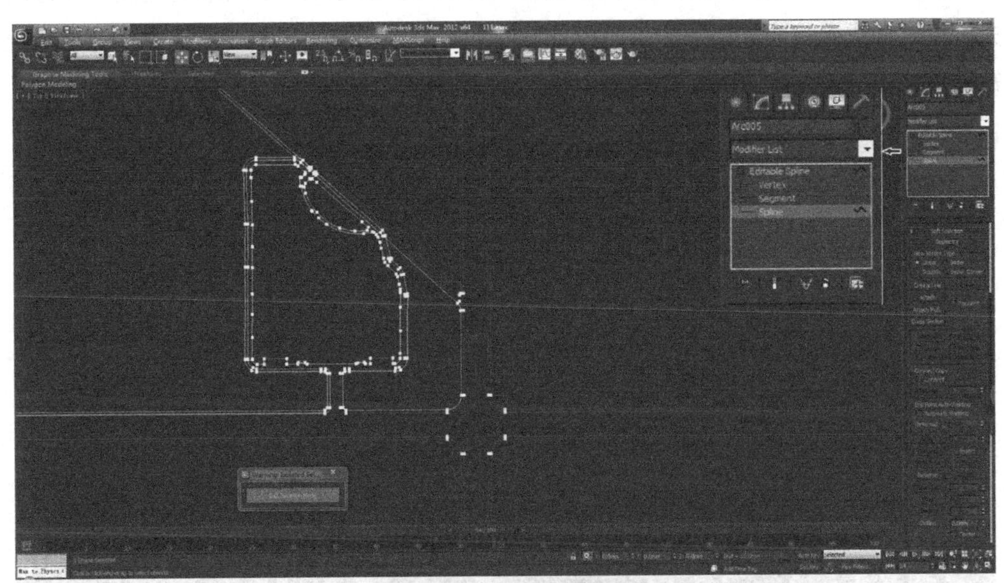

▲图 3-28 轮廓道路边线

④根据CAD图纸，进入【Editable Spline】（可编辑样条线）下的【Segment】（线段）层级，清除掉多余的线段，并挤出+150mm，取消勾选【Cap

Start】（封口始端），人行道效果如图3-29所示。

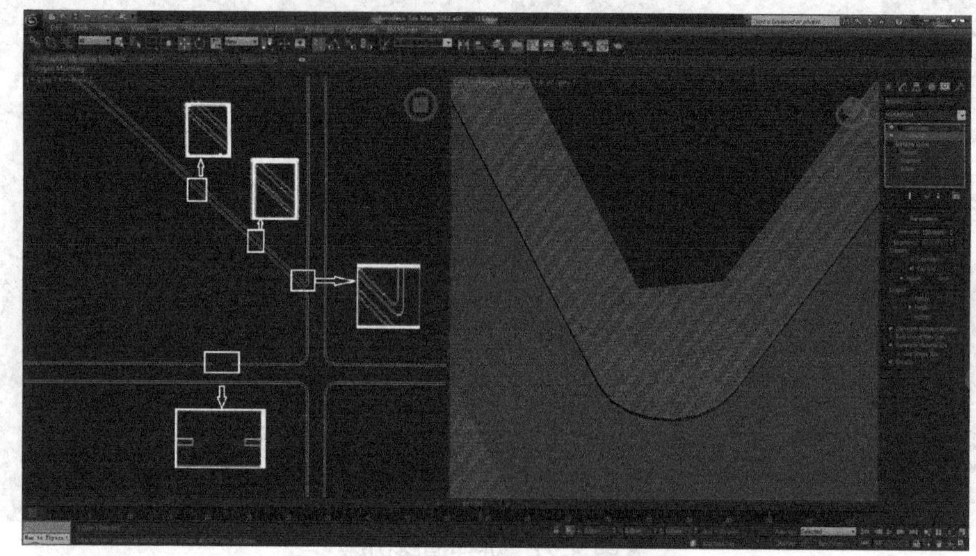

▲图 3-29　人行道细节处理

注：图中框选处需注意细节的处理。

（4）制作建筑铺地

根据CAD图纸把建筑铺地描绘出来，用来在建筑制作好了而地形还没制作好时先把建筑合进未完成的地形里，这样更方便且不对地形产生影响。具体操作方法是建筑铺地挤出-100mm，并取消勾选【Cap Start】（封口始端），如图3-30所示。

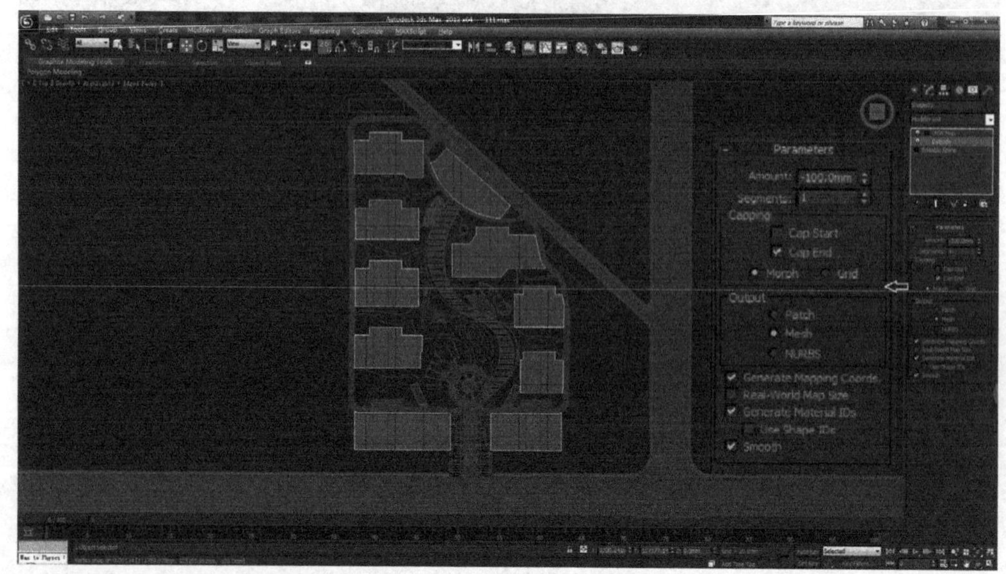

▲图 3-30　制作建筑铺地

温馨提示

在制作建筑铺地时，铺地的一侧会和道路相接，因之前在制作道路时在建筑铺地处加了点，所以我们可以提取一侧的边线来制作铺地，这样能让建筑铺地和道路衔接得更贴合。

建筑铺地不一定总是挤出-100mm，要视情况而定。此案例中因为建筑铺地上有停车位，而马路和建筑铺地交接，考虑到车子要停入停车位中，所以马路必须与建筑铺地齐平，如图3-31所示。

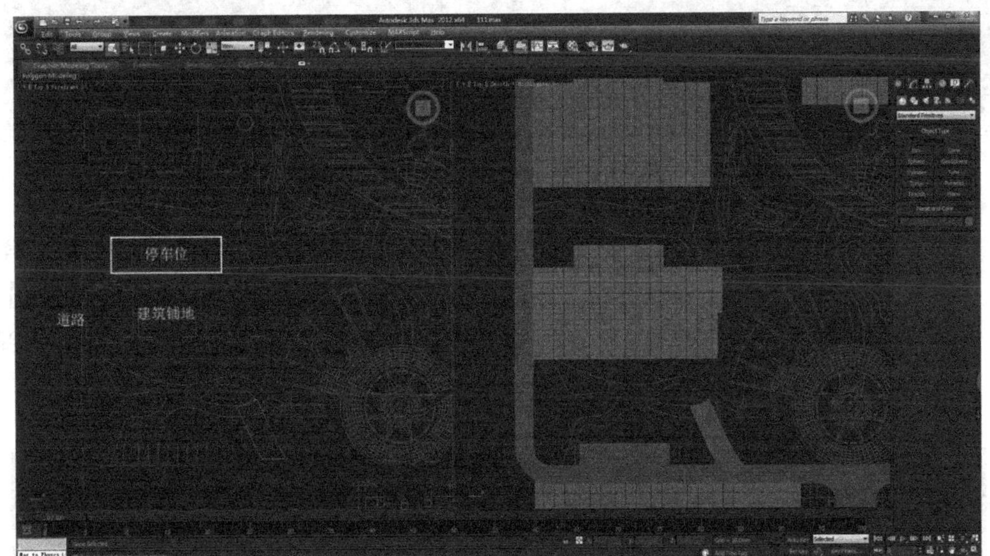

▲图 3-31　建筑铺地注意事项

（5）制作草地

①选择马路、地下车库入口、人行道和建筑铺地，单击鼠标右键，选择【Clone】（克隆），并在克隆面板中选择【Copy】（复制），再单击鼠标右键，选择【Isolate Selection】（孤立当前选择）。分别把每个物体下的【Extrude】（挤出）命令删除掉，只保留【Editable Spline】（可编辑样条线）命令，最终效果如图3-32所示。

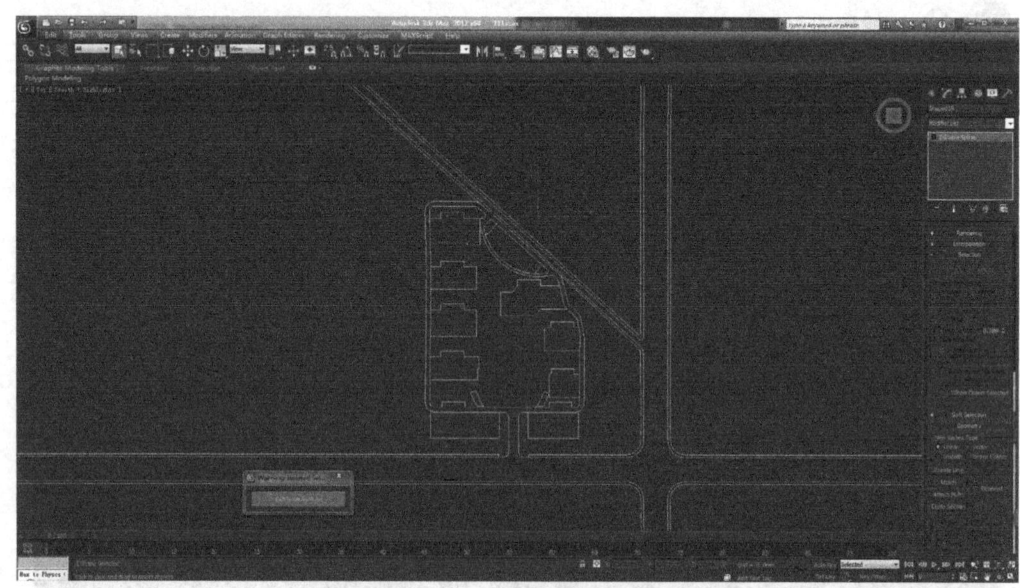

▲图 3-32　提取各元素的线

②选择地下车库入口的线，在【Editable Spline】（可编辑样条线）下选择【Spline】（样条线）层级，并全选；选择【Select and Non-uniform Scale】（选择并非均匀缩放）命令，单击鼠标右键，把Z选项改为0，如图3-33所示。同理，另一个地下车库入口的制作方法也是同样步骤。

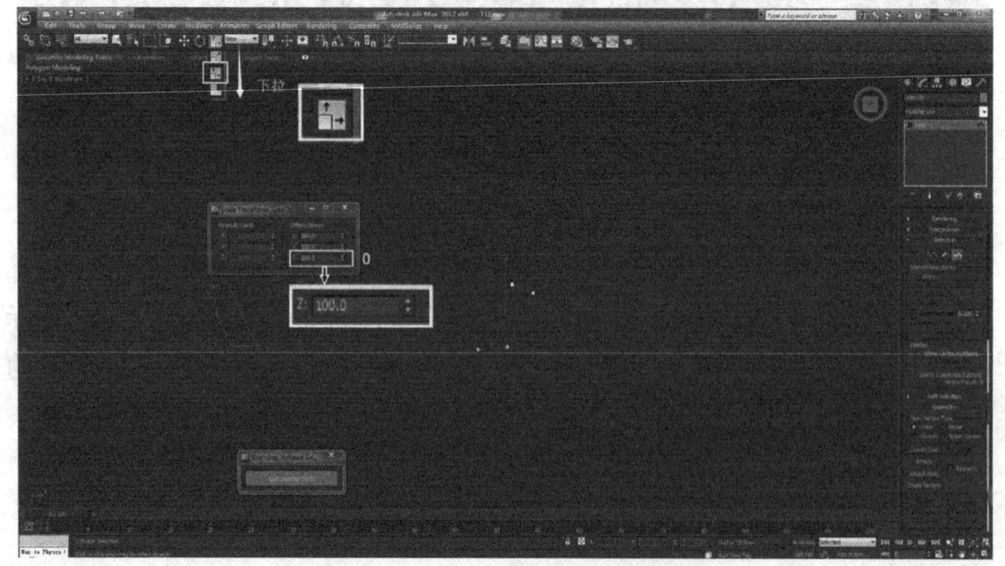

▲图 3-33　地下车库入口线的处理

③选择两个地下车库入口，单击【Align】（对齐）命令，再单击马路，选择Z

轴和中心选项，如图3-34所示。

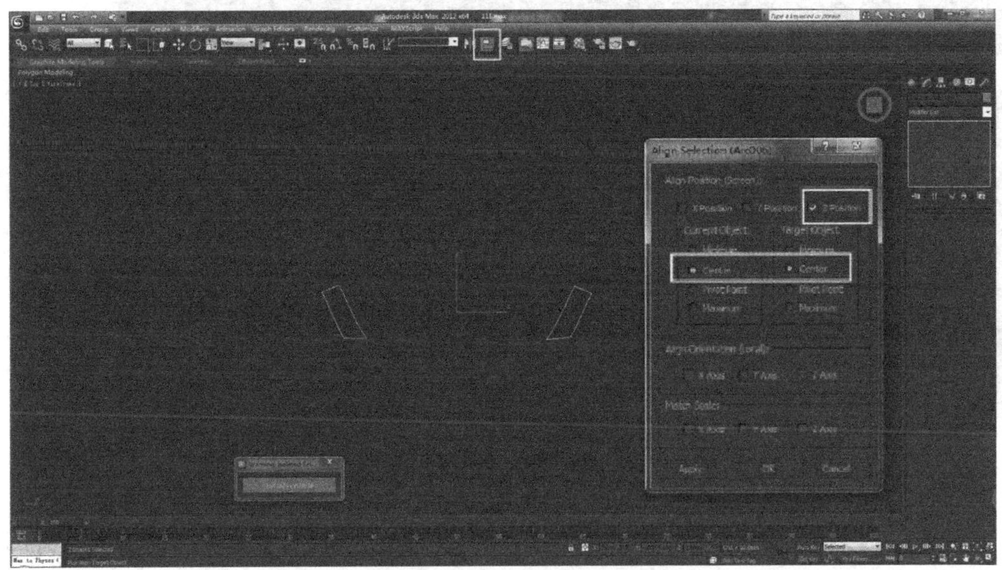

▲图 3-34 对齐马路

④参照CAD图纸，在【Line】（线）命令下选择【Vertex】（点）层级，在【Geometry】（几何体）卷展栏中单击【Refine】（优化）命令，并在如图3-35所示的位置上加点，然后选择【Segment】（边）层级，将多余的边删除，再单击鼠标右键，选择【Connect】（连接）命令，将点连接上，最终效果如图3-36所示。另一个地下车库入口的制作也是同样的步骤。

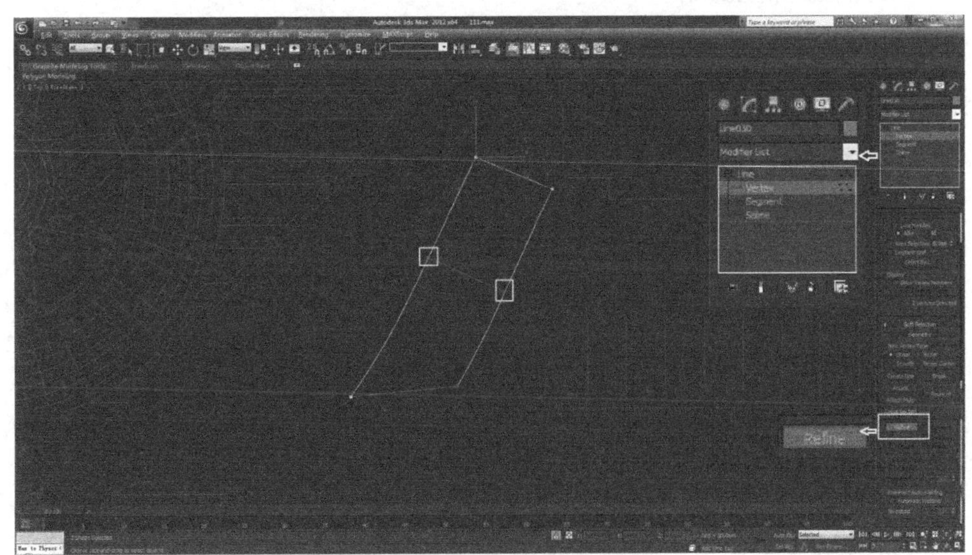

▲图 3-35 在相应的位置上加点

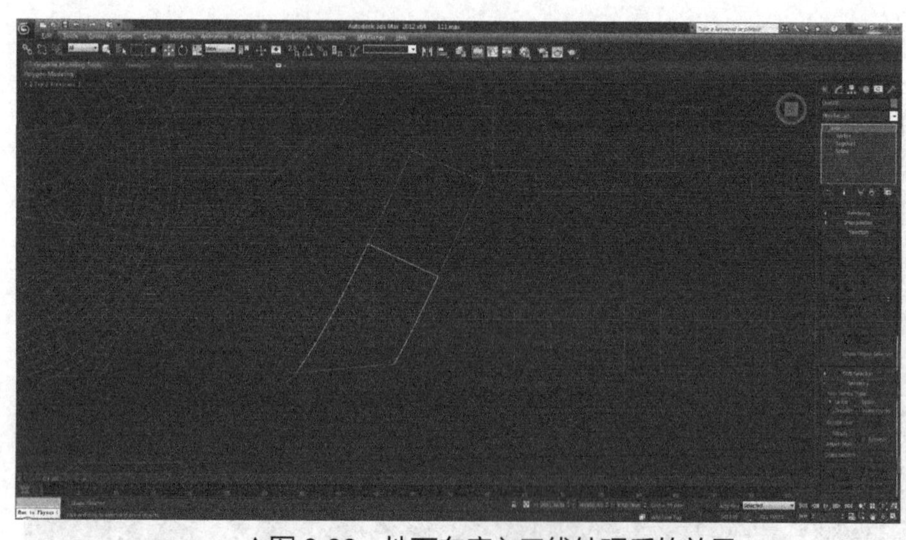

视频08

▲图 3-36　地下车库入口线处理后的效果

⑤在【Display】（显示）面板中勾选【Geometry】（几何体）选项，选定其中任意一条线，在【Editable Spline】（可编辑样条线）命令下，选择【Attach Mult.】（附加多个）命令，在弹出的面板中选择所有样条线，然后单击【Attach】（附加），在弹出的【Attach Options】（附加选项）对话框中选择【Match Material IDs to Material】（匹配材质ID到材质），再单击【OK】按钮；在【Editable Spline】（可编辑样条线）命令下，选择【Segment】（边）层级，将重合的边线删除掉，如图3-37和图3-38所示，白色的粗线即为需删除的线段。

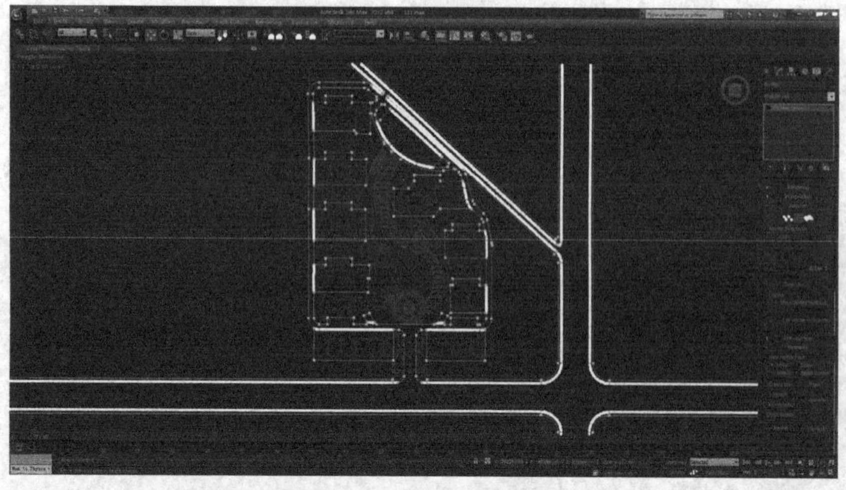

▲图 3-37　删除粗白线

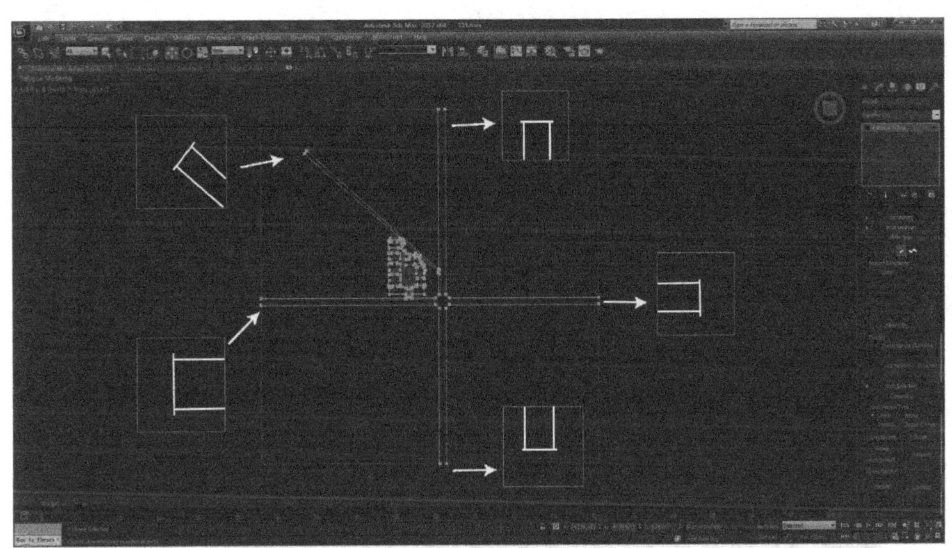

▲图 3-38 顶端放大图

注：图中方框处为顶端放大图

⑥使用【Line】（线）命令创建如图3-39所示的图形，在【Editable Spline】（可编辑样条线）命令下选择【Attach Mult.】（附加多个）命令，将所有的线附加在一起；在【Vertex】（点）层级下按Ctrl+A组合键全选所有的点，再单击鼠标右键，选择【Weld Vertices】（焊接顶点）命令，将点焊接上，然后挤出150mm，并取消勾选【Cap Start】（封口始端），最终效果如图3-40所示。

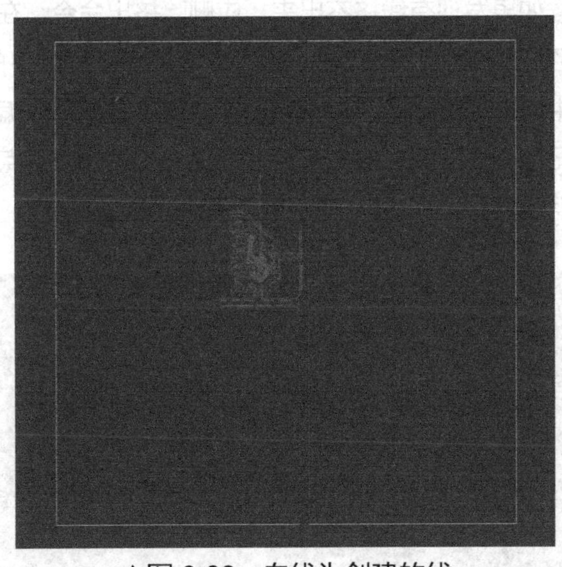

▲图 3-39 白线为创建的线

注：白线为创建的线。

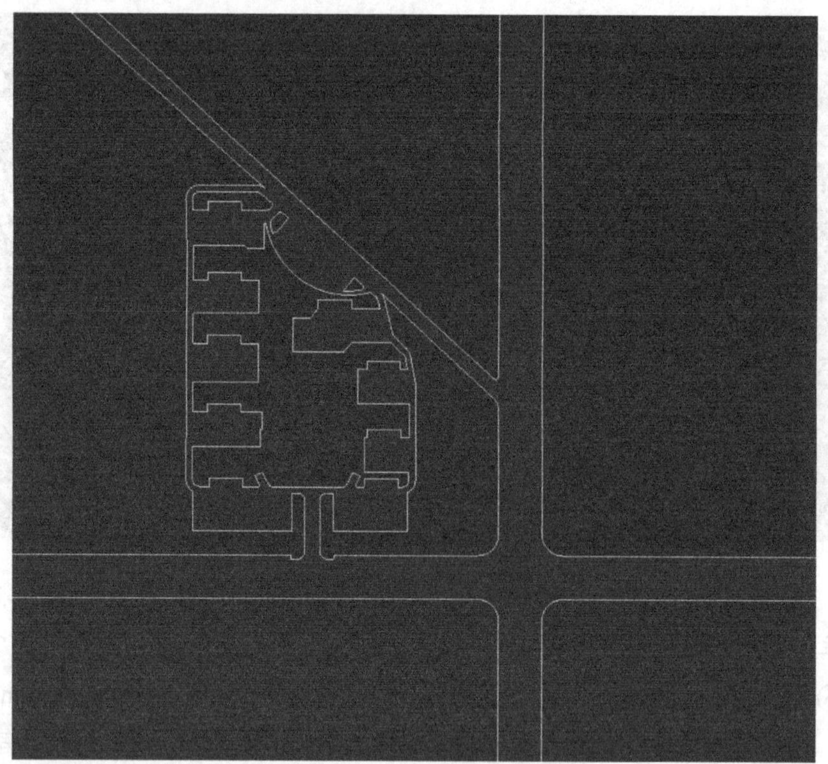

▲图 3-40　草地最终效果

温馨提示

在制作草地的时候如果发现有线挤不出来，应删除挤出命令，在可编辑样条线命令下，检查点是否已焊接上，可以在【Vertex】（点）层级下的【Selection】（选择）卷展栏中勾选【Show Vertex Numbers】（显示顶点编号）命令，在窗口中检查数字标记为1号的点，如果找不到1号点，那就找2号点的前一个点，因为有时候是1号点和最后一个点重合在一起了，如图3-41所示。

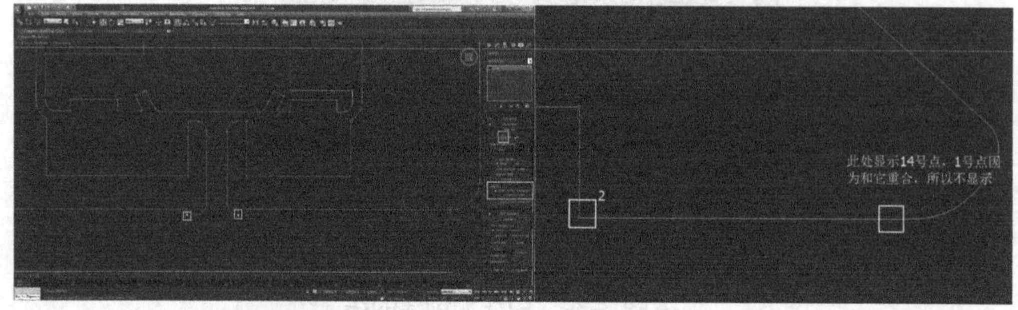

▲图 3-41　制作草地

（6）制作绿化带

①根据CAD图纸描绘出绿化带。因为道路上的绿化带并没有在红线规划范围之内，所以可以对它进行修改和美化。绿化带挤出高度为150mm，效果如图3-42所示。

▲图 3-42 绿化带的参考

温馨提示

在修改绿化带长度时，应考虑到路口处斑马线的宽度，留出画斑马线的位置。

②选择绿化带，单击鼠标右键，选择【Clone】（克隆）选项，并在克隆面板中选择【Copy】（复制）选项，并将【Extrude】（挤出）命令删除，然后添加【Sweep】（扫描）命令，参数的设置和效果如图3-43所示。

▲图 3-43　扫描命令的参数设置

（7）制作铺地

①选择道路模型，在修改面板中单击【Editable Spline】（可编辑样条线）下的【Segment】（边）层级，选择如图3-44所示的边线，在【Geometry】（几何体）卷展栏中勾选【Copy】（拷贝）并单击【Detach】（分离）。

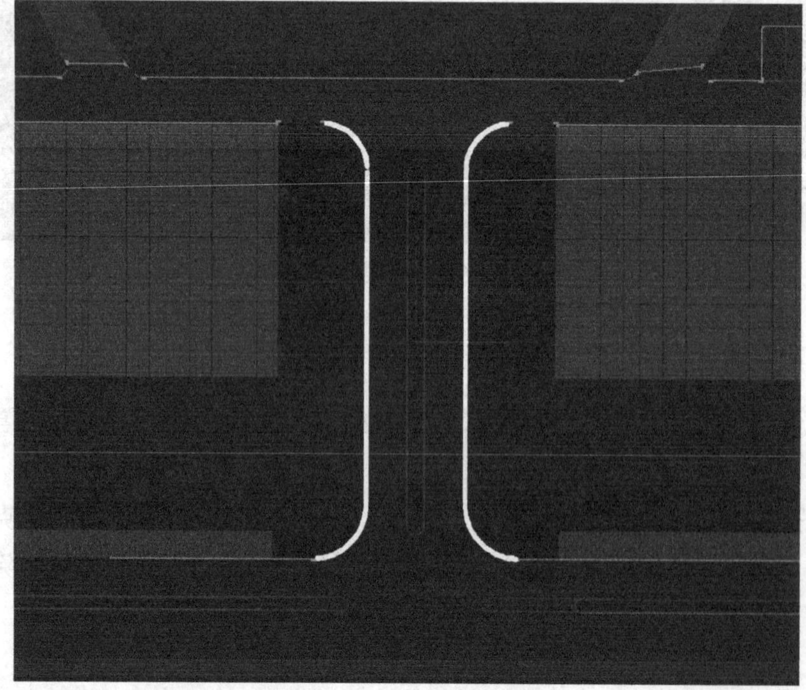

▲图 3-44　提取道路边线

②在【Display】（显示）面板中勾选【Geometry】（几何体），根据CAD图纸将铺地的线描绘完整，将点焊接起来，挤出151mm，并取消勾选【Cap Start】（封口始端），如图3-45所示。

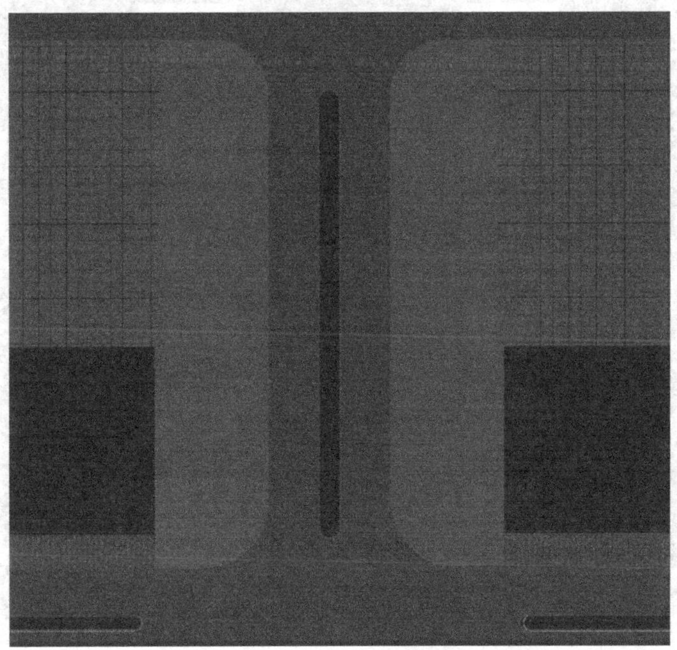

▲图 3-45　挤出铺地

③单击鼠标右键，单击【Convert to Editable Poly】（转换为可编辑多边形）；再单击鼠标右键，执行【Quickslice】（快速切片）命令，按S键打开捕捉，根据CAD图纸切片，如图3-46所示。

④选择【Editable Poly】（可编辑多边形）的【Polyon】（多边形）层级，选择如图3-47中所示的面，然后在【Edit Geometry】（编辑几何体）卷展栏中单击【Detach】（分离）按钮，并赋予铺砖材质。

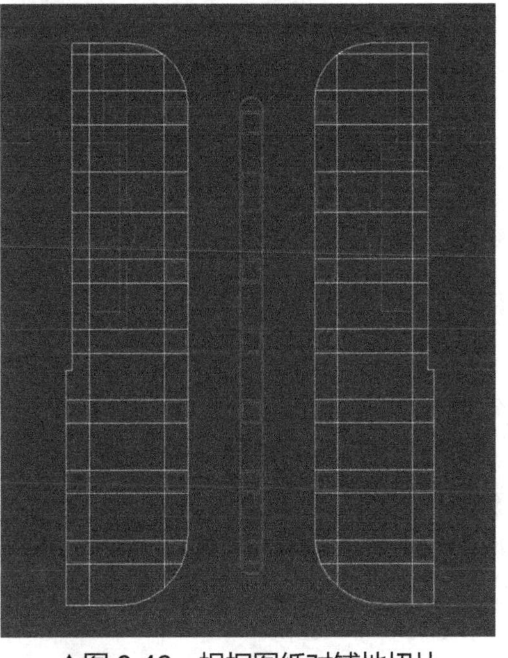

▲图 3-46　根据图纸对铺地切片

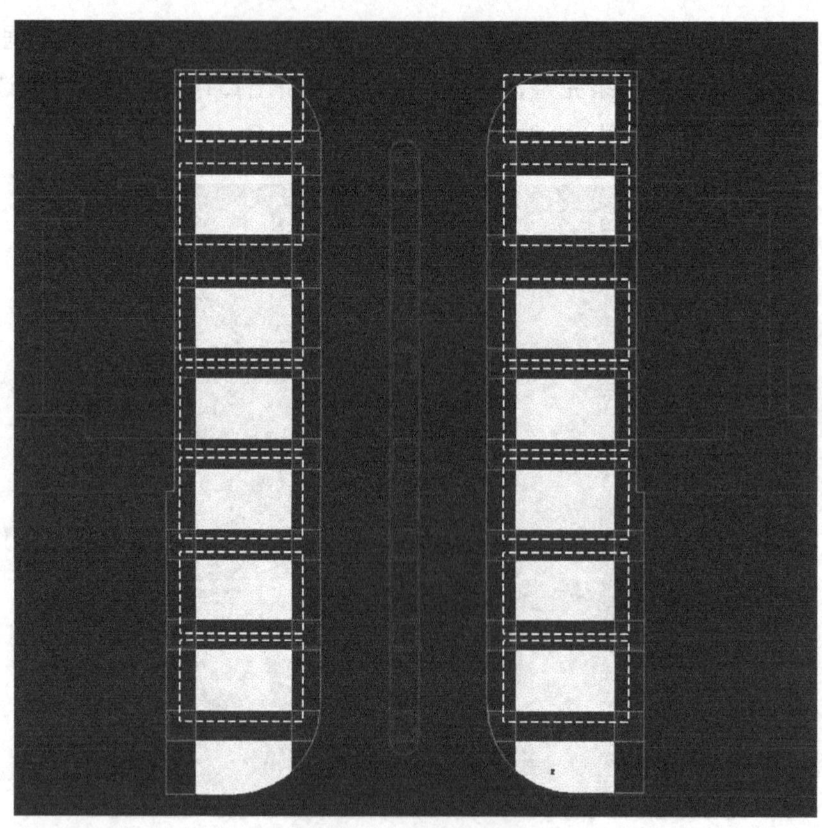

▲图 3-47 铺砖材质区分

⑤重复上一个步骤，将树池和铺砖分离开，赋予铺砖材质，如图3-48所示。

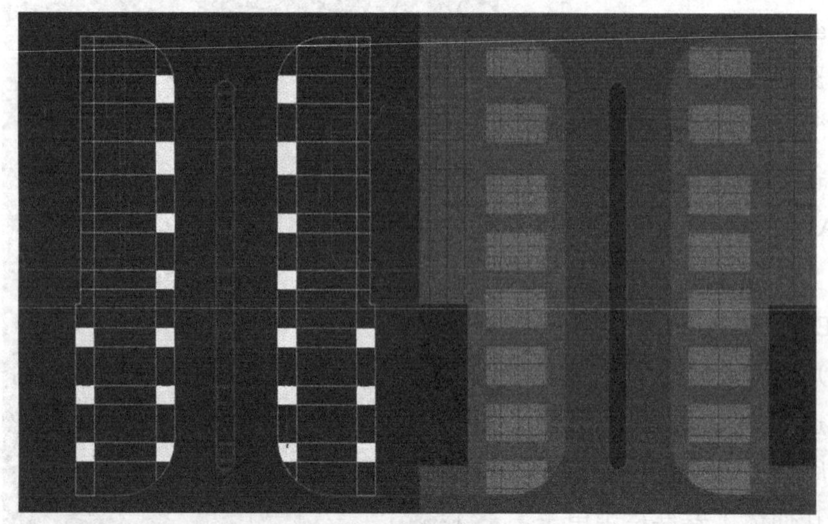

▲图 3-48 树池材质区分

视频09

⑥选中树池，在【Editable Poly】（可编辑多边形）的【Polyon】（多边形）层级选择全部的面，单击鼠标右键，选择【Inset】（插入）200mm，如图3-49所示。在【Edit Geometry】（编辑几何体）卷展栏中单击【Detach】（分离）按钮，赋予材质，最终效果如图3-50所示。

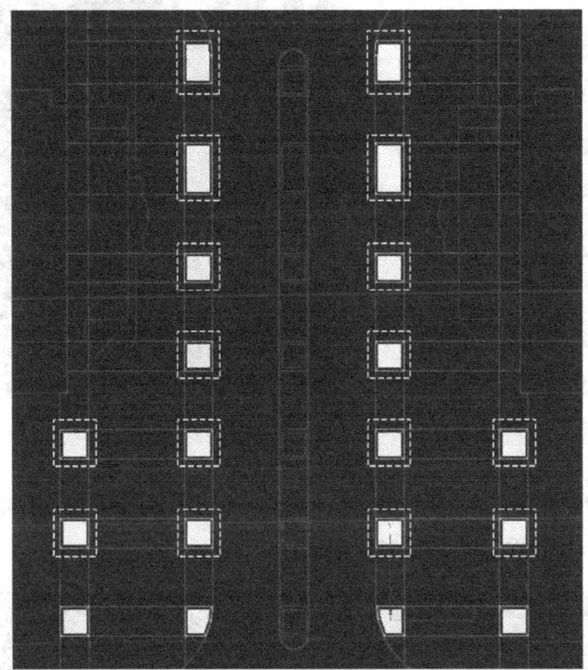

▲图 3-49 树池材质

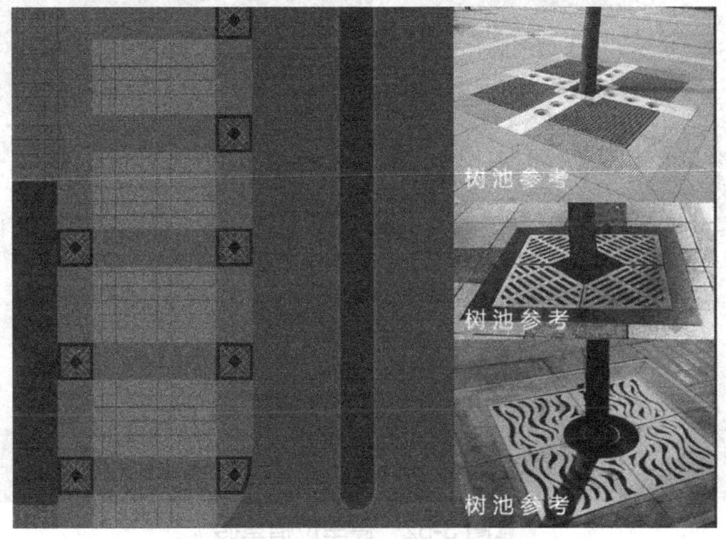

▲图 3-50 树池参考及最终效果

（8）制作停车位

停车位的标准尺寸为：宽度2 200～2 500mm，长度：5 000～5 500mm，线宽150mm，如图3-51所示。

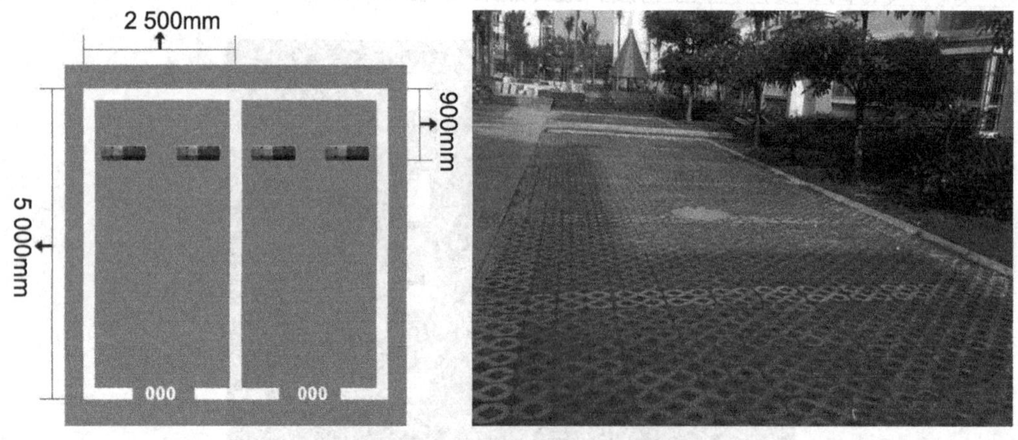

▲图 3-51　停车位参考及尺寸

①根据CAD图纸描绘出停车位，挤出1mm，并取消勾选【Cap Start】（封口始端），赋予材质，如图3-52所示。

▲图 3-52　停车位植草砖

温馨提示

停车位高度挤出不宜过高，考虑到汽车要开到停车位上，所以挤出1mm厚度，这样在渲染的时候既渲染不出高差，也不会模型“重面”。

②选择停车位，单击鼠标右键，选择【Clone】（克隆）选项，并在克隆面板中选择【Copy】（复制）选项，在修改面板中删除【Extrude】（挤出）命令，只保留【Editable Spline】（可编辑样条线）命令；在【Spline】（样条线）层级中，全选所有样条线，在【Geometry】（几何体）卷展栏中单击【Outline】（轮廓）并在后面输入150mm（或-150mm，详见下面的“温馨提示”），挤出2mm，并取消勾选【Cap Start】（封口始端），赋予材质，如图3-53所示。

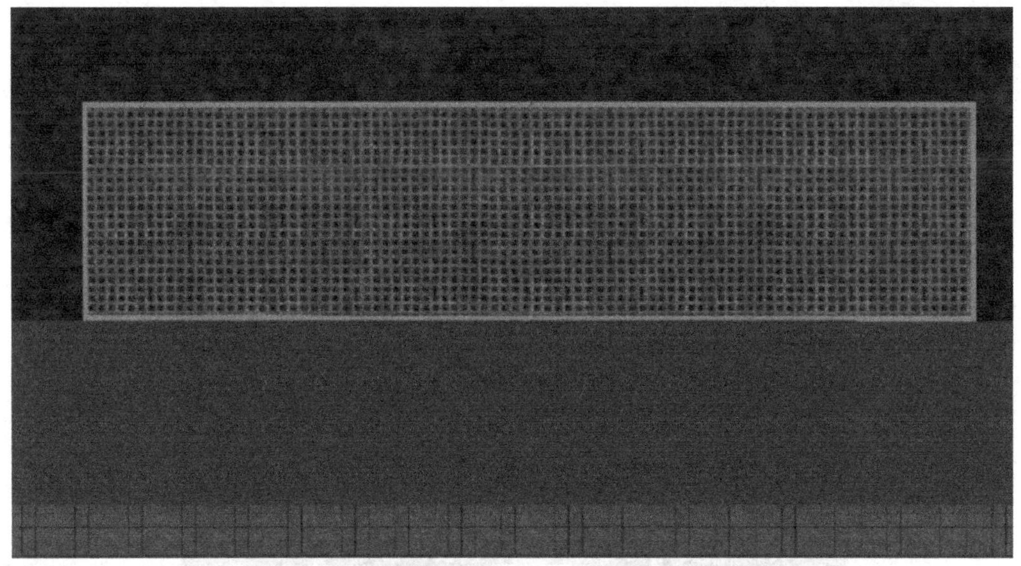

▲图 3-53 停车位白线制作

温馨提示

在执行【Outline】（轮廓）命令时，可能会出现线往外的轮廓，究其原因在于画线时，线的方向问题，如图3-54所示。如果出现有的线轮廓往外，有的往内，则可在【Spline】（样条线）层级中选中任意反方向的线，单击鼠标右键，选择【Reverse Spline】（反转样条线）命令，再执行【Outline】（轮廓）命令，这样就能解决这个问题了。

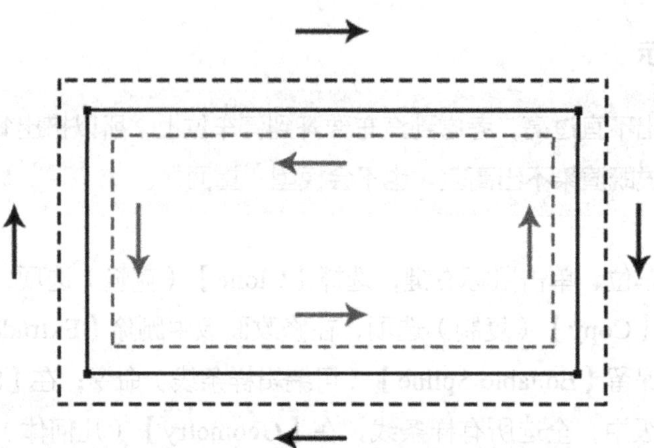

在创建黑色的矩形时，画线时如果是按照黑色的顺时针方向画，则轮廓150mm的时候就是朝外轮廓；如果画线时是按照灰色的逆时针方向画，轮廓150mm的时候就是朝内轮廓。

▲图 3-54　绘制轮廓线时的注意事项

③选择停车线，单击鼠标右键，单击【ConverttoEditableMesh】（转换为可编辑网格），在【Face】（面）选择面，单击选择并移动命令，同时按住Shift键移动复制，如图3-55所示。

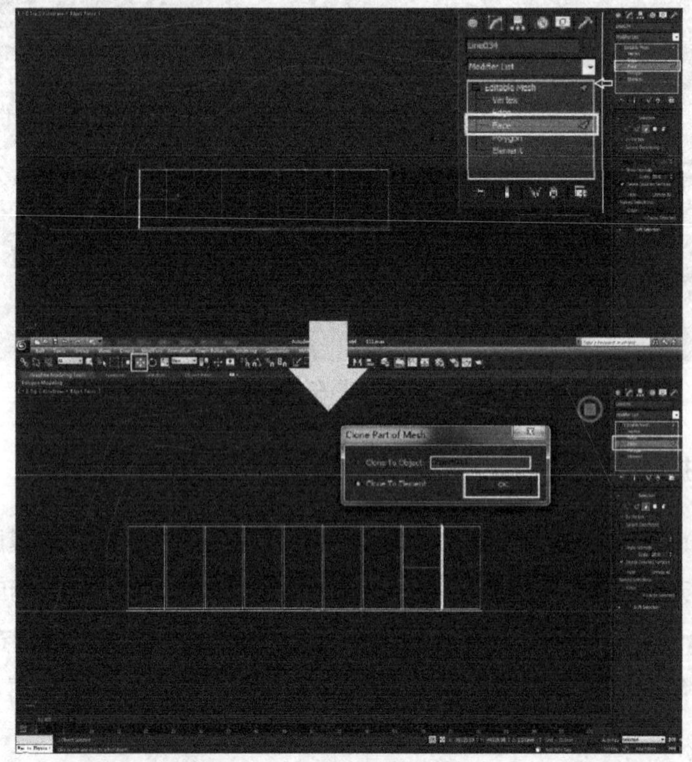

▲图 3-55　停车位白线制作

④按照上面的方法，把所有的停车线都制作好，最终效果如图3-56所示。

▲图 3-56　停车位最终效果

（9）制作景观铺地（一）

①根据CAD图纸创建一个圆，修改圆的步数为18，如图3-57所示。挤出151mm，并取消勾选【Cap Start】（封口始端）。

②在修改面板中添加【Edit Poly】（编辑多边形），在【Polygon】（多边形）层级下选中上面的面，单击鼠标右键，执行【Inset】（插入）命令，插入的数值如图3-58所示。

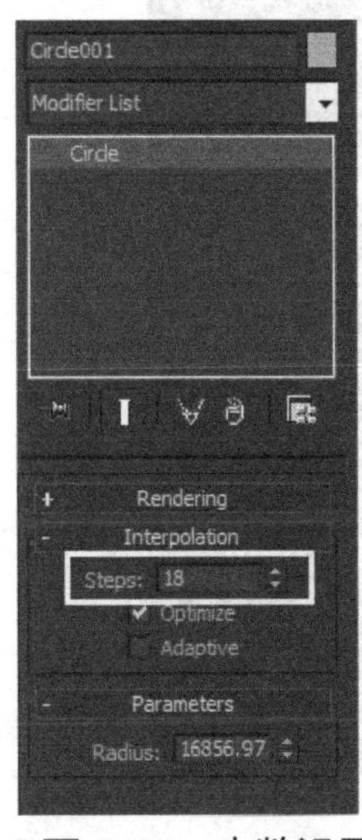

▲图 3-57　步数设置

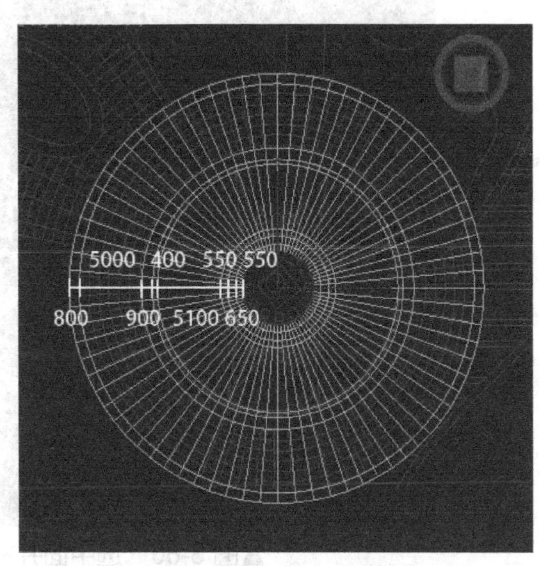

▲图 3-58　插入的数值

③选择中间的面，单击鼠标右键，单击【Extrude】（挤出）-151mm，再删

除选中的面；在【Edit Poly】（编辑多边形）的【Edge】（边）层级下选中图3-59中所示的边，然后在【Selection】（选择）卷展栏中单击【Ring】（环绕）命令，单击鼠标右键，单击【Convert to Face】（转换到面），单击鼠标右键，单击【Extrude】（挤出）2mm，如图3-60所示。重复以上操作，选中图3-61中所示的面，并挤出300mm。

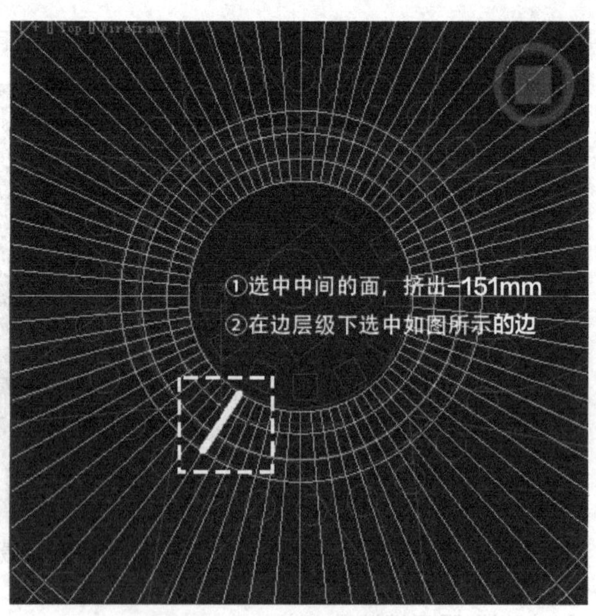

▲图 3-59　选中粗白线

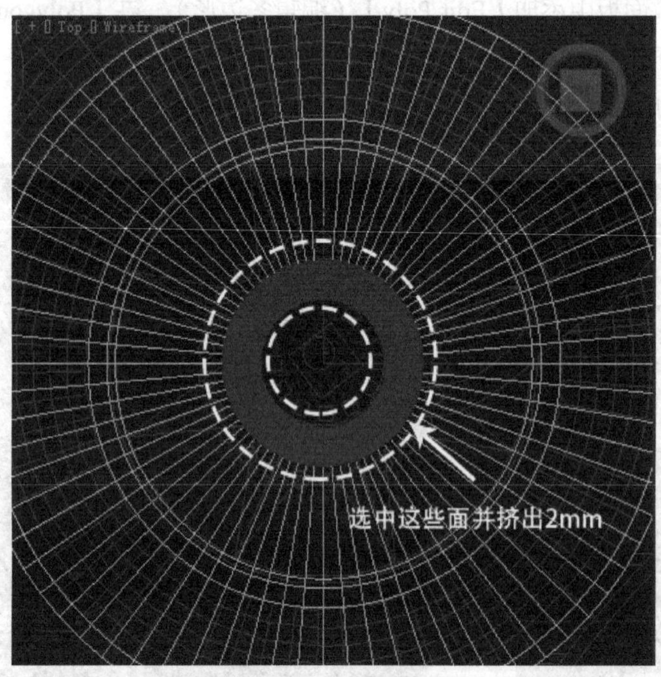

▲图 3-60　选中面并挤出

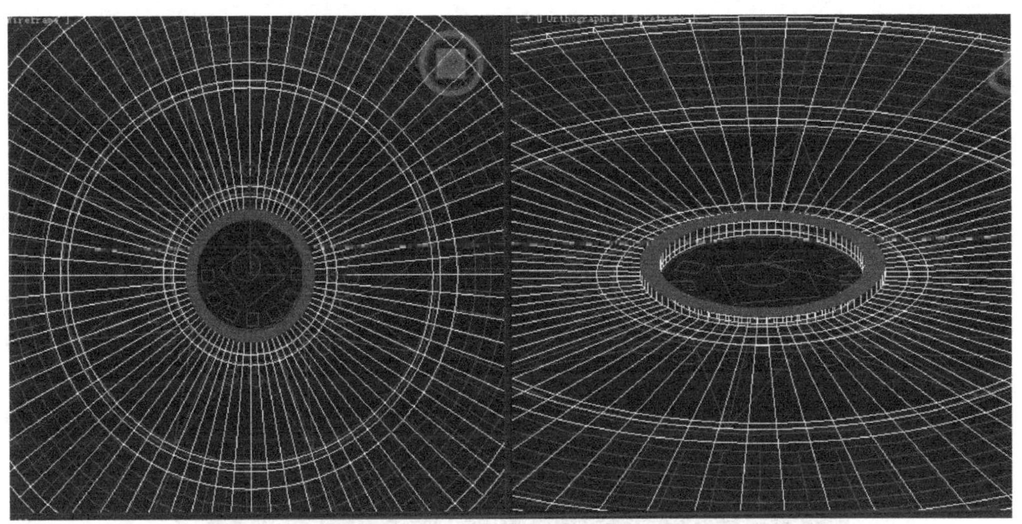

▲图 3-61 选中面并挤出（2）

温馨提示

在多边形命令下挤出的面是不带有平滑组的，可以选中需要平滑的面，然后在【Polygon:Smoothing Groups】（多边形：平滑组）卷展栏中单击【Auto Smooth】（自动平滑），如图3-62所示。

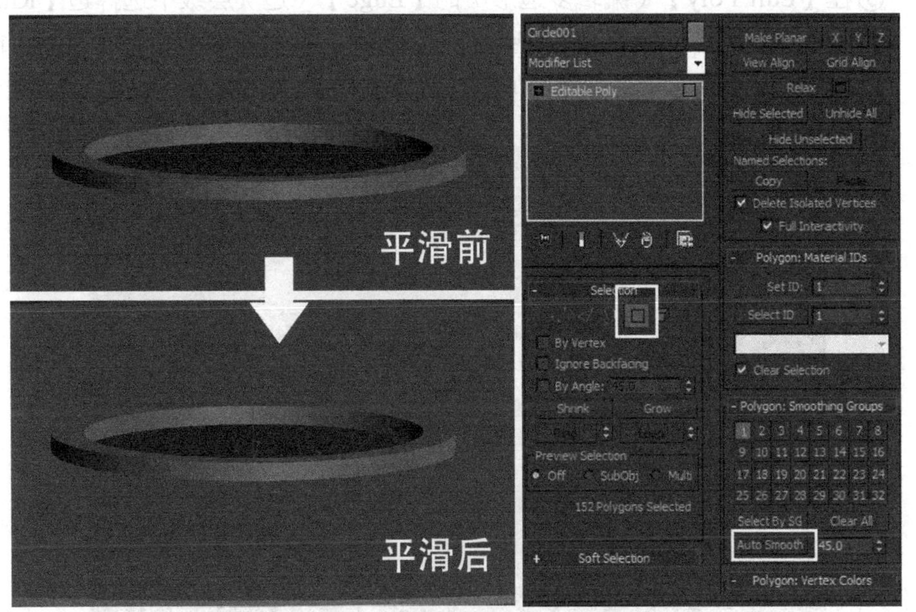

▲图 3-62 添加平滑组

④退出【Polygon】（多边形）层级，单击鼠标右键，单击【Quickslice】（快

速切片）命令，按S键打开捕捉，根据CAD图纸将铺地中多余的部分切割掉；再单击【Polygon】（多边形）层级，删除多出来的面，如图3-63所示。

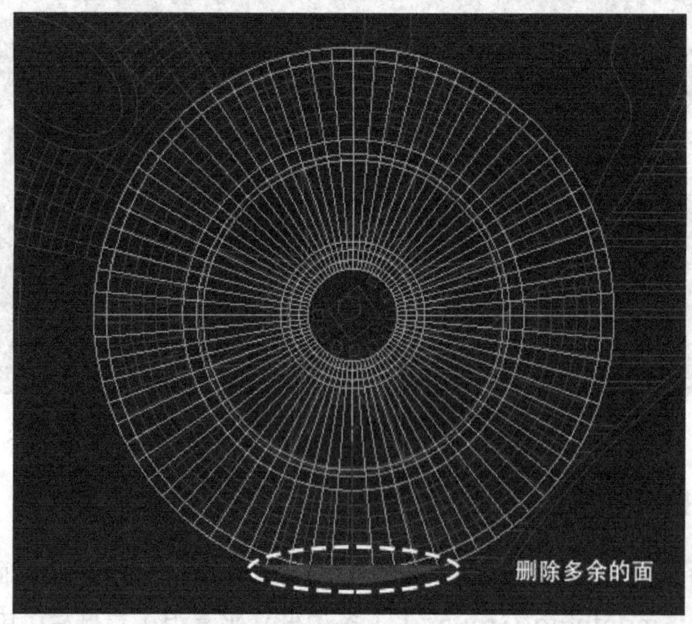

▲图 3-63　删除多余的面

⑤在【Edit Poly】（编辑多边形）的【Edge】（边）层级下选择边【Ring】（环绕），单击鼠标右键，选择【Convert to Face】（转换到面）命令，再将把每一个不同材质的面分离出来，并赋予材质，效果如图3-64所示。

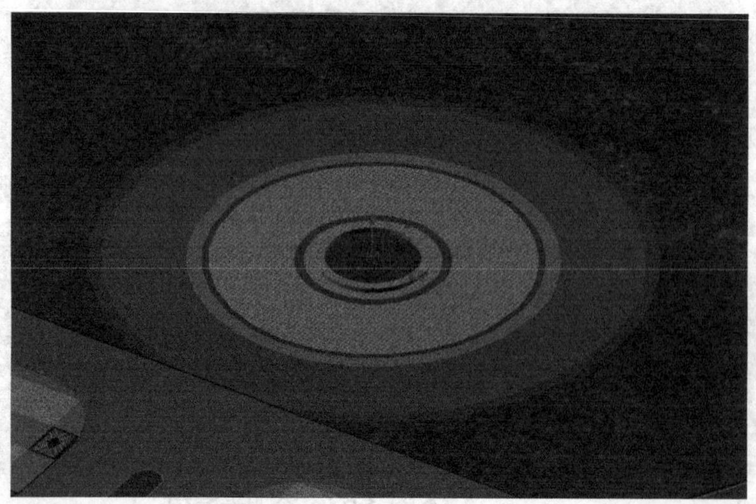

▲图 3-64　赋予材质后效果

⑥根据CAD图纸描绘出一个三角形，然后在【Hierarchy】（层次）面板中单击【Affect Pivot Only】（仅影响轴），再单击【Align】（对齐）命令，单击圆形铺地，如图3-65所示。

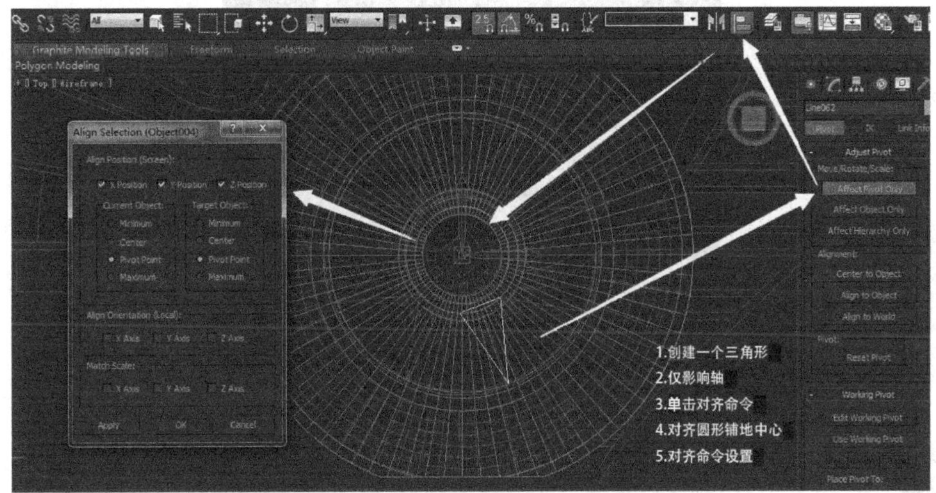

▲图 3-65 根据图纸绘制三角形铺地并对齐

⑦在工具面板的空白处单击鼠标右键，单击【Extras】(附加)，选择【Array】（阵列）命令，参数设置如图3-66所示。挤出152mm，取消勾选【Cap Start】，并赋予材质，最终效果如图3-67所示。

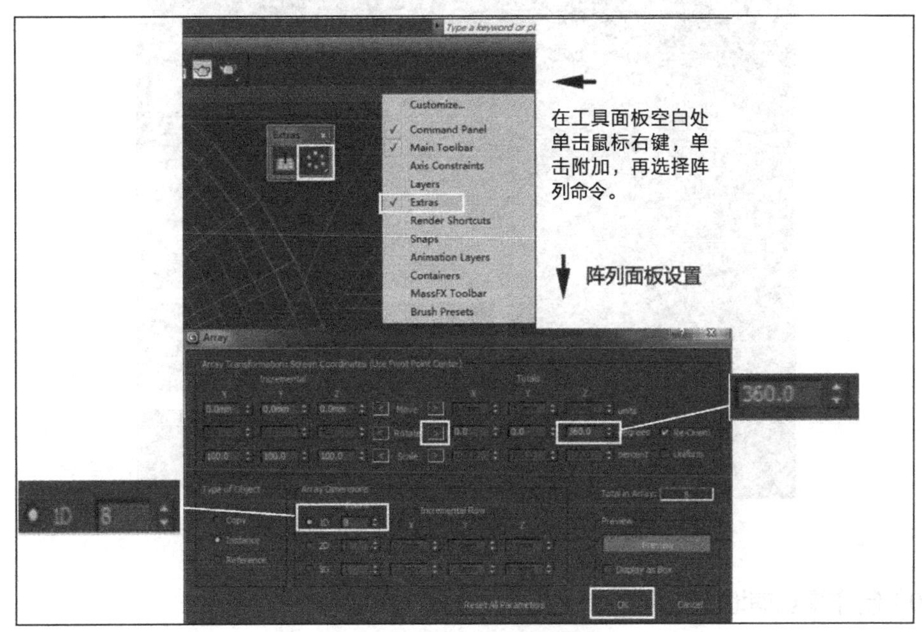

▲图 3-66 阵列参数

▲图 3-67　圆形铺地效果

温馨提示

一些小的水池和小路都有压边，增加压边可以更好地美化地形（相对地就是增加细节），如图3-68所示。

▲图 3-68　增加水池压边效果

（10）制作景观铺地（二）

①根据CAD图纸绘制出铺地轮廓，注意与铺地的交接处要增加相应的点，方便

后期提取线，制作相交接的铺地，如图3-69所示。

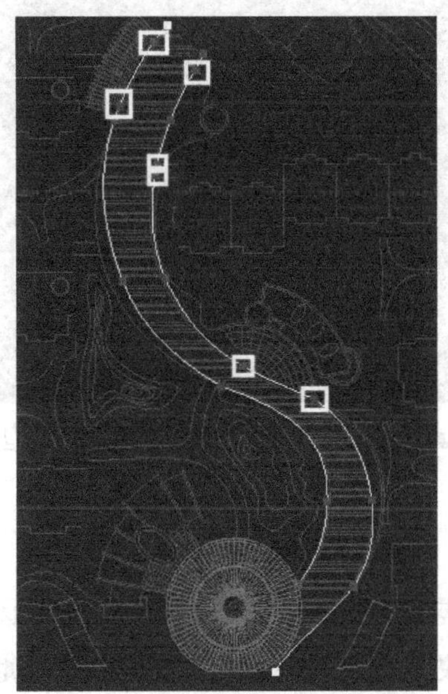

▲图 3-69 根据图纸绘制边线并加点

②选择草地，在【Line】（线）命令的【Segment】（边）层级下，选中与铺地交接的边，在【Geometry】（几何体）卷展栏中勾选【Copy】（拷贝）并单击【Detach】（分离），如图3-70所示。

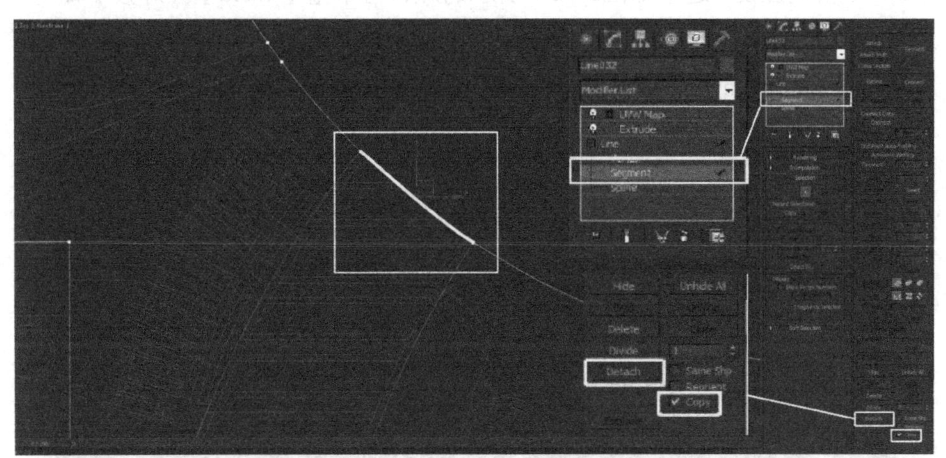

▲图 3-70 分离出草地的边

③选中圆形铺地，在【Edit Poly】（编辑多边形）的【Edge】（边）层级下，选中如图3-71中所示的边，然后在【Edit Geometry】（编辑几何体）卷展栏中单击【Create Shape】（创建图形）。

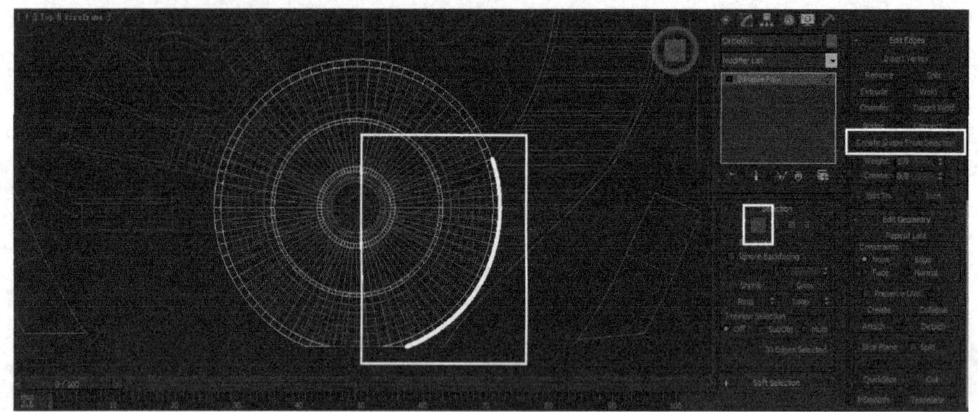

▲图 3-71　分离出圆形铺地的边

温馨提示

圆形铺地中提取出来的线可能和圆形铺地不重合，这是因为提取出来线的点都是贝塞尔点，把所有点都改成角点就能重合。提取圆形铺地时，因为铺地是有厚度的，所以提取线时，要注意提取下面的线，避免上、下的线同时被选中。

④利用【Attach】（附加）命令把提取出来的线和曲线铺地附加成一体，再单击鼠标右键，选择【Isolate Selection】（孤立当前选择），在【Vertex】（点）层级下选中如图3-72中所示的点，再单击【Weld】（焊接）命令；最下端的两点间缺少线段，所以用【Connect】（连接）把点连接上，再挤出151mm，并取消勾选【Cap Start】（封口始端）。

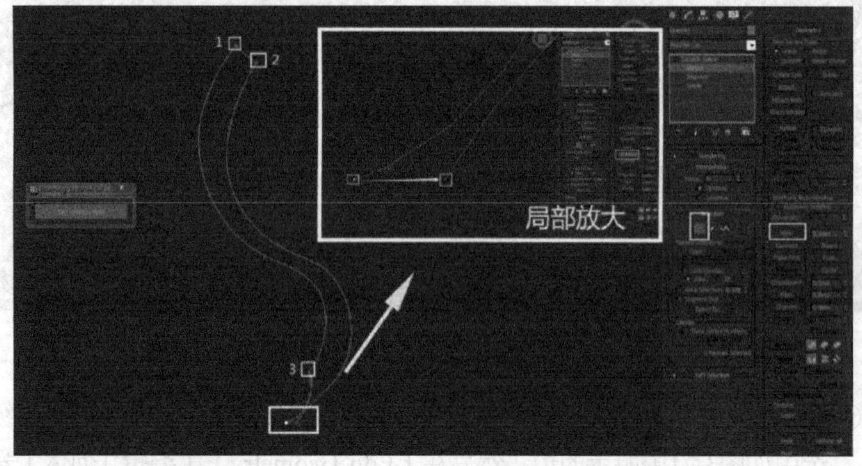

▲图 3-72　焊接顶点并连接断开的线段

⑤单击景观铺地（二），在修改面板中单击【Editable Spline】（可编辑样条线）下的【Segment】（边）层级，选中如图3-73中所示的边，在【Geometry】（几何体）卷展栏中勾选【Copy】（拷贝）并单击【Detach】（分离）。

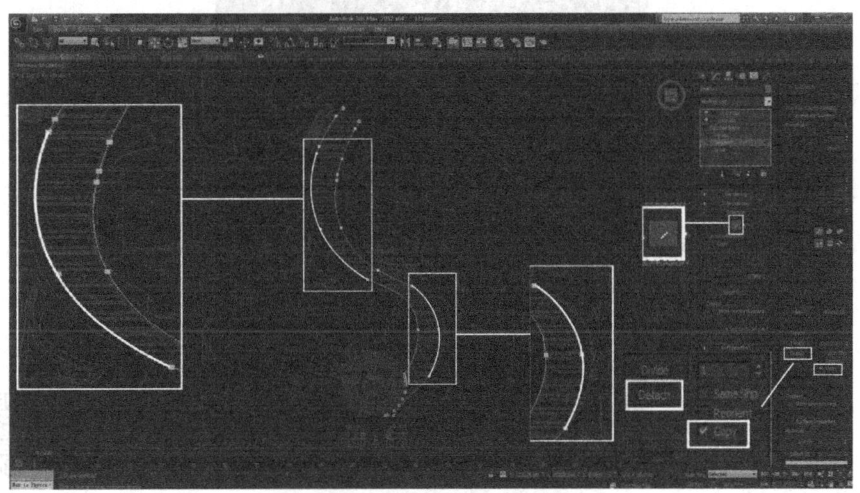

▲图 3-73　分离粗白线

⑥在【Display】（显示）面板中勾选【Geometry】（几何体）选项，根据CAD图纸描绘出铺地轮廓，在与小路的交接处加点，以方便后期制作小路时提取线，最后将点焊接上，挤出151mm，并取消勾选【Cap Start】（封口始端），如图3-74所示。

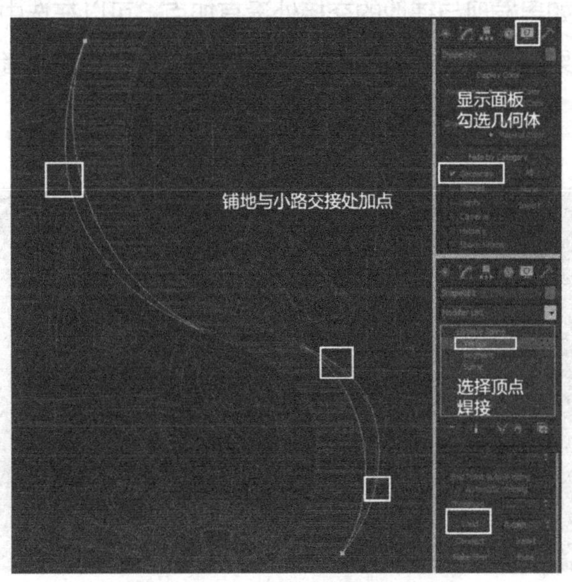

▲图 3-74　与小路交接处加点

⑦同理，制作出其他铺地，挤出的高度都为151mm，最终效果如图3-75所示。

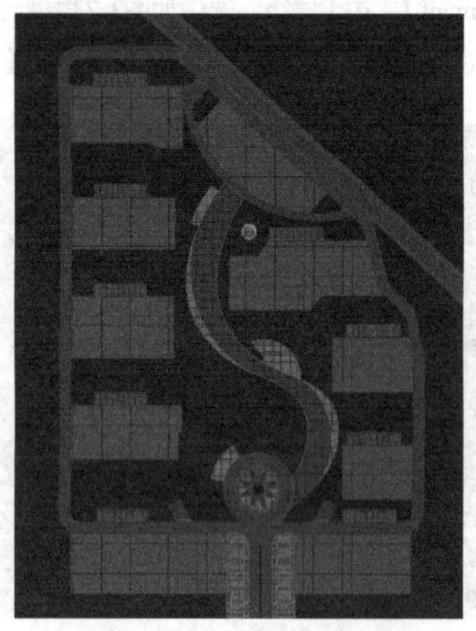

视频10

▲图 3-75 铺地最终效果

⑧小路也按照CAD图纸描绘出来，交接的地方要取线制作，挤出的高度也是151mm。

温馨提示

在制作小路时，如果发现与铺地的交接处没有加点，可以在选中铺地加点后再提取线。制作时如果不提取线，制作出来的铺地交接会有共面或者缝隙，如图3-76所示。

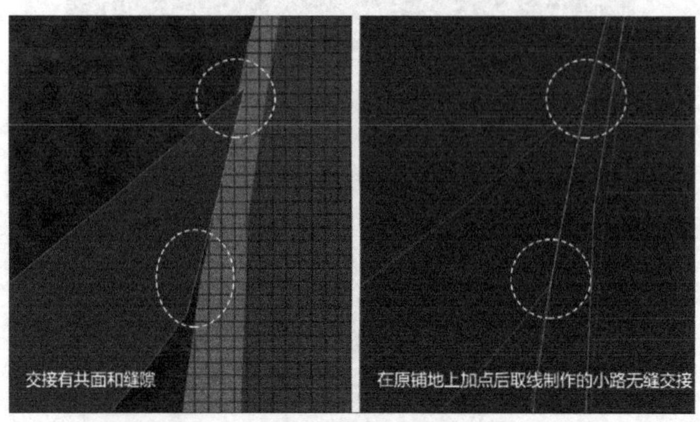

▲图 3-76 小路与铺地交界处的处理方法

⑨将中心景观铺地进行细化，把铺地材质区分出来。

选中“S”形铺地，选择【Editable Spline】（可编辑样条线）下的【Segment】（边）层级，选中如图3-77中所示的边，在【Geometry】（几何体）卷展栏中勾选【Copy】（拷贝）并单击【Detach】（分离），根据CAD底图制作出边缘不用材质的铺地拼花，挤出152mm。

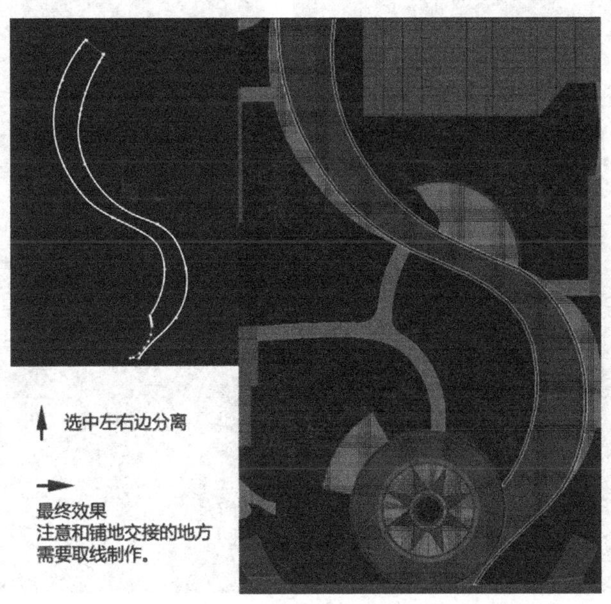

▲图 3-77 “S”形铺地细节处理

选中“S”形铺地，在修改面板中添加【Edit Poly】（编辑多边形）；再单击鼠标右键，单击【Quickslice】（快速切片）命令，按S键打开捕捉，根据CAD图纸切片，并把不同材质的拼花分离出来，赋予材质，如图3-78所示。

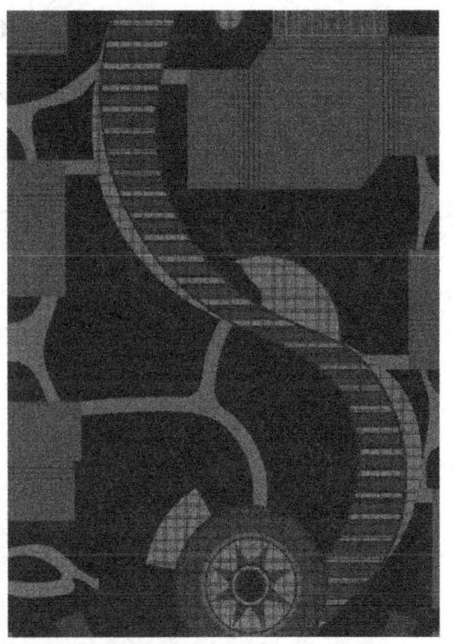

▲图 3-78 区分材质

温馨提示

【Convert to Editable Poly】（转换为可编辑多边形）和【Edit Poly】（编辑多边形）的区别在于转换为可编辑多边形在修改面板中不保留修改层级，而在制作铺地材质区分时，需考虑到后面制作水时要提取铺地轮廓，所以要保留修改层级下的样条线命令，故添加编辑多边形命令。

（11）制作水系

①水的制作思路和之前制作铺地类似，根据CAD图纸描线，在与铺地的交接处提取线制作，如图3-79所示。

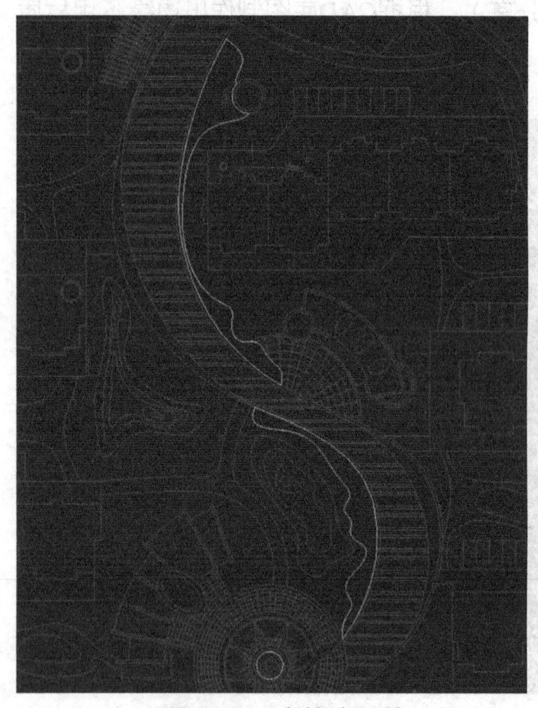

▲图 3-79　水的边界线

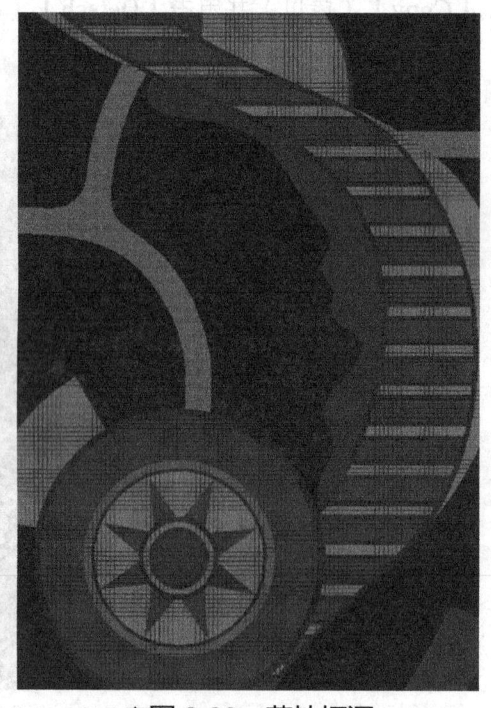

▲图 3-80　草地抠洞

②选择草地，在【Editable Spline】（可编辑样条线）下，单击右键鼠标，【Attach】（附加）水系图形，这样草地就留出了水的位置；选择复制出来的水系图形，添加【Edit Mesh】（编辑网格）命令，并附上水材质。把制作出来的水原地复制一个，Z轴移动−200mm，并附上水底材质，如图3-80所示。

③为了让地形更具真实性，草地边缘应该加上草坡，铺地旁边应该加上水牙，如图3-81所示。

▲图 3-81　草坡及水牙的参考

草坡制作：提取草地和水交接的边线并分离出来，然后添加【Sweep】（扫描）命令，参数如图3-82所示。

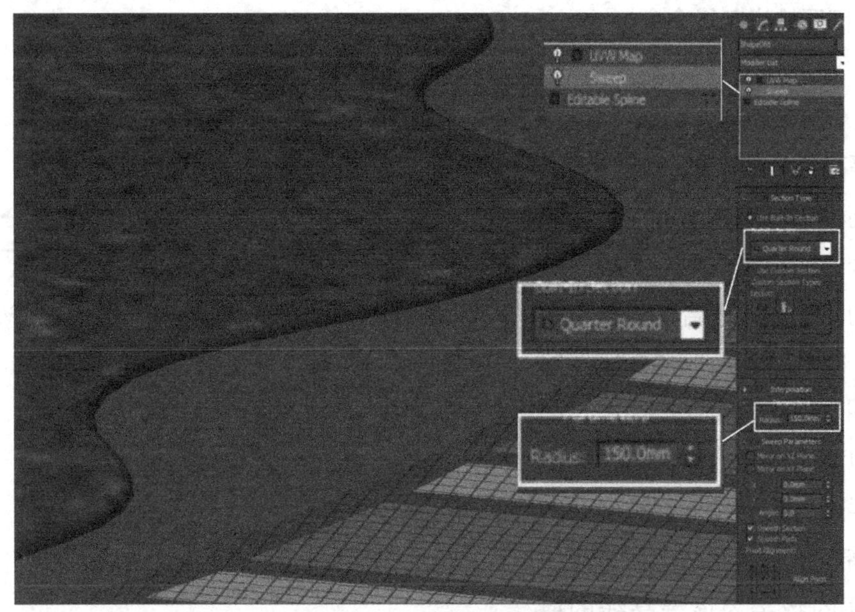

▲图 3-82　草坡参数的设置

水牙制作：提取铺地和水交接的边线并分离出来，然后添加【Sweep】（扫描）命令，参数如图3-83所示。

▲图 3-83　水牙参数的设置

温馨提示

在制作草坡时，上、下两个水面草坡的朝向不同，可以选择其中一条样条线，然后执行反转样条线命令。

（12）制作山体

等高线：等高线指的是地形图上高程相等的相邻各点所连成的闭合曲线。把地面上海拔高度相同的点连成的闭合曲线垂直投影到一个水平面上，并按比例缩绘在图纸上，就得到等高线。等高线也可以被视为不同海拔高度的水平面与实际地面的交线，所以等高线是闭合曲线。在等高线上标注的数字为该等高线的海拔，如图3-84所示。

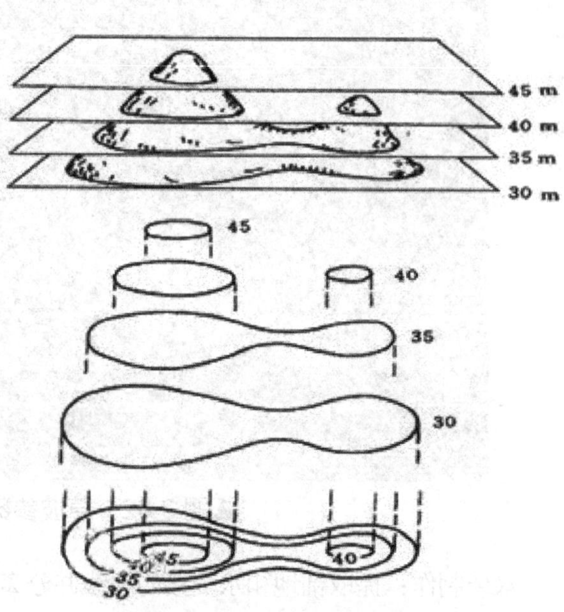

▲图 3-84　等高线的概念

虽然CAD图纸没有明确标明等高线的海拔高度，但从美观的角度上考虑，山体不宜制作得太高，适当给些高度做出草坡感，会更具真实性。

制作山体的方法有很多种，可以把等高线都描绘出来，然后抬到相应的高度，然后在【Compound Objects】（复合对象）面板中选择【Terrain】（地形）命令；也可以用以下方法进行制作。

①描绘出最外围的等高线；然后创建【Plane】（平面），平面大小与等高线最外轮廓的大小差不多，段数给多一些（注意：长度分段和宽度分段的数量要足够多，在等高线的最高点要有交接点），如图3-85所示。

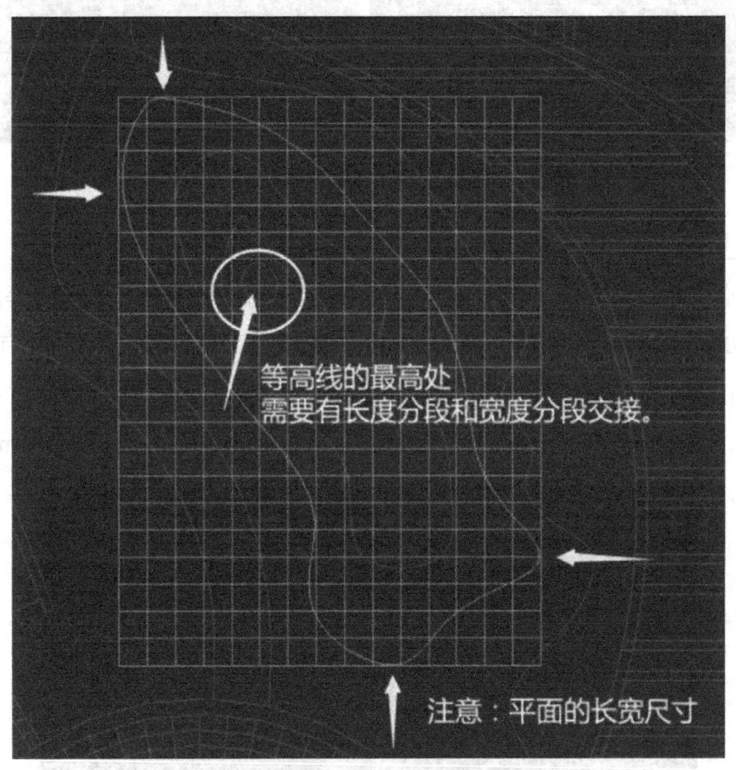

▲图 3-85　参考平面绘制

②单击等高线，单击鼠标右键，单击【Convert to Editable Poly】（转换为可编辑多边形），再单击鼠标右键，单击【Quickslice】（快速切片）命令，按S键打开捕捉，在捕捉选项中勾选【Edge/Segment】（边/线段），根据平面段数切片，如图3-86所示，再选择平面并将其删除。

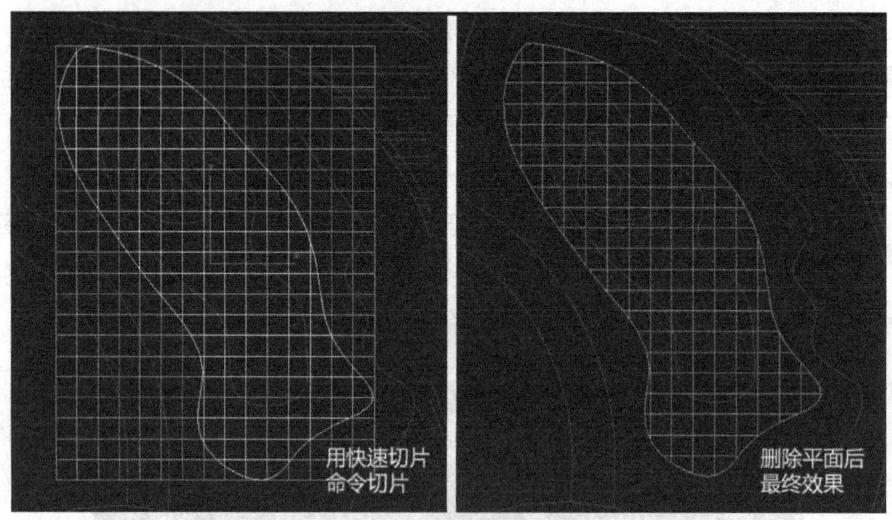

▲图 3-86　山体快速切片后的效果

③单击等高线，在【Editable Poly】（可编辑多边形）的【Vertex】（点）层级下选中等高线第二层中的所有点，Z轴方向抬高300mm；选中等高线第三层中的所有点，Z轴方向抬高300mm；选中等高线第四层中的所有点，Z轴方向抬高300mm；再执行【TurboSmooth】（涡轮平滑）命令。如图3-87所示，因为草地挤出的高度是150mm，所以制作的草坡要抬高151mm。

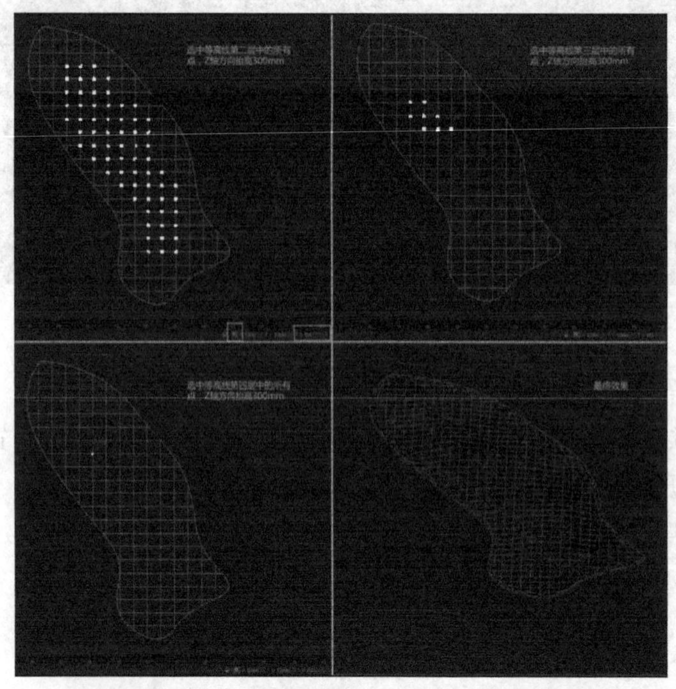

▲图 3-87　根据等高线抬点及山体最终效果

温馨提示

如果感觉草坡起伏不够大，Z轴抬高的高度可以适当加大。

④同理，将另外一个草坡也制作好，并赋予材质。

（13）制作地下车库挡土墙

①制作挡土墙的方法和制作水牙的方法类似。选择草地，提取地下车库入口处草地边线【Detach】（分离）并将其【Copy】（拷贝）出来，选中分离出来的边线执行【Sweep】（扫描）命令，参数如图3-88所示。

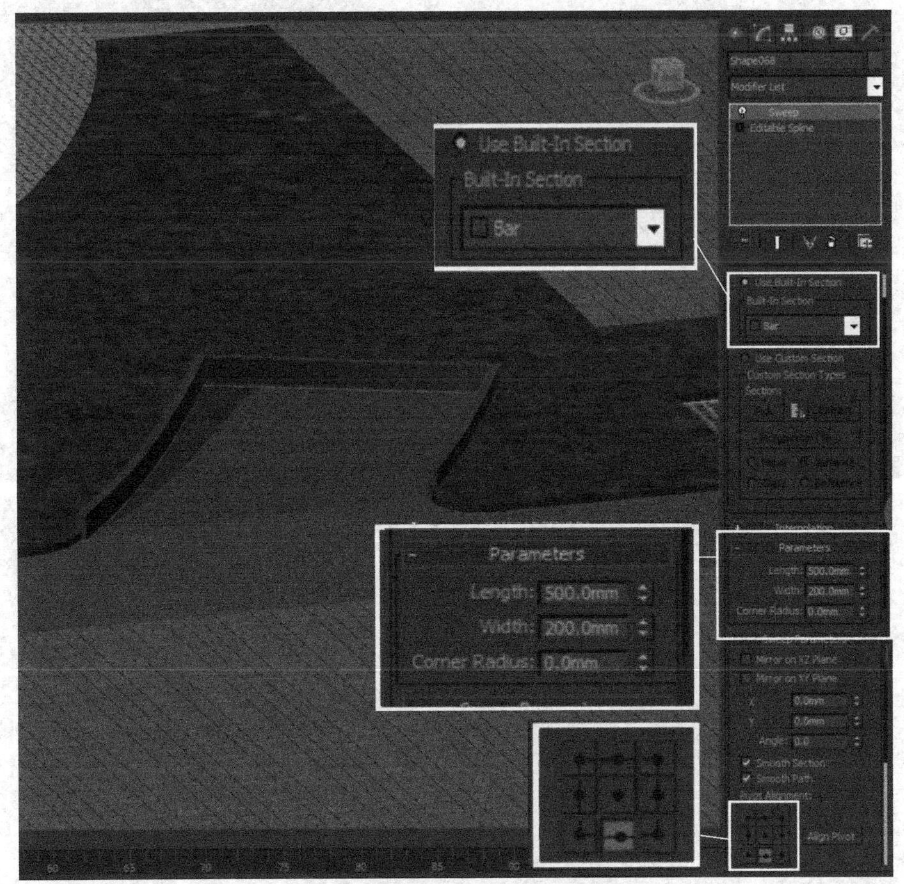

▲图 3-88 挡土墙参数设置

②选择坡道并复制，删除修改面板中多余的命令，只保留【Line】（线）命令，单击【Line】（线）命令下的【Segment】（边）层级，并选择所有的边，选择【Select and Non-uniform Scale】（选择并非均匀缩放）命令，单击

鼠标右键，将Z选项改为0，挤出的高度为5 000mm，取消勾选【Cap Start】（封口始端）和【CapEnd】（封口末端），添加【Normal】（法线）命令，高度对齐路面，并赋予材质，如图3-89所示。

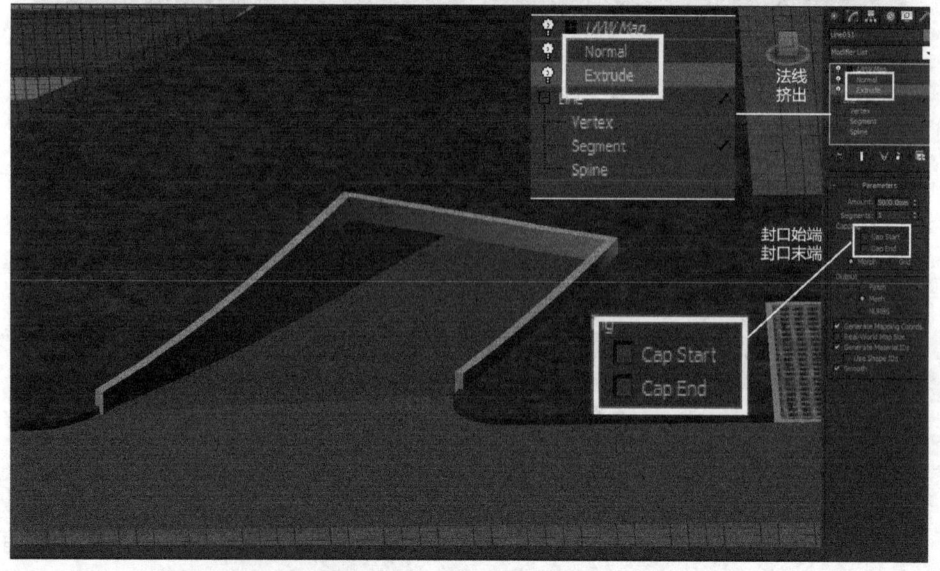

▲图 3-89　挡土墙的制作

(14) 制作路牙

路牙的作用是在路面上区分车行道、人行道、绿地、隔离带和道路其他部分的界线，起到保障行人、车辆交通安全和保证路面边缘整齐的作用。

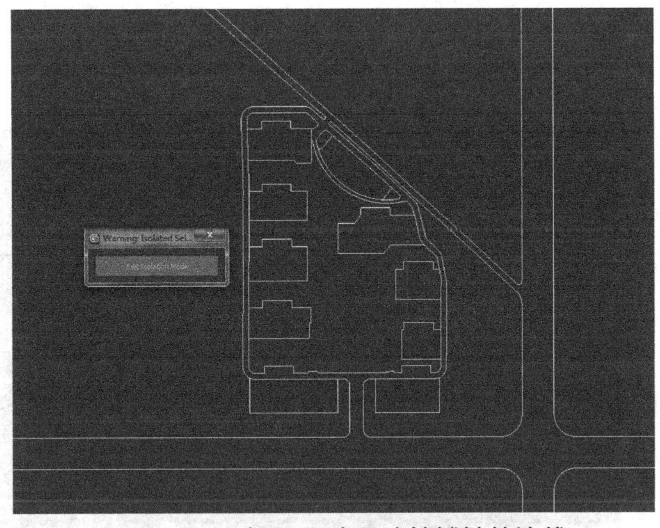

▲图 3-90 提取马路和建筑铺地的边线

①复制马路和建筑铺地，并在修改面板中删除挤出命令，只保留【Editable Spline】（可编辑样条线）命令，并单击鼠标右键，选择【Isolate Selection】（孤立当前选择），如图3-90所示。

②将马路和建筑铺地附加成一体，并将重合的线段和地下车库入口的线段删除，如图3-91所示，再将断开的点焊接起来。

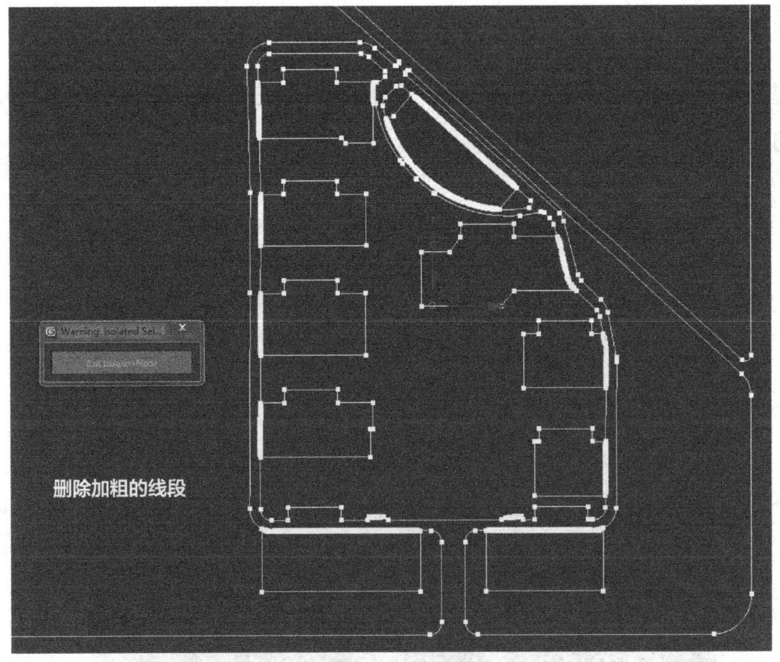

▲图 3-91 删除粗白线并焊接断开的点

③选择处理好的样条线，添加【Sweep】（扫描）命令，参数设置和效果如图3-92所示。

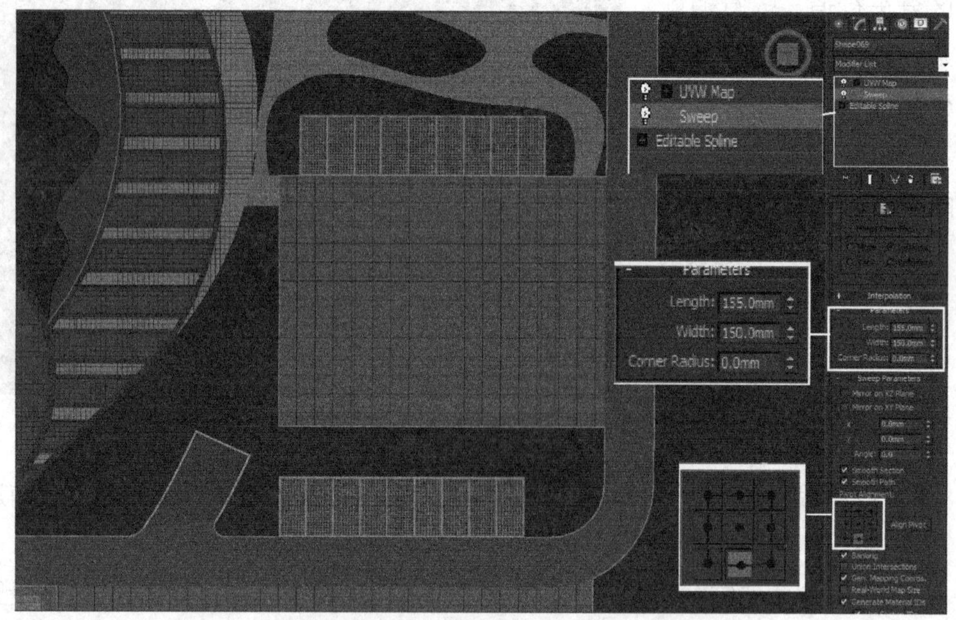

▲图 3-92 路牙参数的设置

温馨提示

马路和建筑铺地交接处不要制作路牙，否则汽车无法进入建筑铺地上的停车位，如图3-93所示。

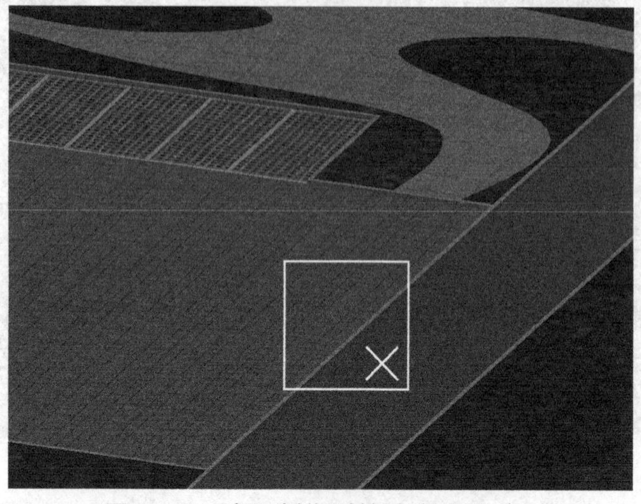

▲图 3-93 路牙制作时的注意事项（1）

④同理，制作出人行道与草地交界处的路牙，如图3-94所示。

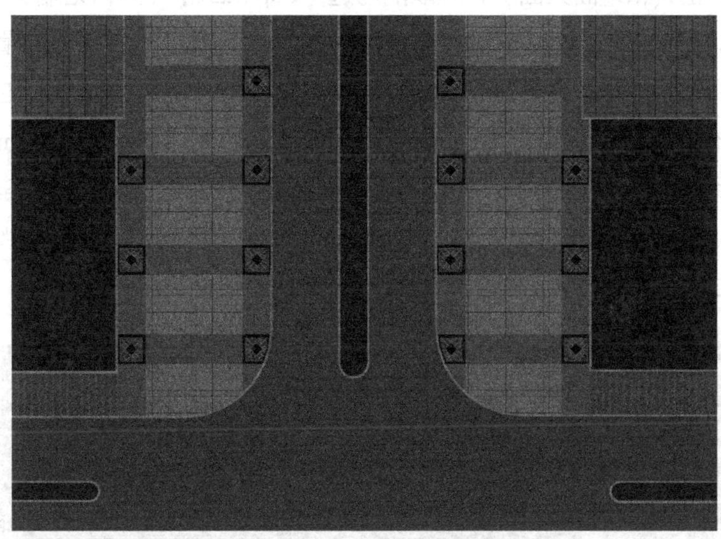

▲图 3-94 路牙制作时的注意事项（2）

（15）制作交通标线和斑马线

交通标线和斑马线是地形模型中重要的组成部分，制作交通标线和斑马线能让地形更加丰富和真实。

①人行过街斑马线宽度为400mm，间距为600mm，长度是根据街道宽度以及过街人流确定的，常见的长度为5 000mm，如果马路较宽（或较窄）可以1 000mm为单位增加（或减少）。斑马线挤出1mm（防止和地面共面），并取消勾选【Cap Start】（封口始端），如图3-95所示。

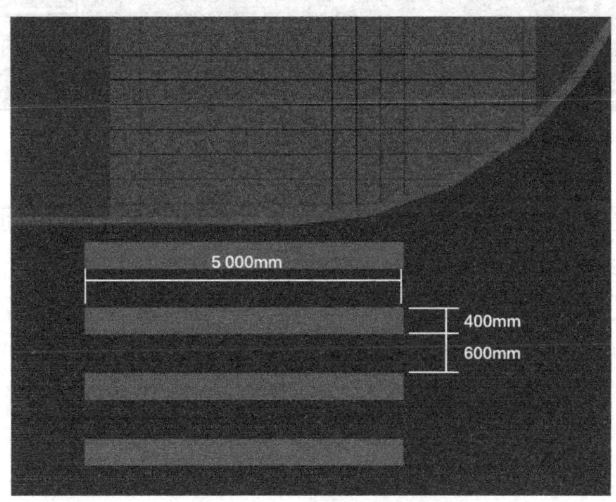

▲图 3-95 斑马线尺寸

②双黄线一般位于马路的正中心，宽度为200mm，间距为400mm，挤出1mm（防止其和地面共面），并取消勾选【Cap Start】（封口始端）。

制作时，可以开启捕捉，利用一个【Box】（长方体）长度分段设置为2，对齐马路来绘制马路中心线。根据Box的分段，绘制出一条道路的中心线，在样条线层级下，选择所有样条线，再执行【Outline】（轮廓）命令，中心轮廓600mm，并删除掉首尾的线段得到双黄线的中心线，再在样条线层级下，选择所有样条线，再执行【Outline】（轮廓）命令，中心轮廓200mm，并挤出1mm，同时取消勾选【Cap Start】（封口始端）按钮，绘制出双黄线，如图3-96所示。

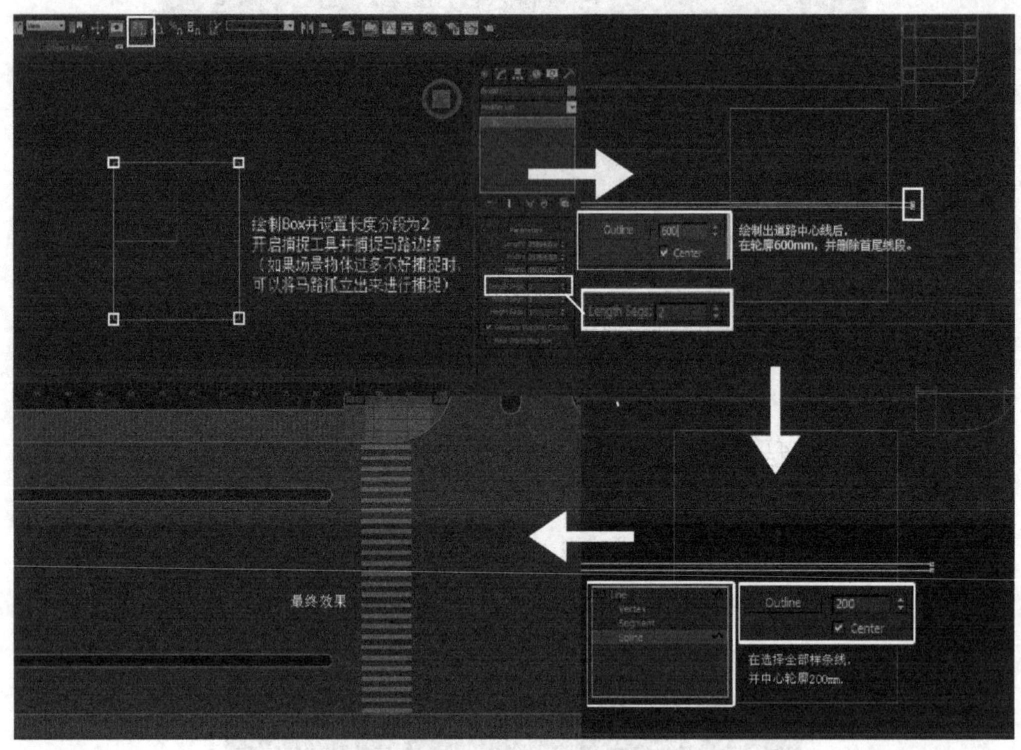

▲图 3-96　双黄线制作方法

③停止线距离人行过街斑马线1 000mm，线宽为200mm，位于道路的右侧与双黄线相连接（国外停止线位于道路左侧），如图3-97所示。

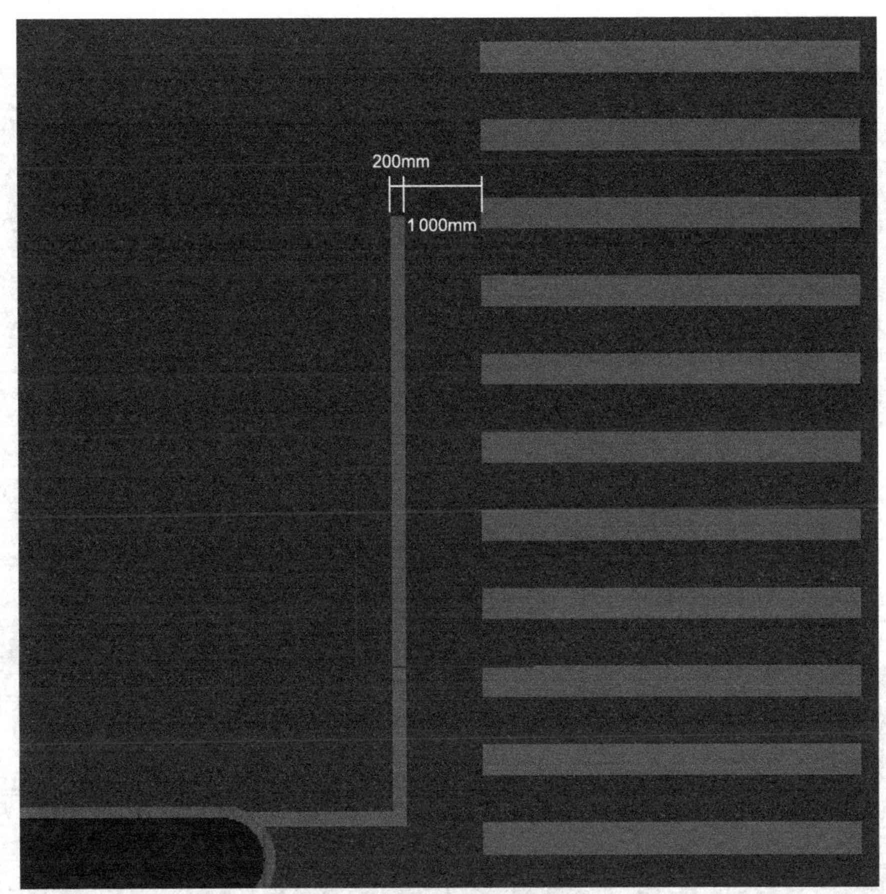

▲图 3-97　停止线尺寸

④为了让车辆安全顺适行驶，每个车道宽度在制作时一般控制在3 500～7 000mm，可以按照道路宽度平均分配；车道虚线线宽为200mm，长度为6 000mm，间距为9 000mm（现实生活中的车道虚线也没有统一的尺寸，如高速公路的车道虚线就比市区的车道虚线要长，为了作图的规范和美观统一用这个尺寸）。

制作时，可以用制作双黄线的方法，画矩形设置段数来均分车道，保证每个车道的宽度在3 500～7 000mm；画出中心线，利用间隔工具，制作出车道虚线，如图3-98所示。

▲图 3-98　车道虚线制作方法

视频11

⑤在道路和路牙交接处有单黄线，其线宽为200mm，距离人行道400mm。

制作时，选择复制路牙，在修改面板中删除多余命令，只保留样条线命令；修改面板中选择样条线层级，并全选所有样条线，选择轮廓500mm，并删除部分线段，如图3-99所示。

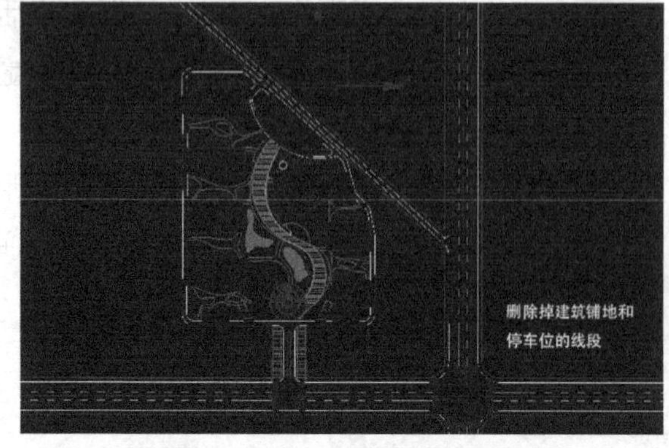

▲图 3-99　单黄线制作方法

温馨提示

在执行轮廓命令时，可能会出现轮廓方向不一致的现象，原因和处理方法如图3-54所示。

在样条线层级下，选择所有样条线，再执行【Outline】（轮廓）命令，中心轮廓200mm，再挤出1mm并取消勾选【Cap Start】（封口始端）；重复上面的步骤，制作出绿化带边的单黄线，最终效果如图3-100所示。

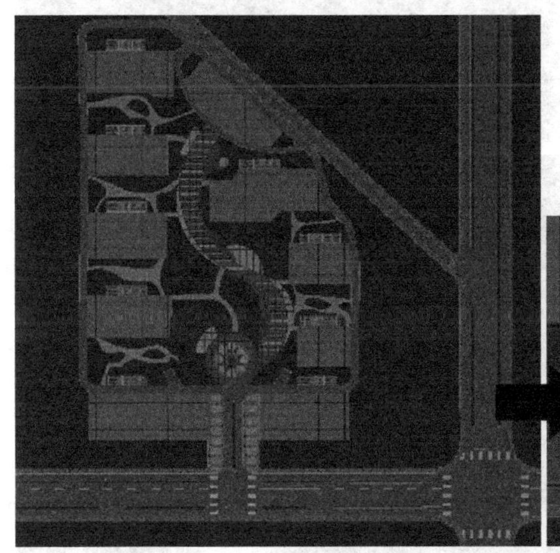

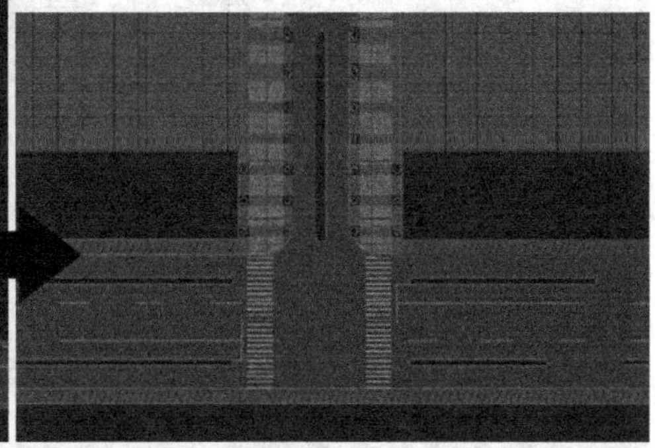

▲图 3-100　单黄线效果

4.添加景观小品

添加景观小品能让地形更加丰富、真实，如车库入口添加雨棚、景观道上摆上廊架，如图3-101所示。

▲图 3-101　车库入口及景观廊架的效果

至此，本章简单地形的建模制作介绍完毕，最终效果如图3-102所示，后续可以根据地形摆放凉亭等小品，让地形场景更加丰富。

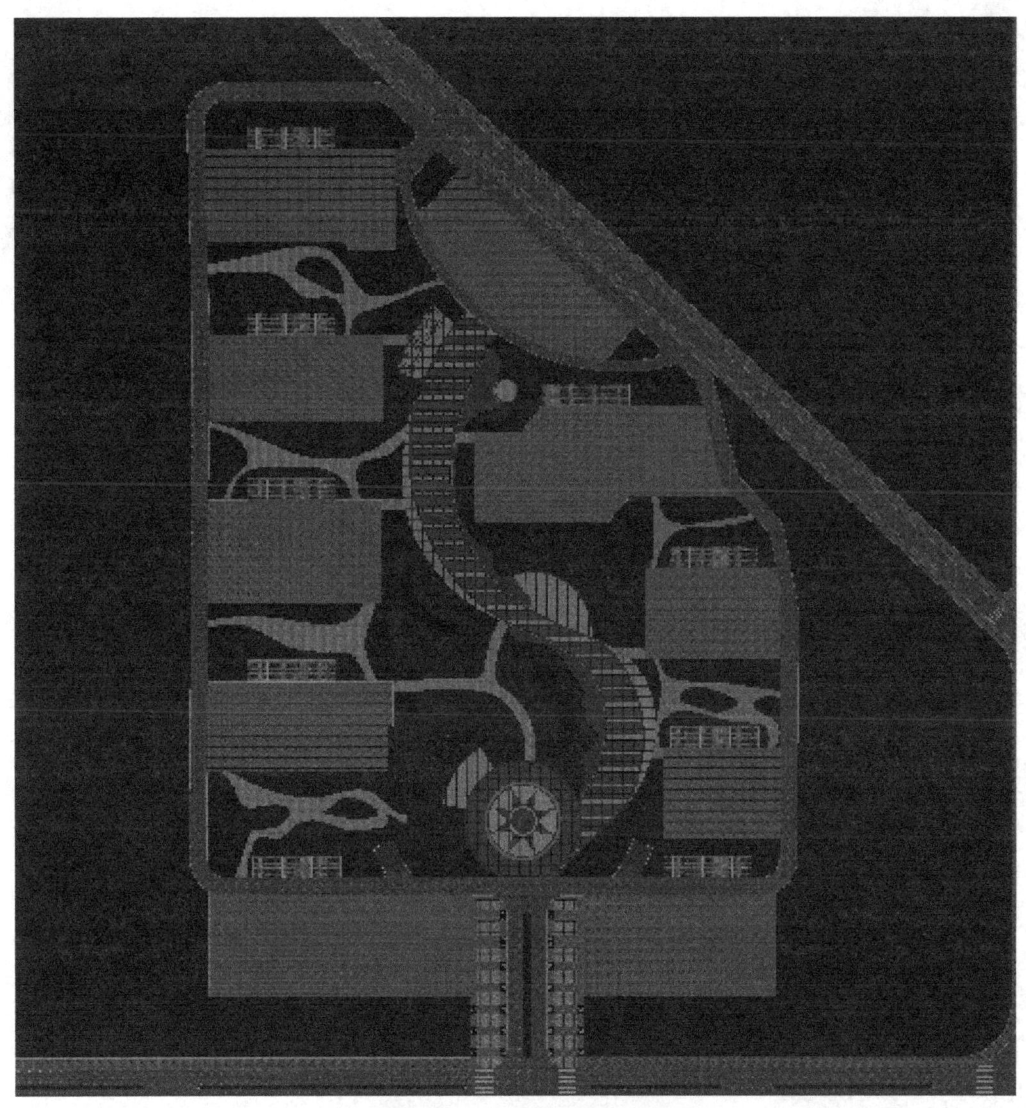

▲图 3-102　最终模型效果

本章小结

通过本章的学习，能够了解地形的组成元素以及公司制作规范。在地形制作的过程中，提取样条线和封闭样条线工作相当关键，需要建模人员有足够的耐心和细心才能将地形的制作顺利地完成；在以后的工作中，都可以用同样的制作规范和制作思路来制作地形。

第4章

中国古建筑的制作

本章通过对中国古建筑的制作，带领大家了解和学习古建筑的制作思路和技巧，并重点讲解古建的模型难点——歇山顶的主要结构及其制作思路和方法。通过本章的学习，相信读者会对古建筑模型有深刻的了解。

4.1 案例分析

本章案例把中国古建筑主要分为屋顶、墙面和门三大部分。古建筑的制作流程也是由这三大部分展开的，其中重点讲解的是屋顶结构，它由瓦、瓦当滴水、屋檐、方椽、屋檐、圆檀、梁、钱眼、斗拱、横梁、柱子等组成。

中国古建筑的模型制作方法有很多种，而本章介绍的制作方法其特点是，用简单、常用的命令来制作结构复杂的模型，学习对整个古建筑模型效果的把控，做到符合项目的制作要求，模型细致的地方要做到精细，需要省面的地方要学会省面，一个模型尽量用最少的面来完成，这样后期渲染以及动画的制作也会得心应手，最终效果如图4-1和图4-2所示。

▲图 4-1　附材质贴图渲染

▲图 4-2　素模无材质渲染

4.2 屋顶的制作

古建筑的制作难点也是本章的重点，即如何制作屋顶。它主要表现在以下两个方面：一是需要对古建筑结构有很深的了解；二是需要对古建筑各个结构的制作方法有一定的了解。先从屋顶的主要结构说起，我国匠师充分动用了木制结构的特点，创造了屋顶曲折的屋面起翘和出翘，形成如鸟翼伸展的檐角和屋顶各部分柔和优美的曲线。屋顶部分用类似梁架重叠、逐层缩短、逐级升高、柱上承檩、檩上排椽构成屋顶的骨架，也就是屋顶坡面举架的制作方法。屋顶有庑殿、重檐庑殿、歇山、悬山、硬山、卷棚、单坡、四角攒尖、圆攒尖等类型。本章以歇山顶为例来讲解，当然对于效果渲染看不到的地方，可以忽略；如果是动画渲染，则古建筑各角度都不能忽略，但必须要创建瓦、瓦当滴水、方椽、檐板、檩、梁、斗拱与屋脊等。

1.瓦的制作

现实生活中的瓦都是一片一片的，在本例中如果都制作出来，则模型面数太多。但在动画制作过程中也需要模型的精细，所以在制作完成后，将瓦片转换为VRay代理物体，在制作过程中看不到的面需要删除。对于项目而言，在精细的前提下，面数精简得越好，渲染得就越好。

（1）制作瓦片。打开CAD图纸（请参考第2章），切换到【Front】（前）视图。

（2）进入创建面板，单击创建图形按钮，进入二维图形面板图形，选择【Splines】（样条线）里的【Arc】（弧线），如图4-3所示。

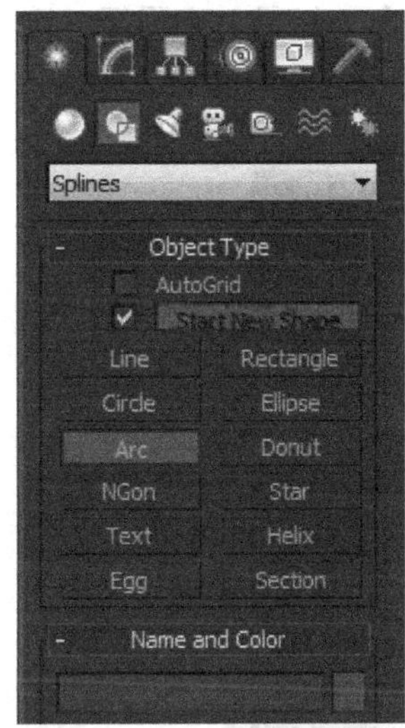

▲图 4-3　选择创建面板下的【Arc】（弧线）

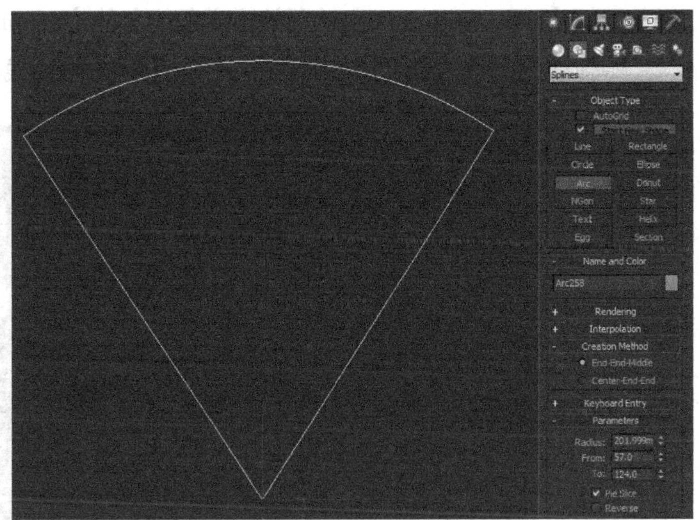

▲图 4-4　在【Front】（前）视图中创建琉璃瓦的截面图

（3）在【Front】（前）视图中创建一块琉璃瓦的截面图，如图4-4所示。

（4）选择创建弧线，进入其修改面板，将【Radius】（半径）设置为200.0mm，如图4-5所示。

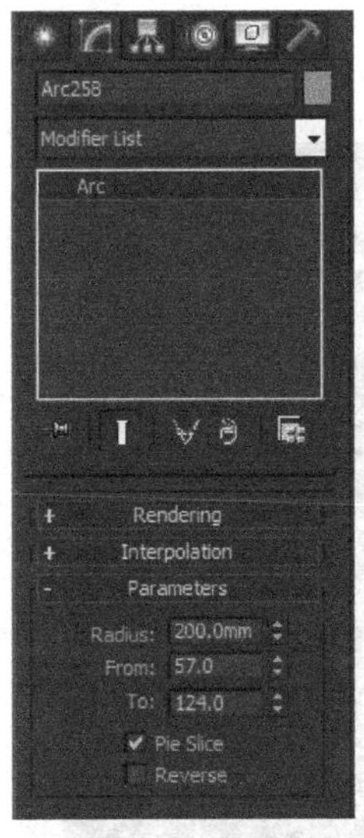

▲图 4-5　将弧线半径设置为200.0mm

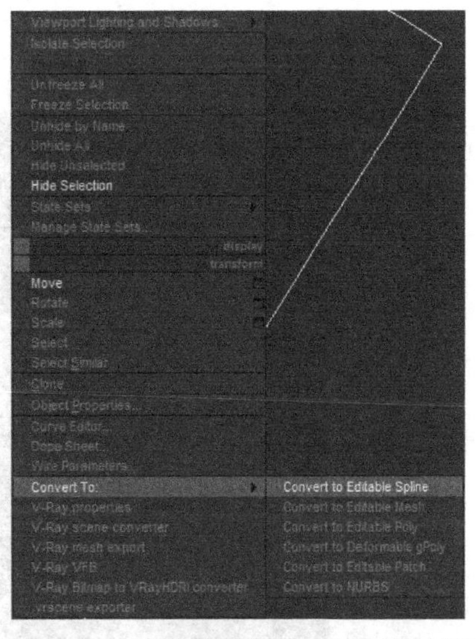

▲图 4-6　将弧线转换为编辑样条线

（5）选中该弧线，然后单击鼠标右键，在弹出的菜单中选择【Convert to】→【Convert to Editable Spline】（转换为）→转换为可编辑样条线）命令，将弧线转换为【Convert to Editable Spline】（可编辑样条线），如图4-6所示。

（6）选择【Editable Spline】（可编辑样条线）的【Segment】（线段）子层级，选中弧线的上部分线段并按Shift键往下复制出一根弧线，如图4-7所示。

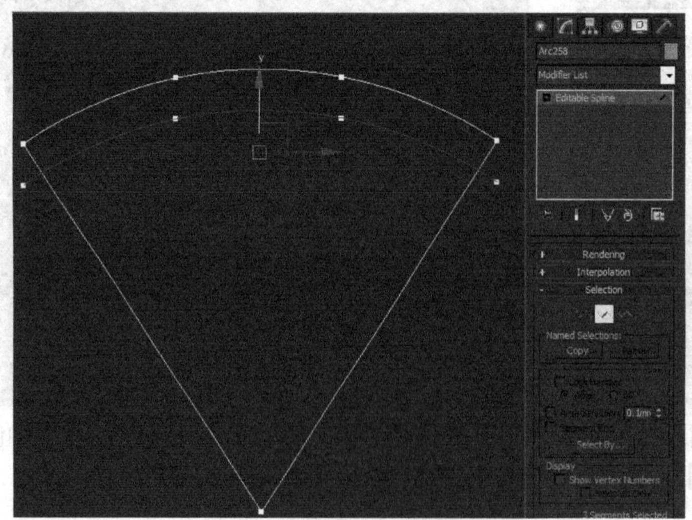

▲图 4-7　弧线往下复制线段

（7）选择【Editable Spline】（可编辑样条线）的【Spline】（样条线）子层级，选择子菜单【Geometry】中的【Trim】（剪刀），将多余的线段剪切掉，如图4-8所示。

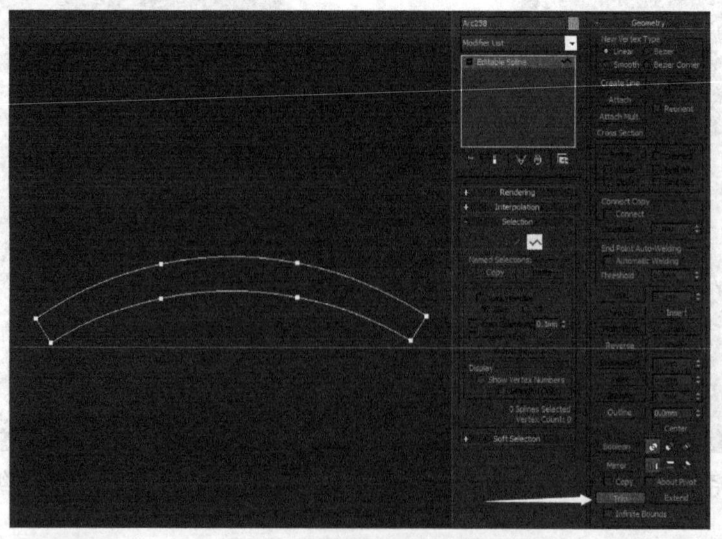

▲图 4-8　剪切掉多余的样条线

（8）选择【Editable Spline】（可编辑样条线）的【Vertex】（点）子层级，框选所

有点，单击鼠标右键，选择【Weld Vertex】（焊接点），如图4-9所示。

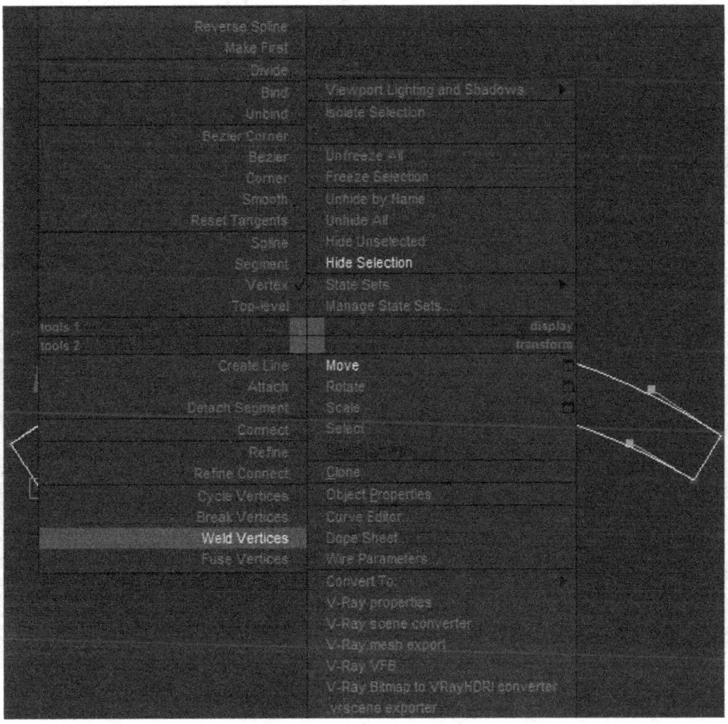

▲图 4-9 焊接所有点

（9）选择凸槽部分的瓦，在菜单栏【Modifiers】（修改器）的下拉菜单【Mesh Editing】（网格编辑）中执行【Extrude】（挤出）命令，如图4-10所示。

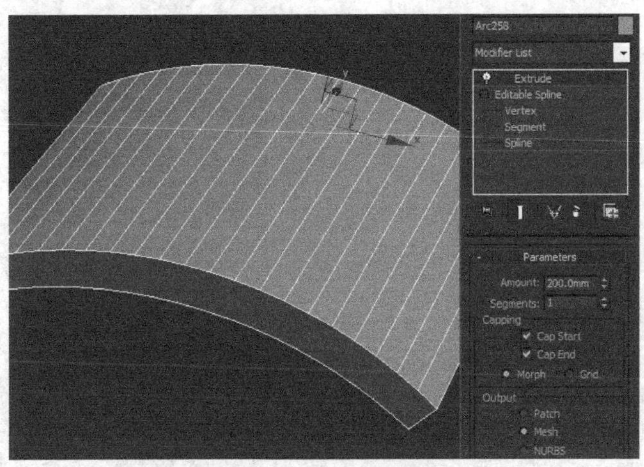

▲图 4-10 图形挤出200.0mm

（10）选中挤出的琉璃瓦，然后单击鼠标右键，在弹出的菜单中选择【Convert to】→【Convert to Editable Poly】（转换为）→（转换为可编辑多边形）命令，将琉璃瓦转换为【Convert to Editable Poly】（可编辑多边形），如图4-11所示。

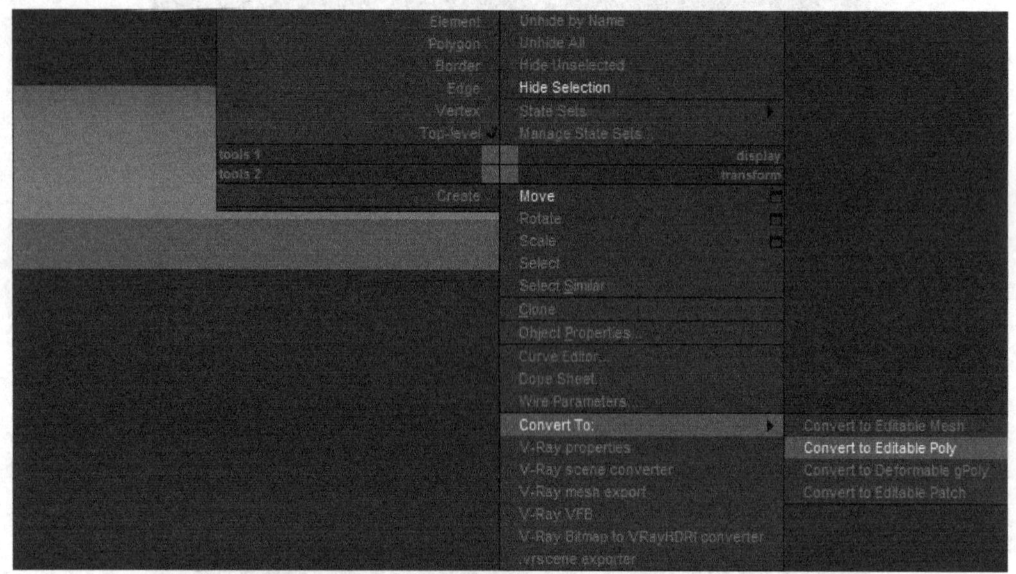

▲图 4-11　将琉璃瓦转换为编辑多边形

（11）切换到【Left】（左视图），选择琉璃瓦，按住Shift键，沿X轴与Y轴复制75块，如图4-12所示。

视频12

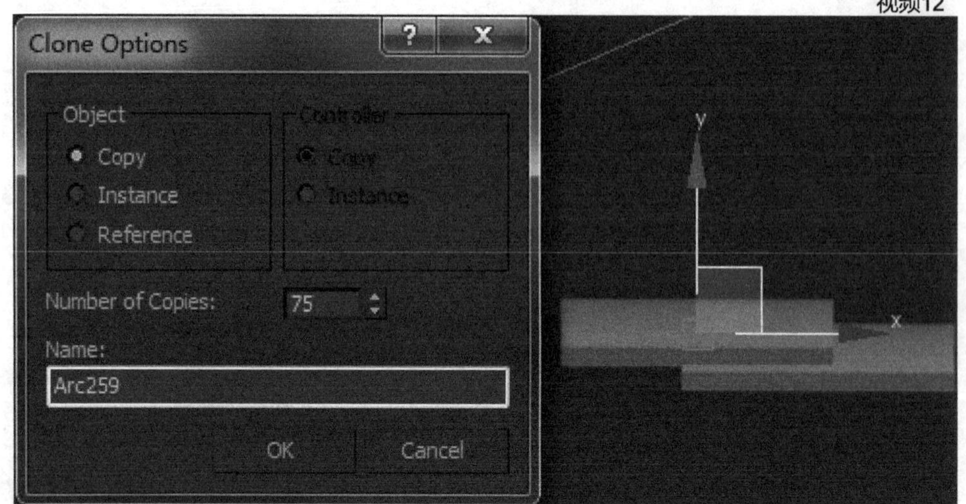

▲图 4-12　按Shift键复制对象

（12）切换到【Perspective】（透视图），选择所有复制的琉璃瓦，选中Y轴，同时按住Shift键复制数量1，如图4-13所示。

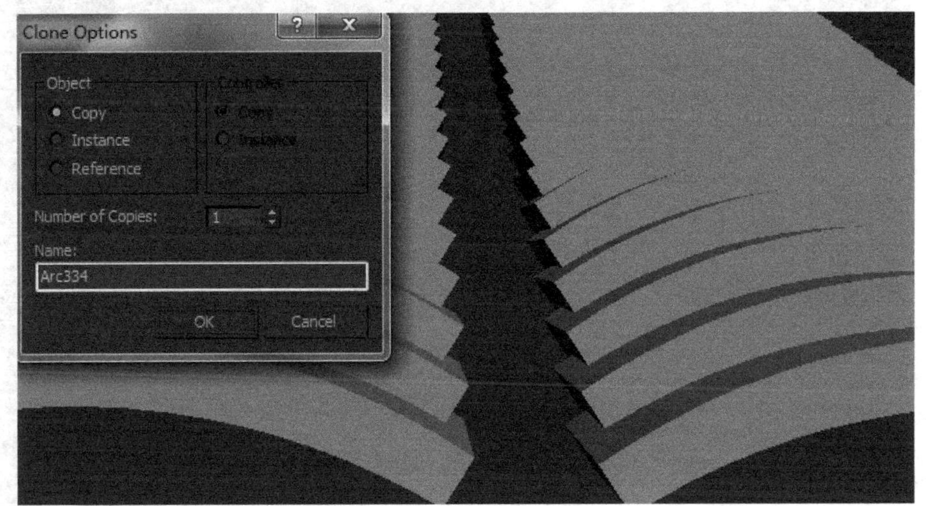

▲图 4-13　纵向复制琉璃瓦

（13）选择复制的物体，单击工具栏上的镜像【Mirror】（镜像），在弹出的镜像面板上的【Mirror Axis】中选择YZ，【Clone Selection】项选择NoClone，然后单击OK按钮，如图4-14所示。

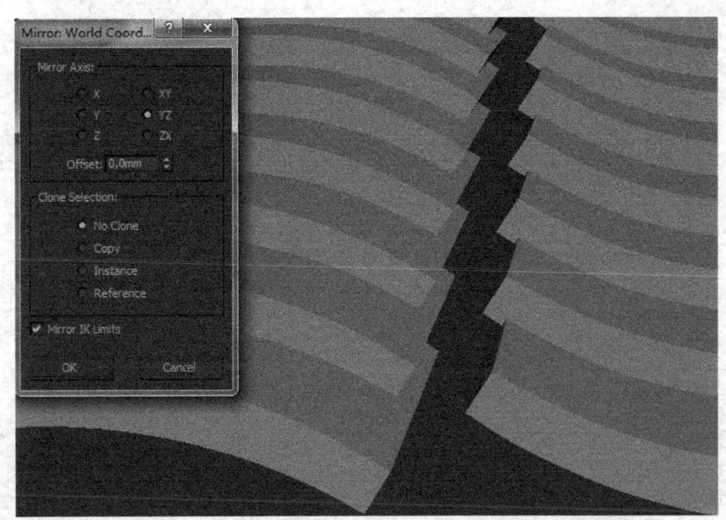

▲图 4-14　沿YZ镜像物体

（14）切换到【Front】（前）视图，将镜像的凹面瓦和凸面瓦位置移动得相互错位一部分，如图4-15所示。

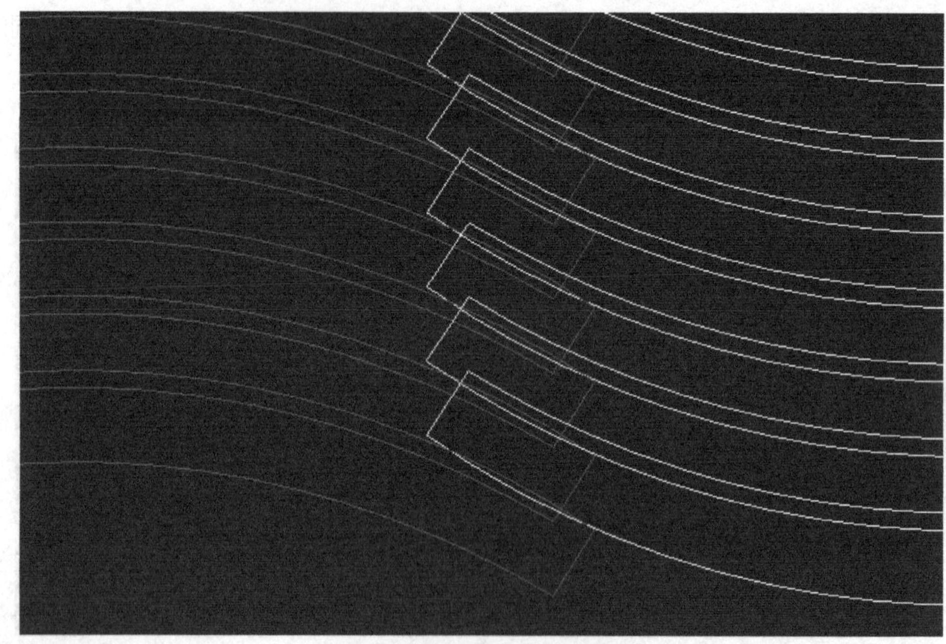

▲图 4-15　凹凸面瓦错位

（15）选择所有琉璃瓦，按Shift键复制40个对象，然后与【Front】（前）视图CAD对位，如图4-16和图4-17所示。

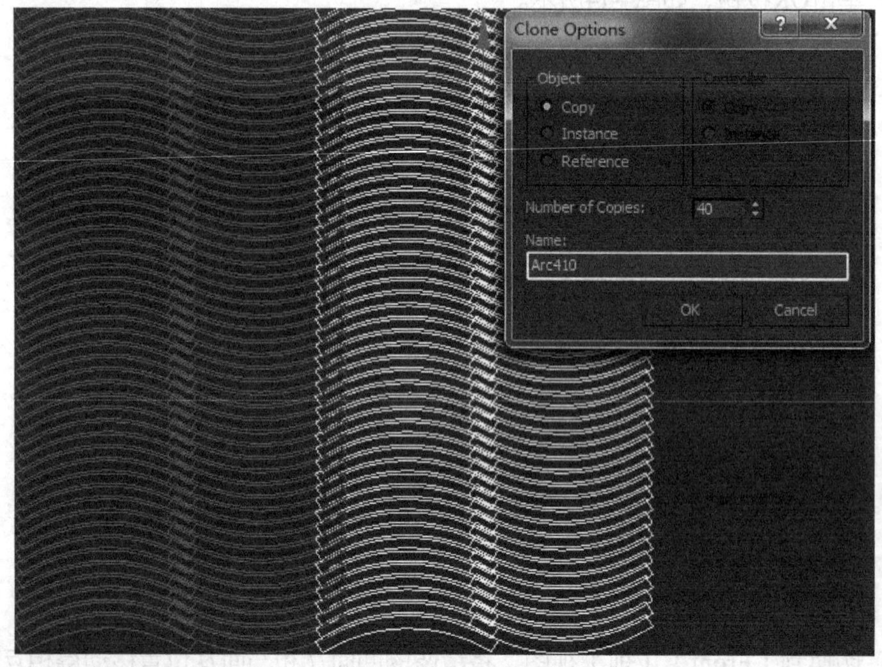

▲图 4-16　复制40个

▲图 4-17 与【Front】（前）视图CAD对位

（16）再切换到【Top】（顶）视图与CAD对位，如图4-18所示。

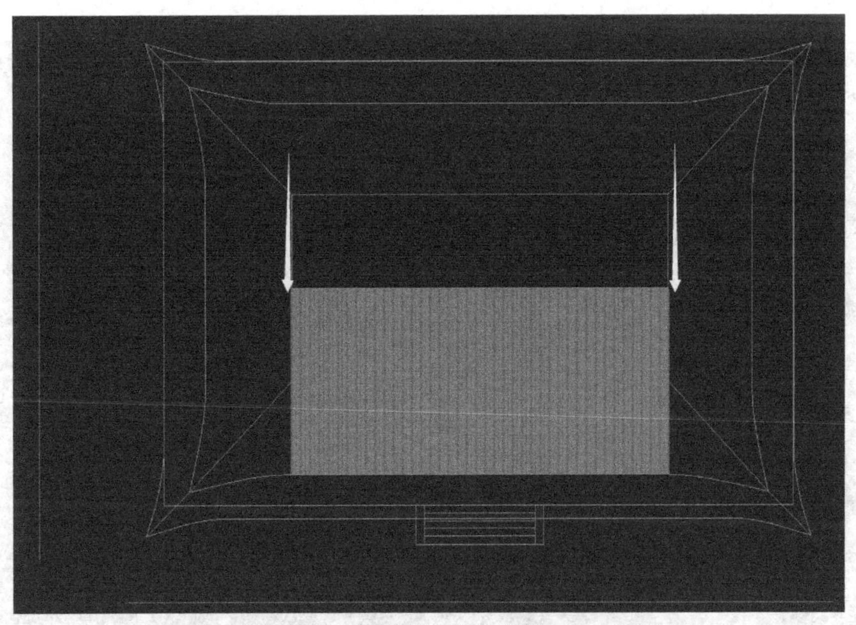

▲图 4-18 与【Top】（顶）视图CAD对位

（17）切换【Left】（左）视图，选择所有琉璃瓦，添加菜单栏【Modifiers】（修改器）下拉菜单【Free From Deformers】（自由形式变形器）中的FFD3×3×3修改器，如图4-19所示。

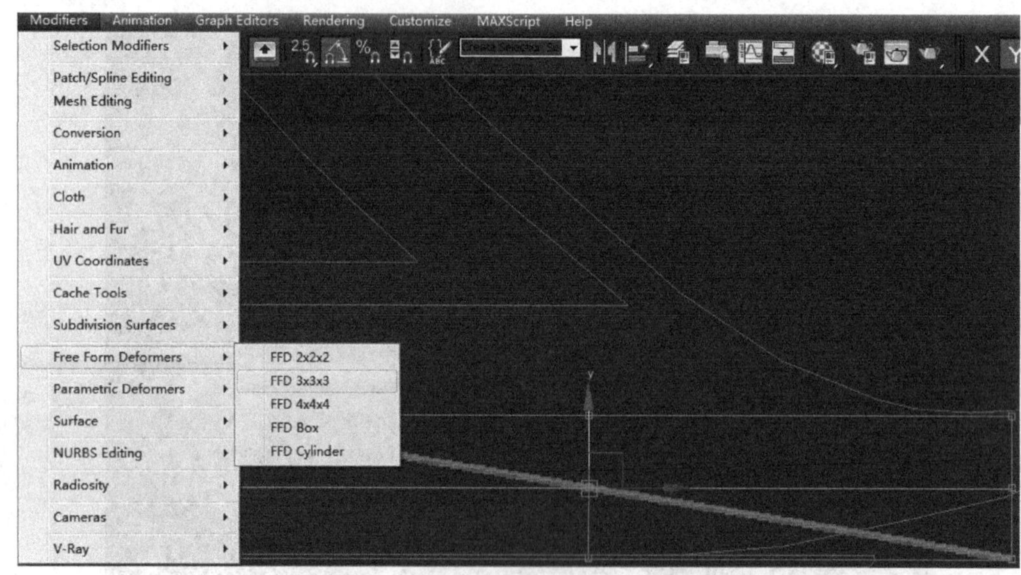

▲图 4-19　添加FFD3×3×3修改器

（18）选择修改器FDD3×3×3的【Control Points】（控制点）子层级，然后选择琉璃瓦上的控制点，与CAD图形顶部对齐，如图4-20所示。

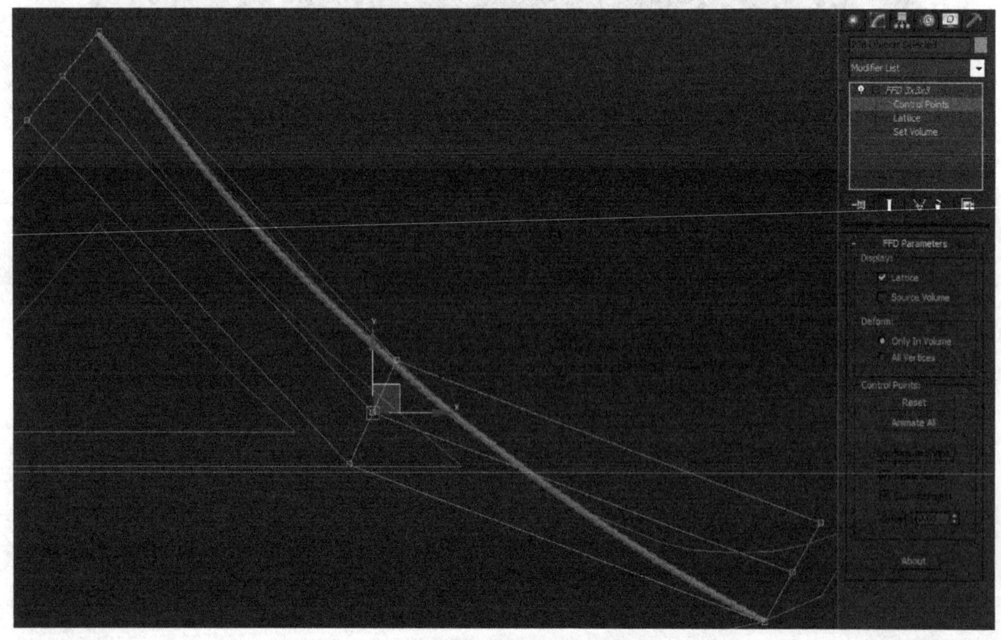

▲图 4-20　选择控制点与CAD图形对齐

（19）切换到【Perspective】（透视图），调节后的琉璃瓦效果如图4-21所示。

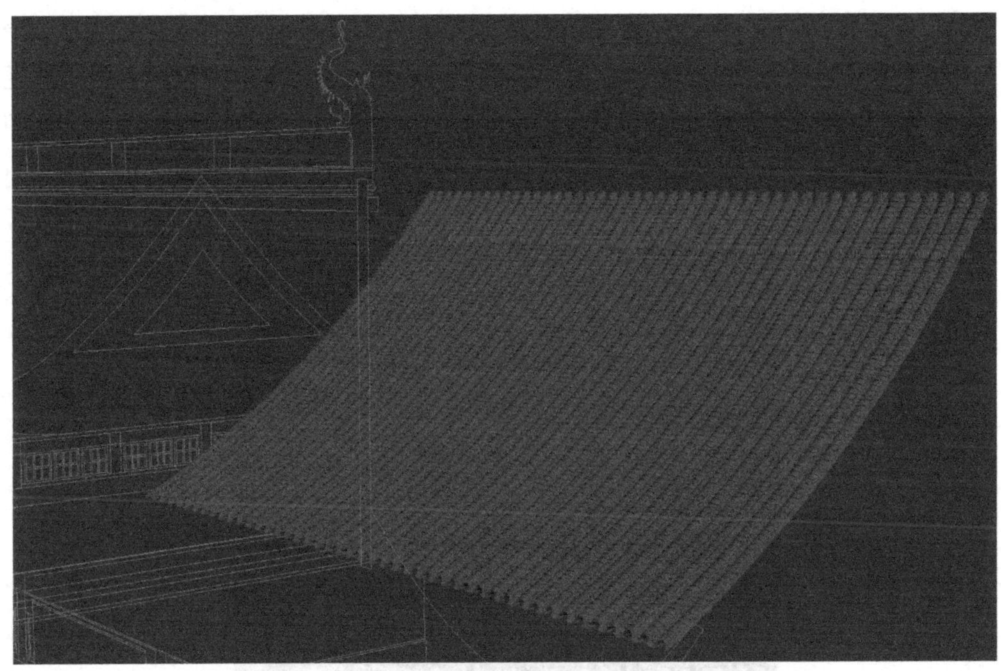

▲图 4-21 琉璃瓦效果

（20）切换到【Top】（顶）视图，给琉璃瓦添加菜单栏【Modifiers】（修改器）下拉菜单【Free From Deformers】（自由形式变形器）中的FFD2×2×2修改器，选择修改器FDD2×2×2的【Control Points】（控制点）子层级，然后选择琉璃瓦上的控制点，与【Top】（顶）视图CAD图形顶部对齐，如图4-22所示。

▲图 4-22 选择控制点与顶视图CAD对齐

（21）调节完后，单击鼠标右键，在弹出的菜单中选择【Convert to】（转换为）→【Convert to Editable Poly】（转换为可编辑多边形）命令，命名为“主瓦片”，将琉璃瓦转换为【Convert to Editable Poly】（可编辑多边形），如图4-23所示。

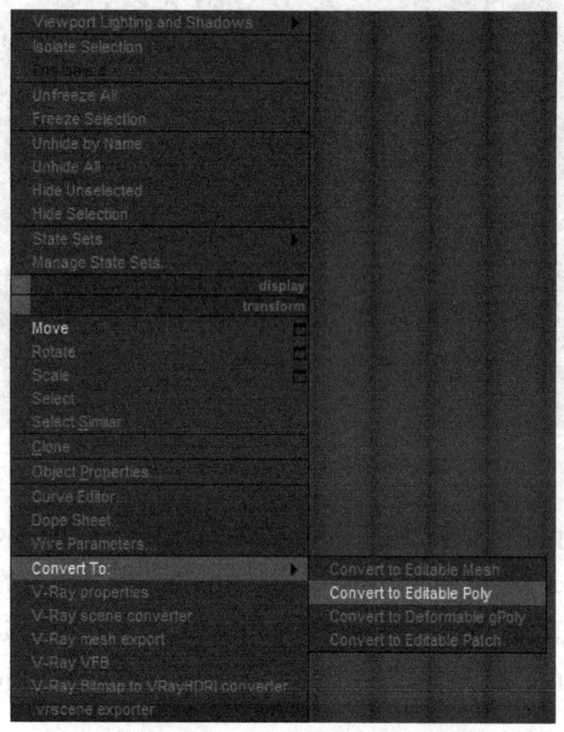

▲图 4-23　转换为可编辑多边形

（22）选择【Editable Poly】（可编辑多边形）的【Element】（元素）子层级，在【Top】（顶）视图中框选琉璃瓦10片，按住Shift键复制元素，如图4-24所示。

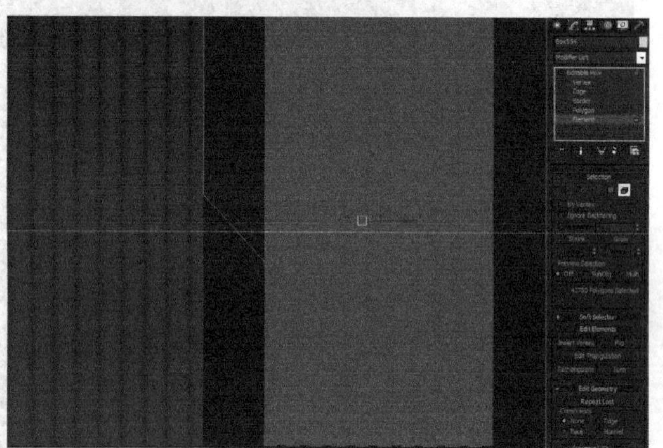
▲图 4-24　复制【Element】（元素）

（23）选中复制出来的元素，单击【Editable Poly】（编辑多边形）中子菜单栏【Edit Geometry】中的【Detach】（分离），将物体分离成两个物体，如图4-25所示。

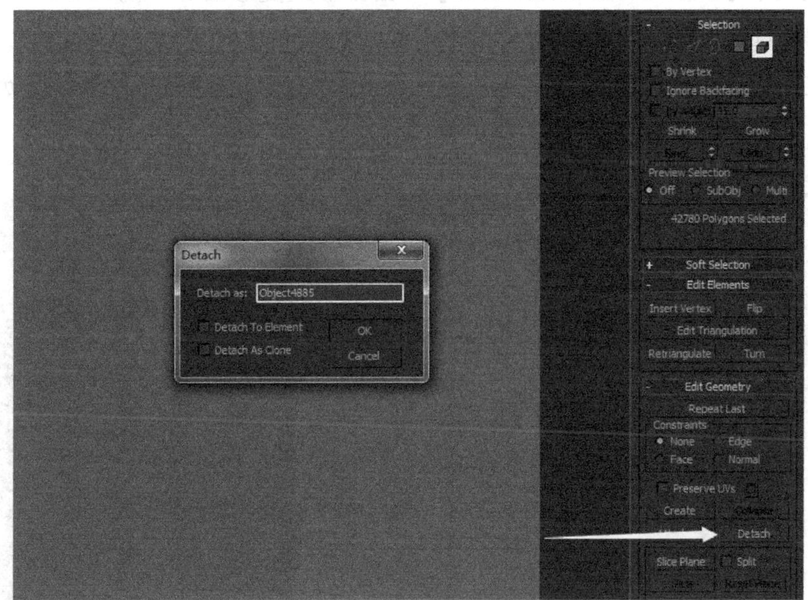

▲图 4-25 【Detach】（分离）

（24）复制出的琉璃瓦对齐CAD和主瓦片，如图4-26所示。

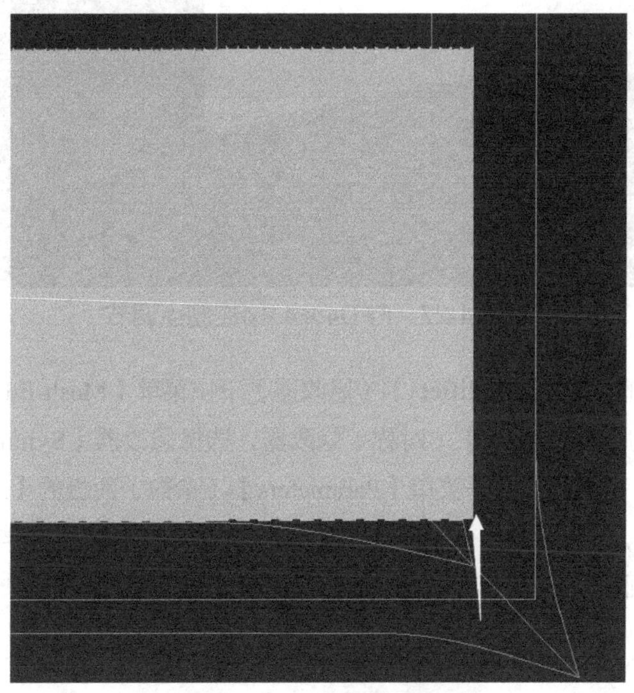

▲图 4-26 对齐CAD和主瓦片

（25）切换到【Top】（顶）视图，给琉璃瓦添加菜单栏【Modifiers】（修改器）下拉菜单【Free From Deformers】（自由形式变形器）中的FFD4×4×4修改器，选择修改器FDD4×4×4的【Control Points】（控制点）子层级，然后选择琉璃瓦上的控制点，与【Top】（顶）视图CAD图形顶部对齐，如图4-27所示。

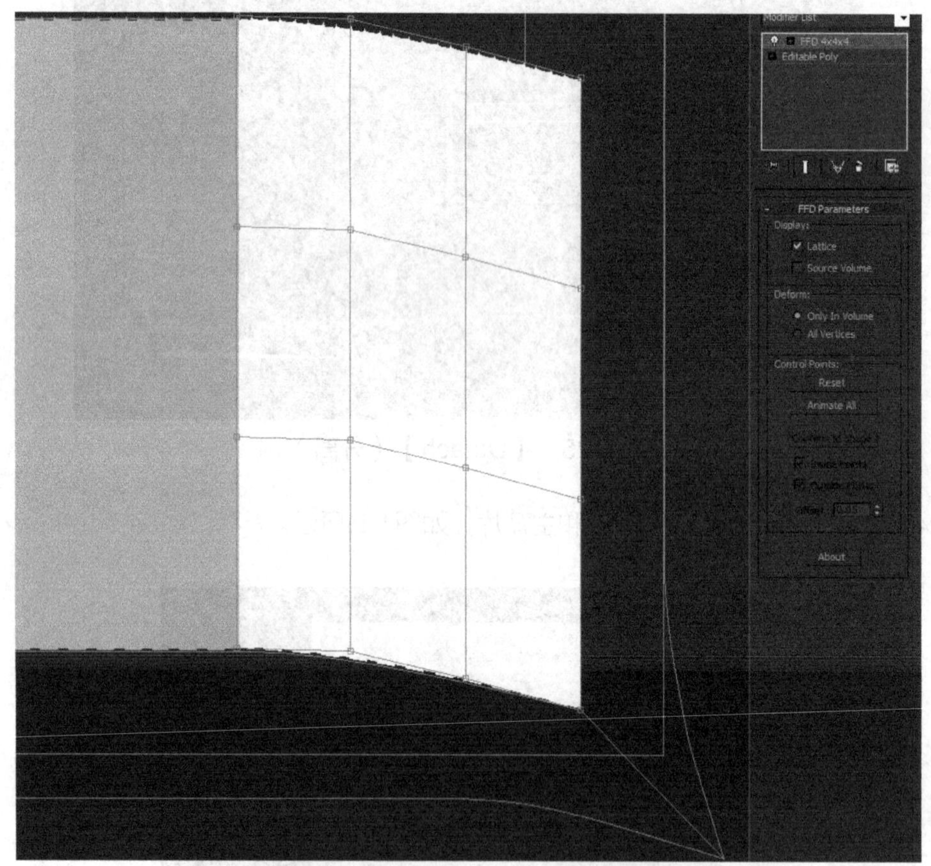

▲图 4-27　FFD4×4×4控制点调节

（26）继续添加菜单栏【Modifiers】（修改器）下拉菜单【Mesh Editing】（网格编辑）中的【Symmetry】（对称）修改器，选择修改器【Symmetry的Mirror】（镜像）子层级，在子菜单【Parameters】（参数）面板的【Mirror Axis】中选择X轴，勾上【Flip】（反转），然后在视图中旋转轴向，与CAD图形顶部对齐，如图4-28所示。

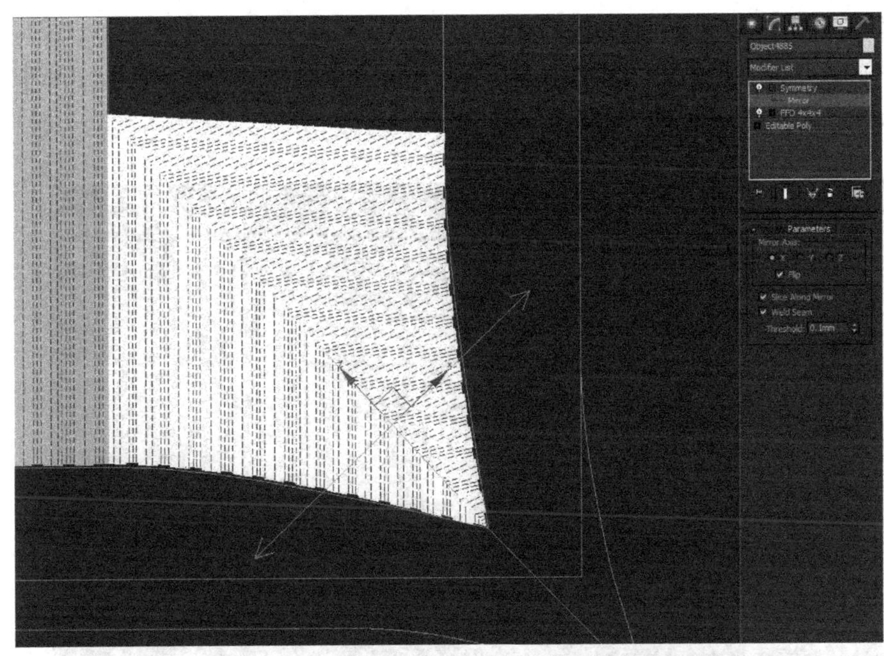

视频13

▲图 4-28　执行【Symmetry】（对称）命令后的效果

（27）选择“主瓦片”复制，然后沿Z轴旋转90°，再与CAD和瓦片对齐即可，将其命名为“副瓦片”，如图4-29所示。

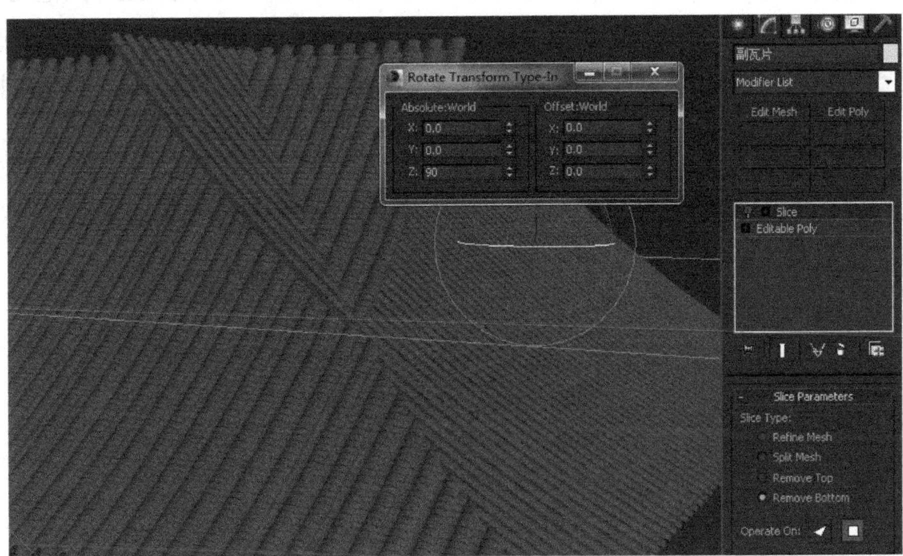

▲图 4-29　沿Z轴旋转90°

（28）对“副瓦片”添加菜单栏【Modifiers】（修改器）下拉菜单【Parametric Deformers】（参数化造型工具）中的【Slice】（切片）修改器，选择【Slice

的Slice plane】（切片）子层级，将视图中的“Slice plane”对齐到中部位置，在子菜单【Skin Parameters】（蒙皮参数）面板中选择【Remove Bottom】（移除底部），最终效果如图4-30所示。

▲图 4-30 【Slice】（切片）最终效果

（29）选择“主瓦片”右键单击，再选择【Attach】（附加），然后选择其他瓦片，将所有瓦片附加成一个物体，再对“主瓦片”添加【Modifiers list】（修改器列表）【Optimize】（优化），将模型进行省面，之后再操作起来会更流畅，如图4-31所示。

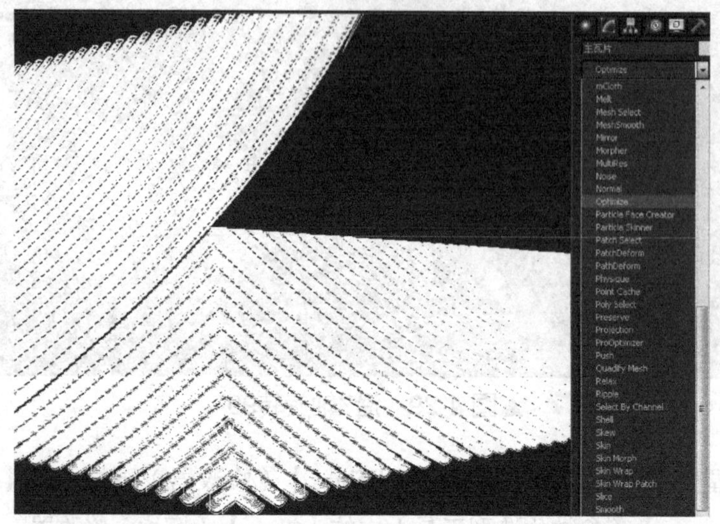

▲图 4-31 附加其他瓦片，添加【Optimize】（优化）

（30）切换到【Top】（顶）视图，在修改器列表中添加【Symmetry】（对称），如图4-32所示。

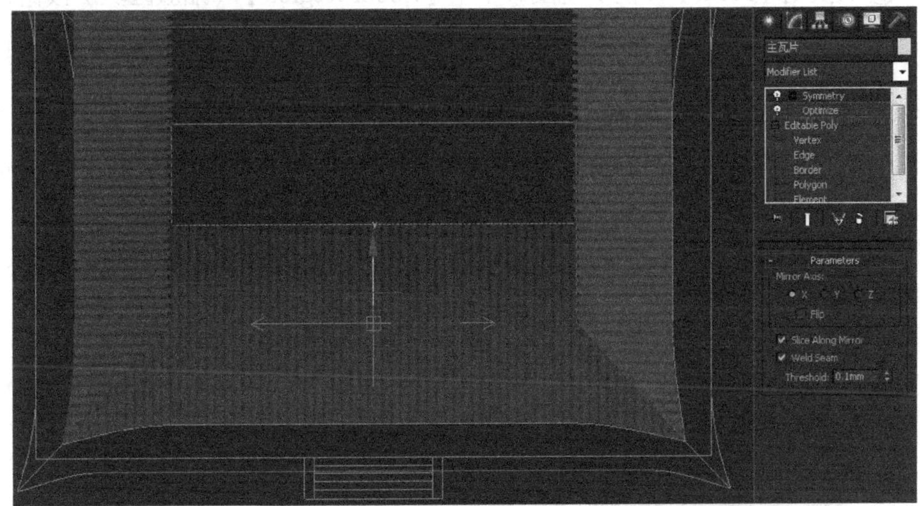

▲图 4-32　添加【Symmetry】（对称）修改器

（31）在以上基础上再给“主瓦片”添加修改器列表中的【Symmetry】（对称），如图4-33所示。

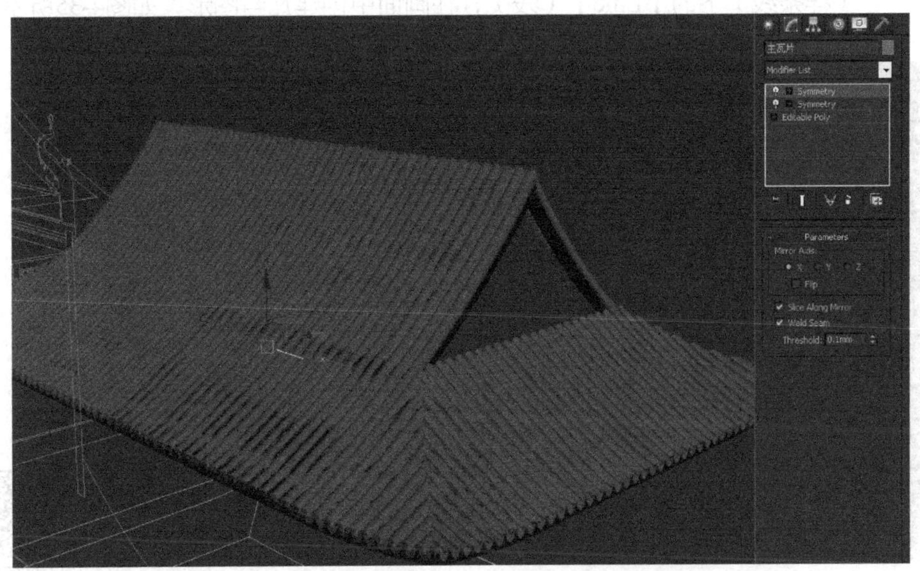

▲图 4-33　添加【Symmetry】（对称）后的最终瓦片效果

2.瓦当和滴水的制作

瓦当的形状与筒瓦大体相同，是在筒瓦的最前端多加了一个圆盘形的雕花挡头。

滴水和瓦当的位置差不多，位于每垄板瓦的最前一块。

（1）制作单个瓦当

①切换到【Front】（前）视图，单击【Zoom Region】（缩放区域）按钮，放大局部视图，如图4-34所示。

▲图 4-34　瓦当局部

②切换到创建面板，然后单击创建图标，进入二维图形面板，选择【Spline】（样条线）下的【Line】（线），在画面中创建瓦当图形，如图4-35所示。

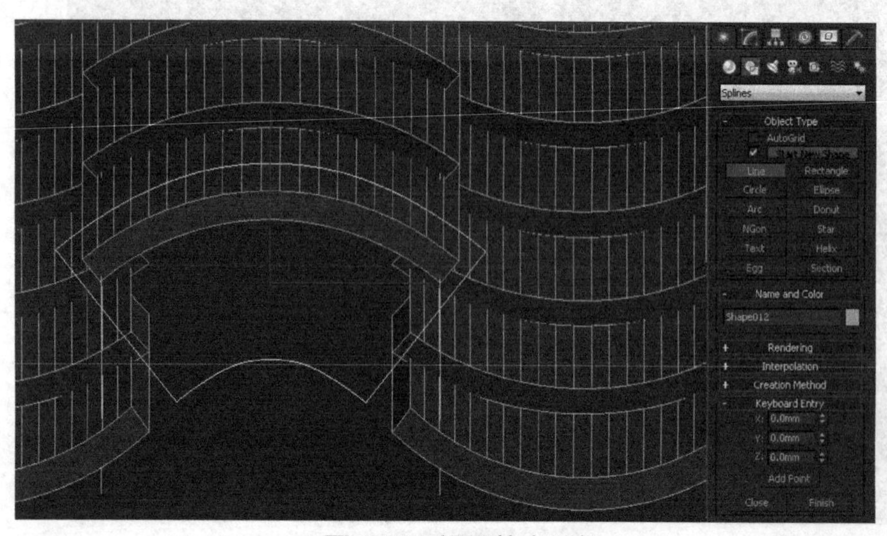

视频14

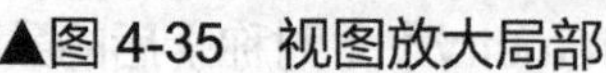
▲图 4-35　视图放大局部

③切换到修改面板，为其添加【Extrude】（挤出）修改器，并将【Amount】（数量）设置为20mm。

④右键单击【Convert to】(转换为)>【Convert to Editable Poly】(转换为可编辑多边形)命令。

⑤选择【Editablep loy】(可编辑多变形)的【polygon】子层级，选择瓦当朝外的面，在子菜单栏【Edit Polygons】(编辑多变形)中单击【Inset】(插入)，在弹出的窗口中将【Amount】(数量)设置为3.5mm，如图4-36所示。

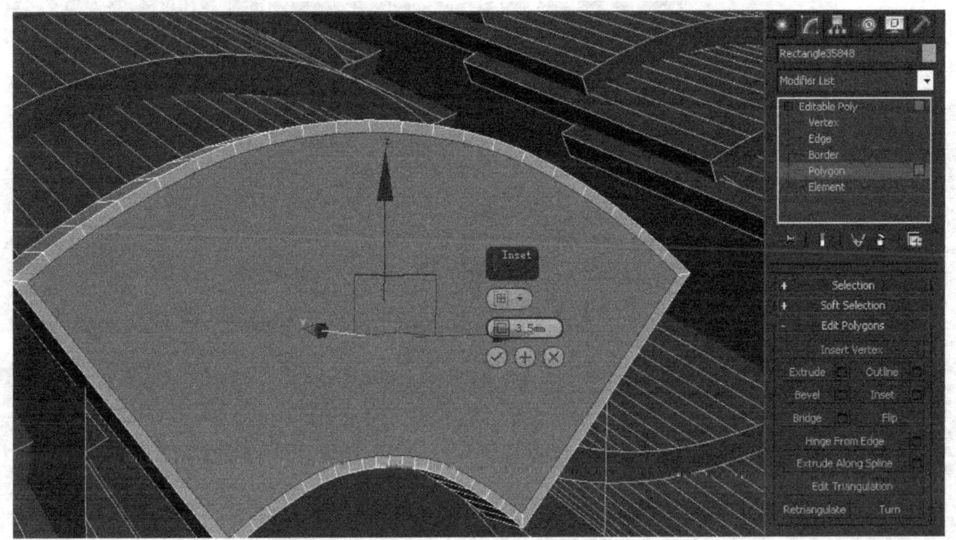

▲图 4-36 【Inset】(插入)数量为3.5mm

⑥在子菜单栏【Edit Polygons】(编辑多变形)中单击【Extrude】(挤出)，在弹出的窗口中将【Height】(高度)设置为-3.6mm，如图4-37所示。

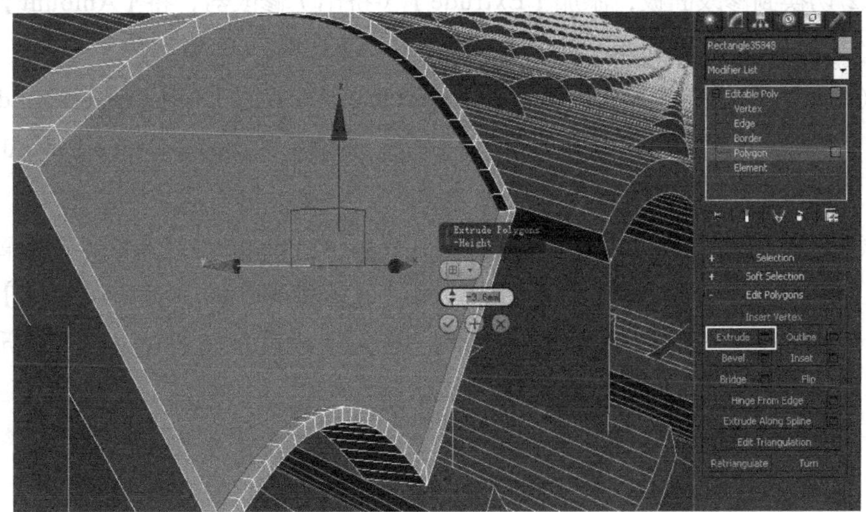

▲图 4-37 【Extrude】(挤出)高度为-3.6mm

（2）制作单个滴水

①切换到【Front】（前）视图，与上述操作步骤相同，制作滴水。切换到创建面板，然后单击创建图标，进入二维图形面板，选择【Splines】（样条线）下的【Line】（线），描取滴水线形，如图4-38所示。

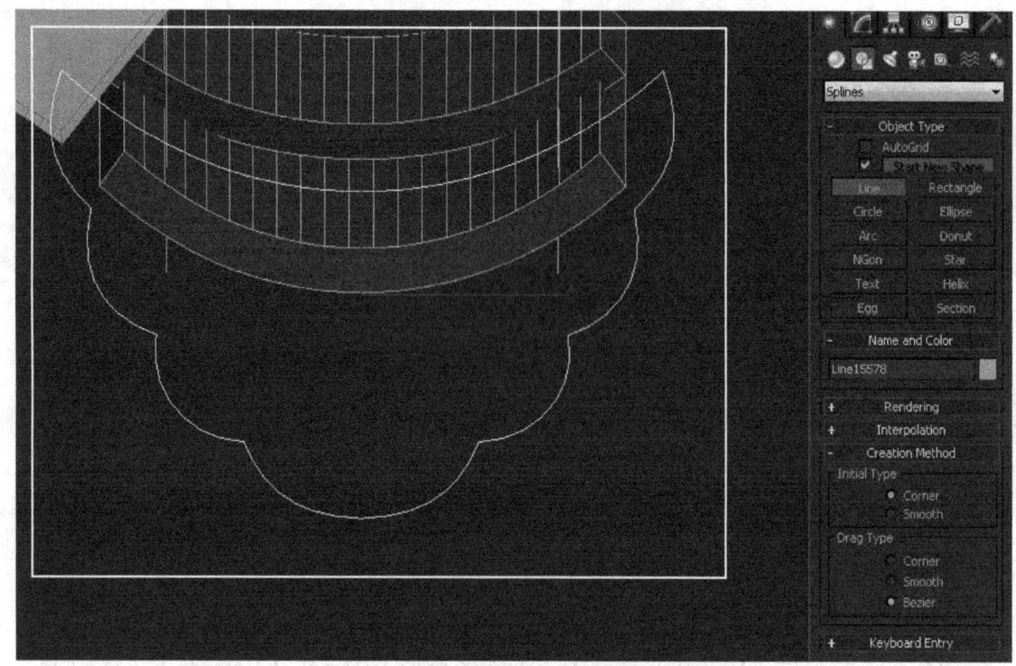

▲图 4-38　滴水的前视图描线

②切换到修改面板，添加【Extrude】（挤出）修改器，将【Amount】（数量）设置为20.0mm。

③单击右键在弹出菜单中选择【Convert to】（转换为）→【Convert to Editable Poly】（转换为可编辑多边形）命令，将滴水转换为【Convert to Editable Poly】（可编辑多变形）。

④选择【Editablep loy】（可编辑多边形）的【polygon】子层级，选择滴水朝外的面，在子菜单栏【Edit Polygons】（编辑多边形）中单击【Inset】（插入）在弹出的窗口中将【Amount】（数量）设置为5.5mm，如图4-39所示。

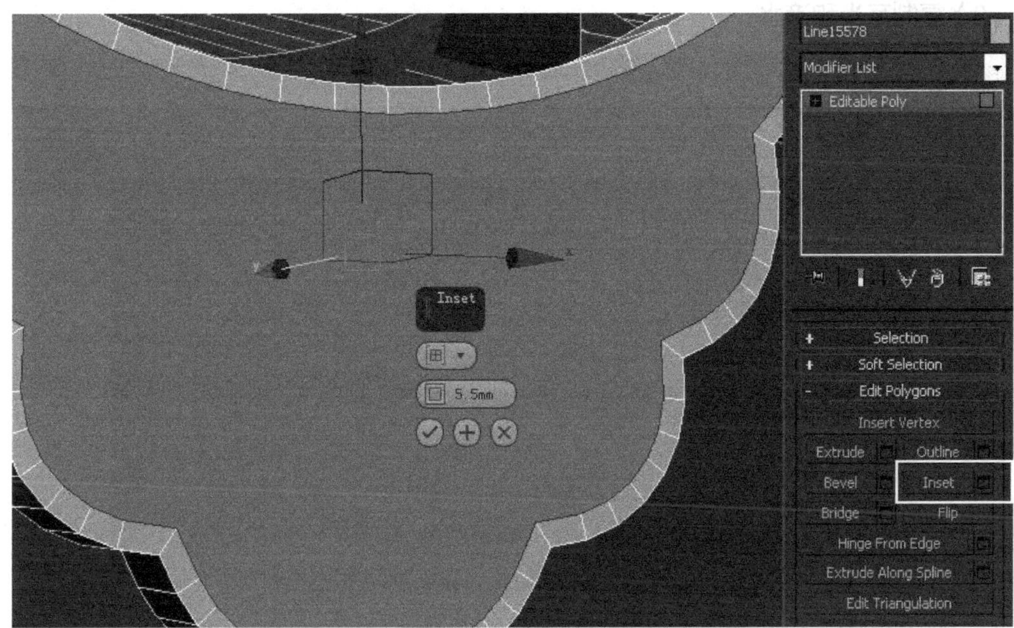

▲图 4-39 【Inset】（插入）数量为5.5mm

⑤在子菜单栏【Edit Polygons】（编辑多变形）中单击【Extrude】（挤出）；在弹出的窗口中将【Height】（高度）设置为-4.0mm，如图4-40所示。

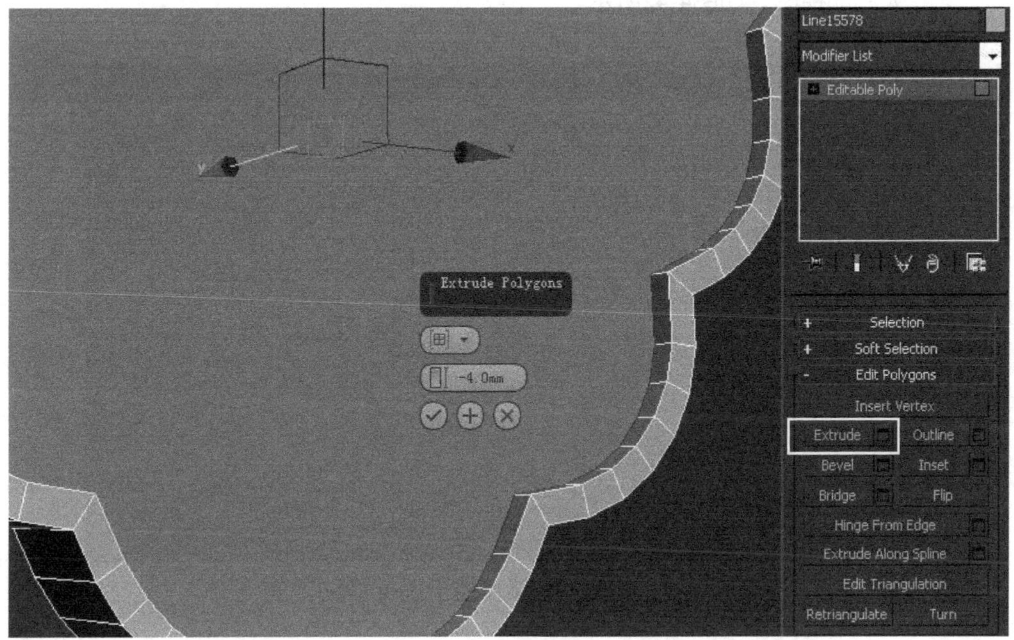

▲图 4-40 【Extrude】（挤出）高度为-4.0mm

（3）复制瓦当和滴水

①选中瓦当、滴水，选取移动命令，沿Y轴将其移动到左边瓦的边缘，如图4-41所示。

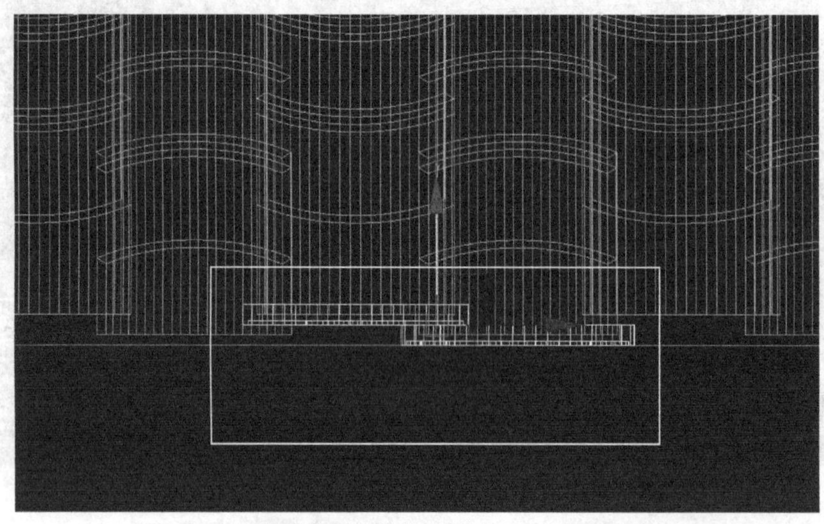

▲图 4-41　在顶视图中移动瓦当、滴水到瓦的边缘

②切换到【Front】（前）视图，单击【Zoom Region】（缩放区域）按钮，放大局部视图，如图4-42所示。

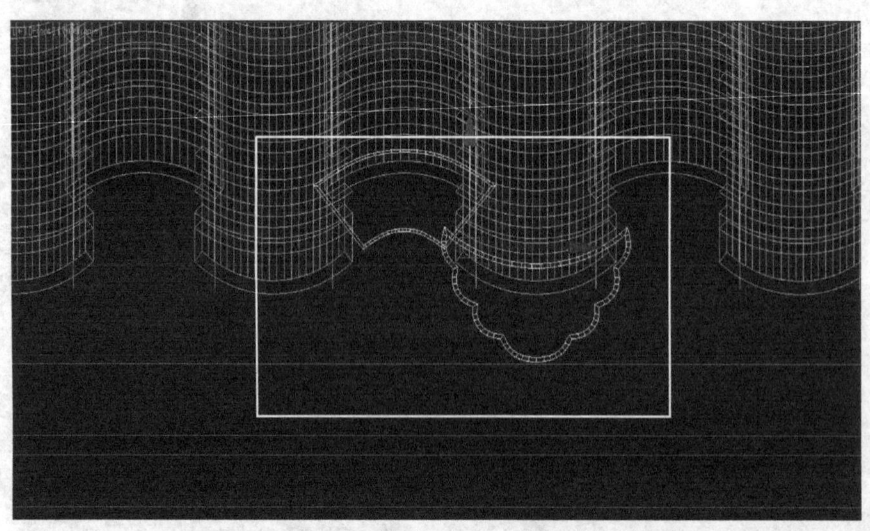

▲图 4-42　放大局部，便于捕捉移动复制

③激活主工具栏的2.5围捕捉，选取移动命令，按住Shift键，沿X轴向左移动复制，将副本数量暂设置为100个，如图4-43所示。

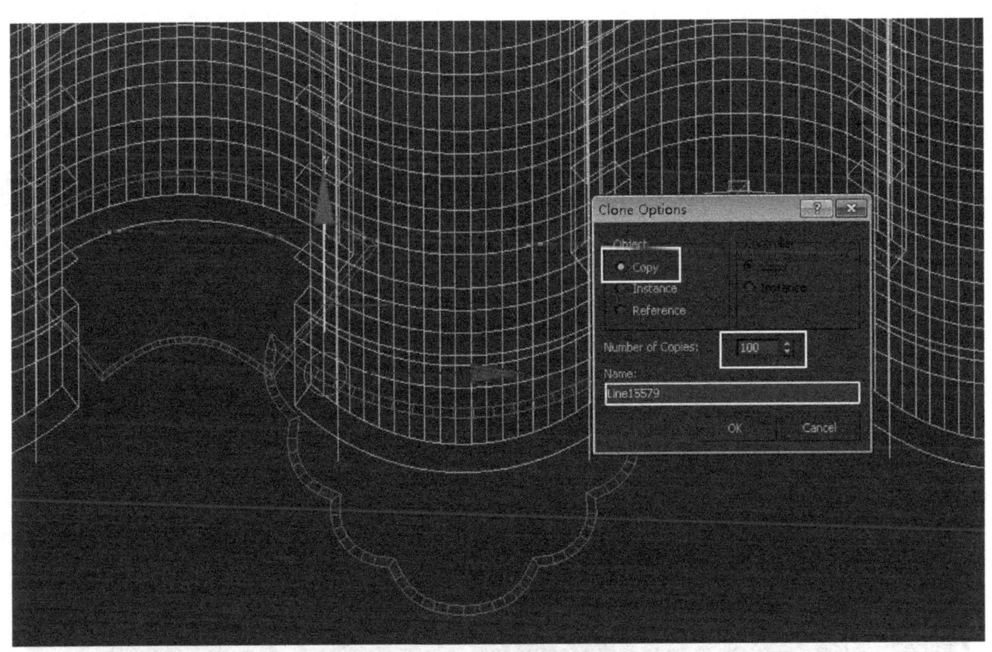

▲图 4-43 捕捉移动复制

④同上操作步骤，再沿X轴向右移动复制100个，参考轮廓线将复制的多余的瓦当和滴水删除。

⑤在【Front】（前视图）中，单击【Zoom Region】（缩放区域）按钮，放大局部视图，选中右侧三角部分的瓦当和滴水，如图4-44所示。

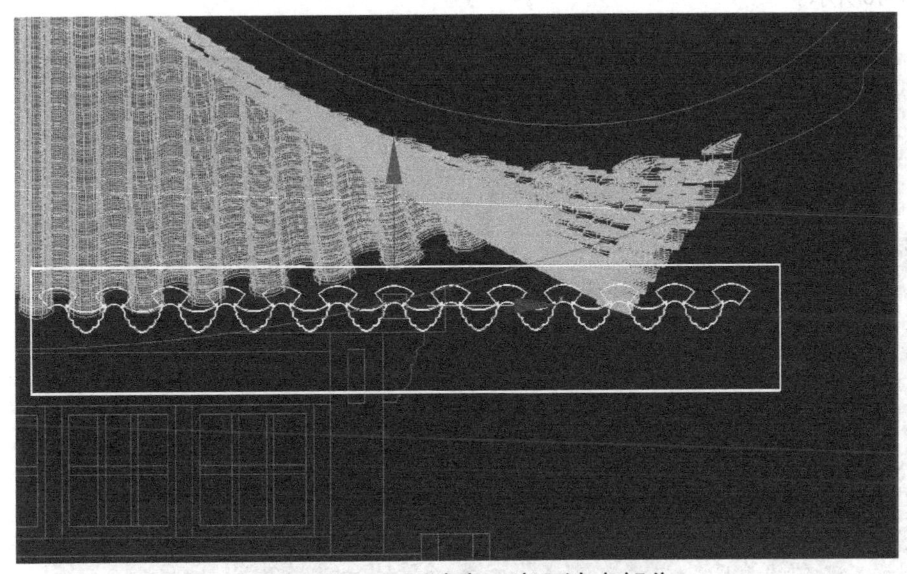

视频15

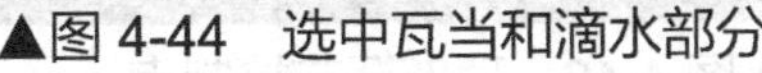

▲图 4-44 选中瓦当和滴水部分

⑥选择菜单中【Group】（组）→【Group】（成组）命令，将选择部分成组，并将其命名为“Group01”。

⑦切换到修改面板，为其添加FFD3×3×3修改器，选择修改器FDD3×3×3的【Control Points】（控制点）子层级，分别框选中间和右边的控制点，激活Y轴，沿着轮廓的弧线调节，调节好后的效果如图4-45所示。

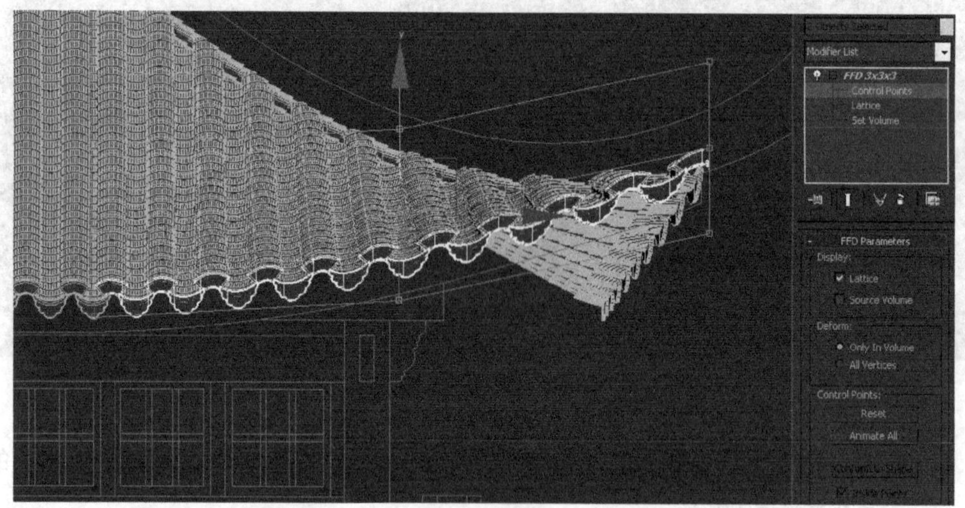

▲图 4-45　添加FFD3×3×3调节

⑧切换到【Top】（顶）视图，沿着轮廓的弧线调节，调节好后的效果如图4-46所示。

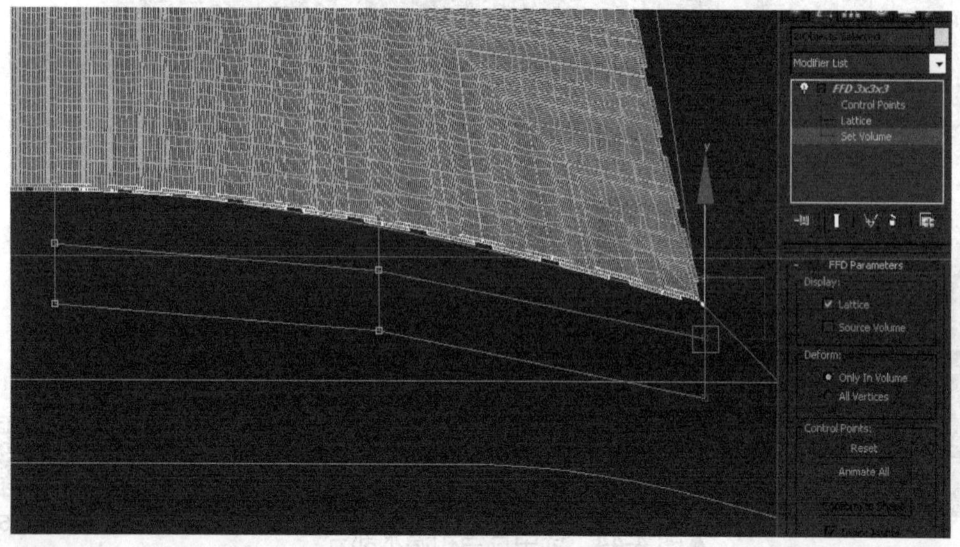

▲图 4-46　顶部调节控制点

⑨在【Front】（前）视图中，单击【Zoom Region】（缩放区域）按钮，放大局部视图，左边的三角部分的瓦当和滴水应与右边相同，选择左侧的三角部分的瓦当和滴水部分，将其删除，如图4-47所示。

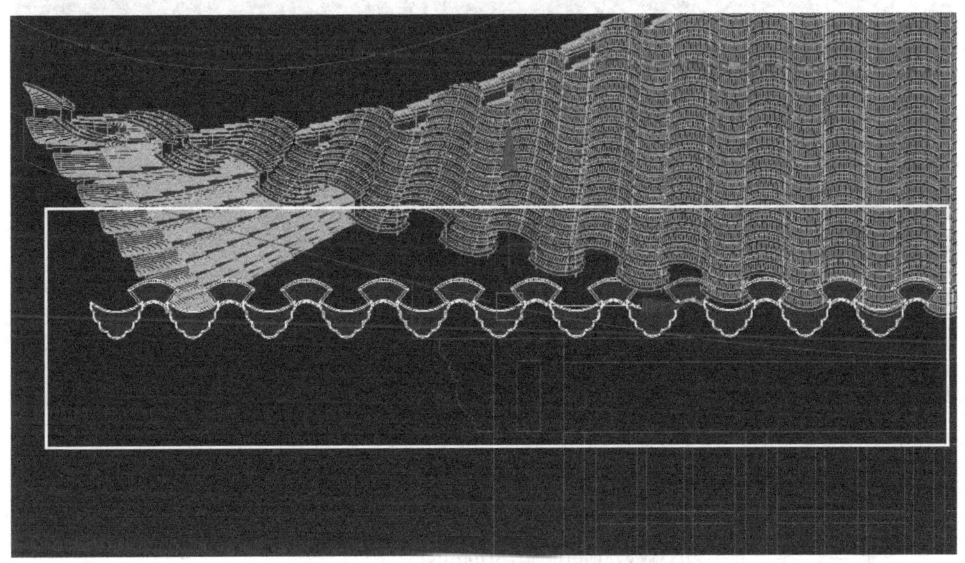

▲图4-47 选中左边部分将其删除

⑩选择右边制作好的部分，并单击主工具栏中的【Mirro】（镜像）命令，沿X轴镜像复制出一个瓦当和滴水，并将其移动到如图4-48所示的位置。

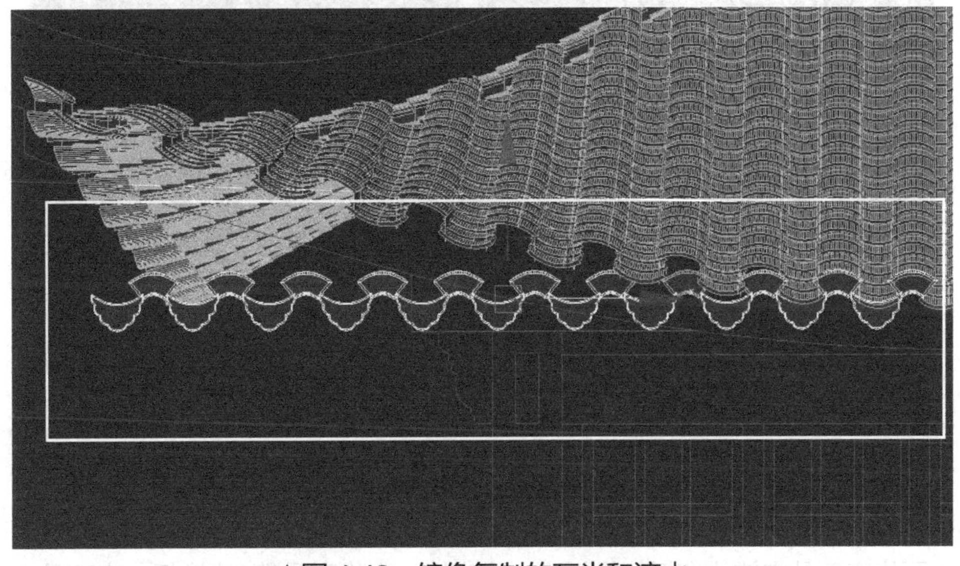

▲图 4-48 镜像复制的瓦当和滴水

⑪调整好的瓦、瓦当和滴水的线框效果如图4-49所示。

▲图 4-49　瓦、瓦当和滴水实体图

⑫【Front】（前）视图中的瓦当和滴水制作完成，将其镜像复制到其他各个面上并对齐，最终渲染效果如图4-50所示。

▲图 4-50　瓦、瓦当和滴水最终渲染效果图

3.檐板和方椽的制作

瓦片底下是支撑的檐板，檐板由方椽支撑，方椽下是第2块檐板，底下是方椽

支撑。

①制作檐板，切换到【Top】（顶）视图，先隐藏其他瓦片及瓦当、滴水，只显示一半瓦片，如图4-51所示。

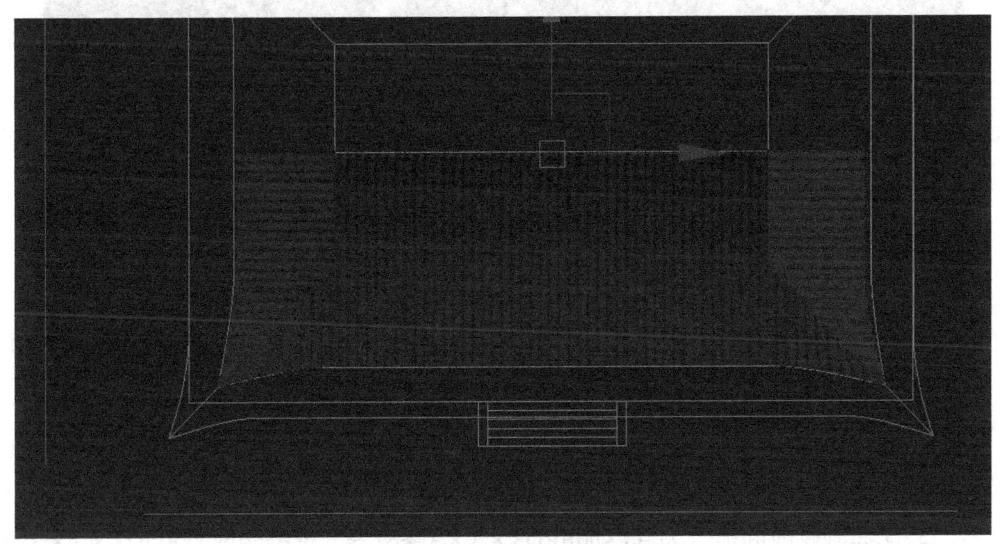

▲图 4-51　显示一半瓦片

②切换到创建面板，选择【Spline】（样条线）里的【Line】（线），参考瓦片的描线方法，如图4-52所示。

视频16

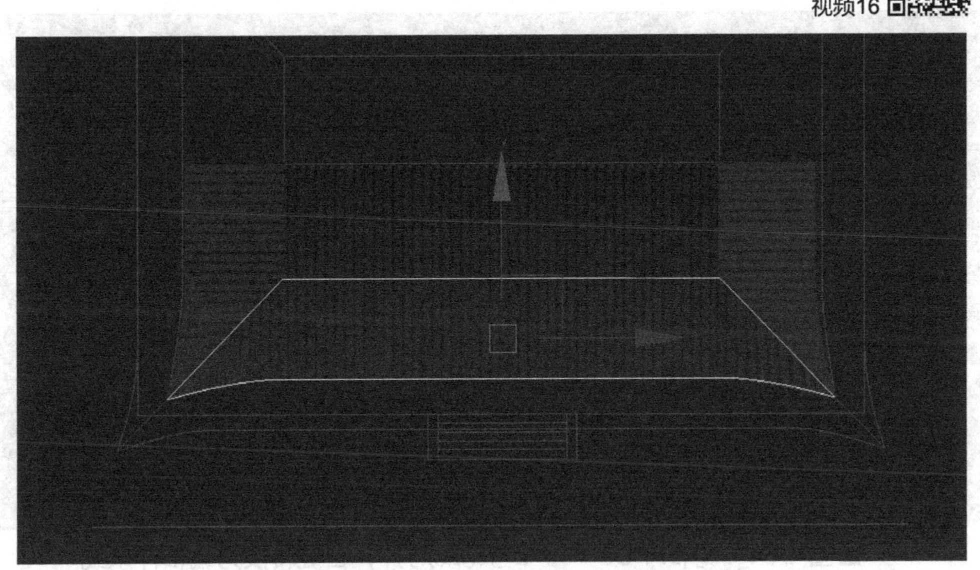

▲图 4-52　在【TOP】（顶）视图中描线

③切换到【Left】（左）视图，参考瓦片，将创建好的样条线移动到瓦的底部，如图4-53所示。

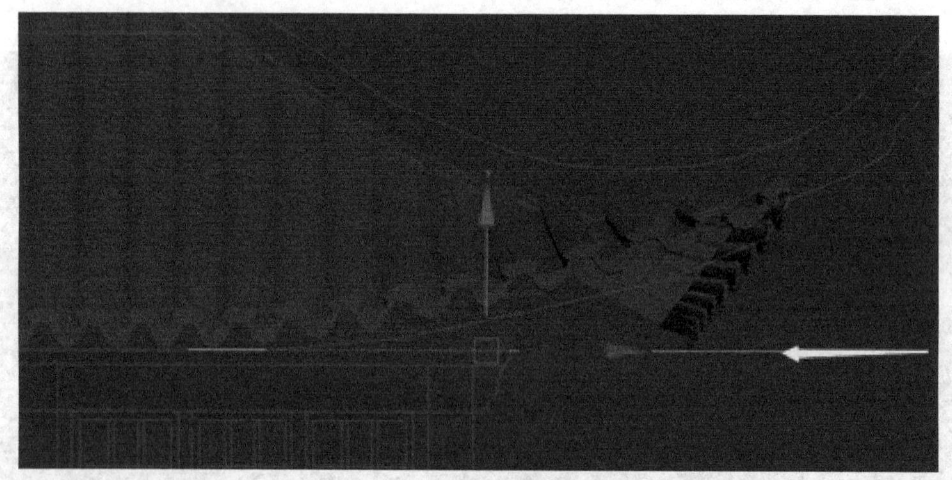

▲图 4-53　与瓦片底部对齐

④切换到修改面板，为其添加FFD3×3×3修改器，选择修改器FDD3×3×3的【Control Points】（控制点）子层级，沿着Y轴调节点的位置，与瓦的轮廓对齐，右键单击【Convert to】（转换为）→【Convert to Editable Spline】（转换为>转换为可编辑样条线）命令，如图4-54所示。

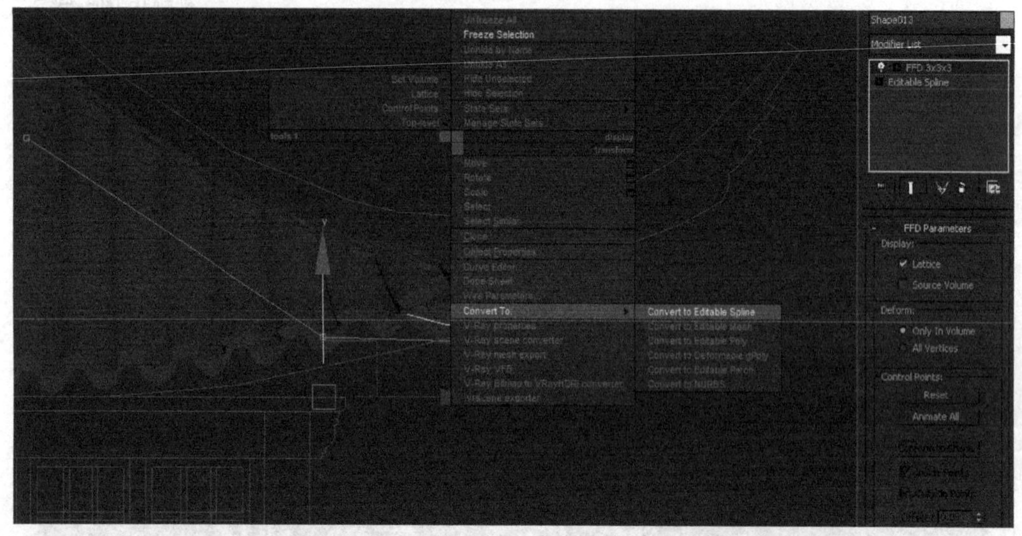

▲图 4-54　调节FFD3×3×3与轮廓对齐，右键转换为编辑样条线

⑤进入【Line】（线）中的【Vertex】（顶点）子层级，然后选择样条线的所

有点，单击鼠标右键将其设置为【Bezier Corner】（Bezier角点），这样使线更加圆滑和便于调节，如图4-55所示。

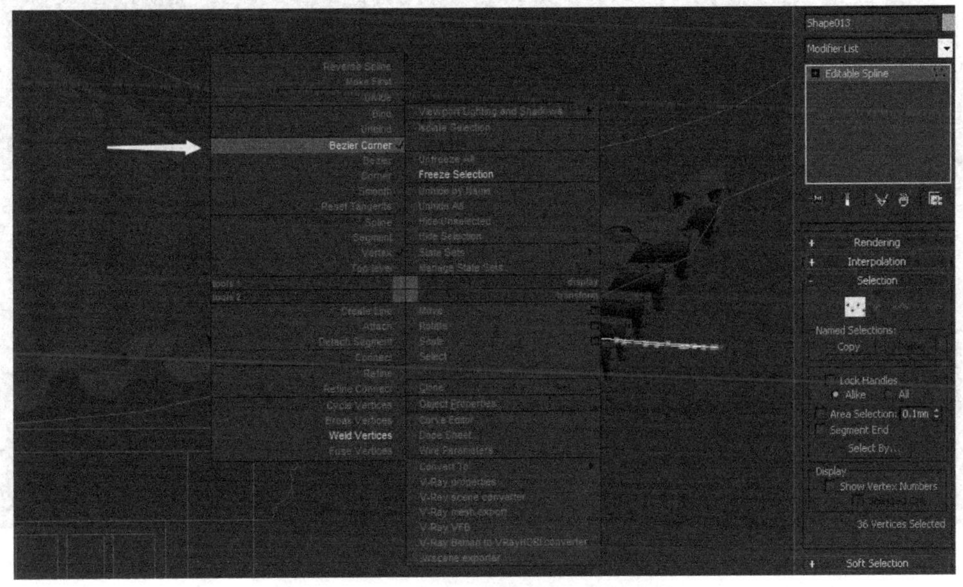

▲图 4-55　将点设置为Bezier角点

⑥参考瓦片调节Bezier角点的手柄，将线调节为弧线，如图4-56所示。

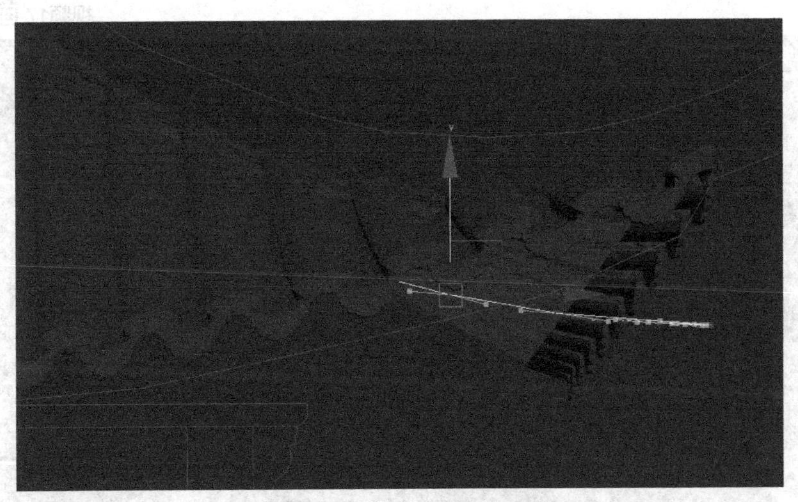

▲图 4-56　将线调节为弧线

⑦切换到【Front】（前）视图，单击【Zoom Region】（缩放区域）按钮，放大局部视图，放大右侧视图，如图4-57所示。

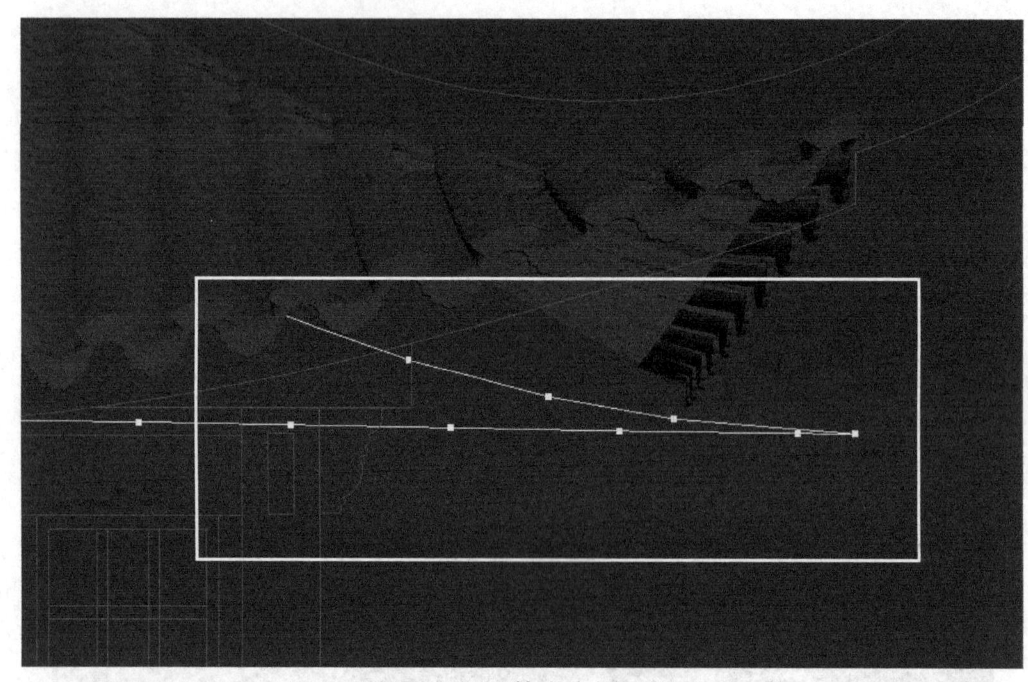

▲图 4-57　放大右侧局部

⑧参考瓦片的形状，在样条线的【Vertex】（顶点）子层级中调节好其位置，调节点的手柄，调成弧线，如图4-58所示。

视频17

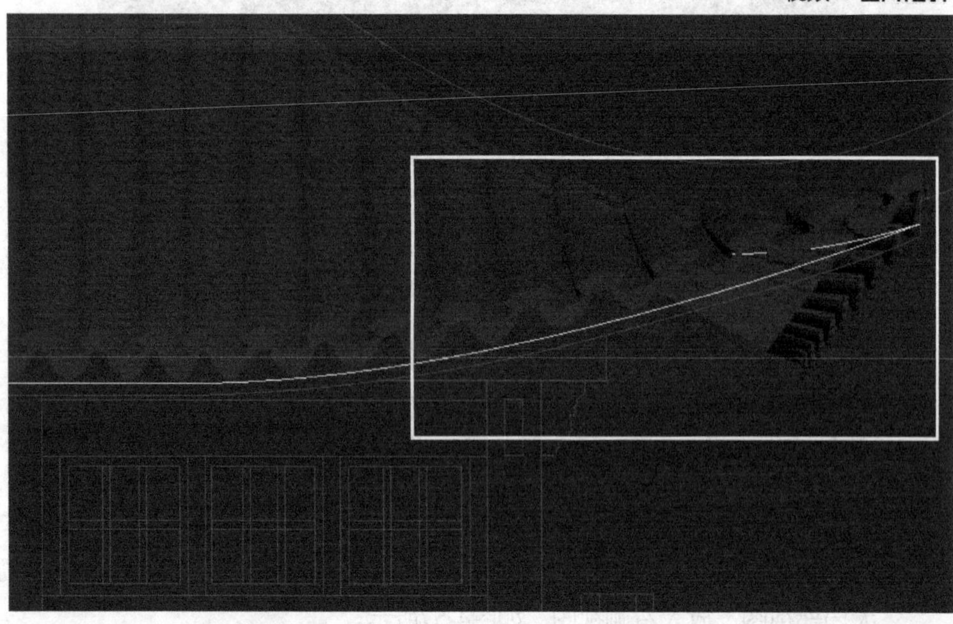

▲图 4-58　参考瓦片的形状调节线

⑨同上面的操作方法一样，将样条线左侧与右侧一样调节好，最终效果如图4-59所示。

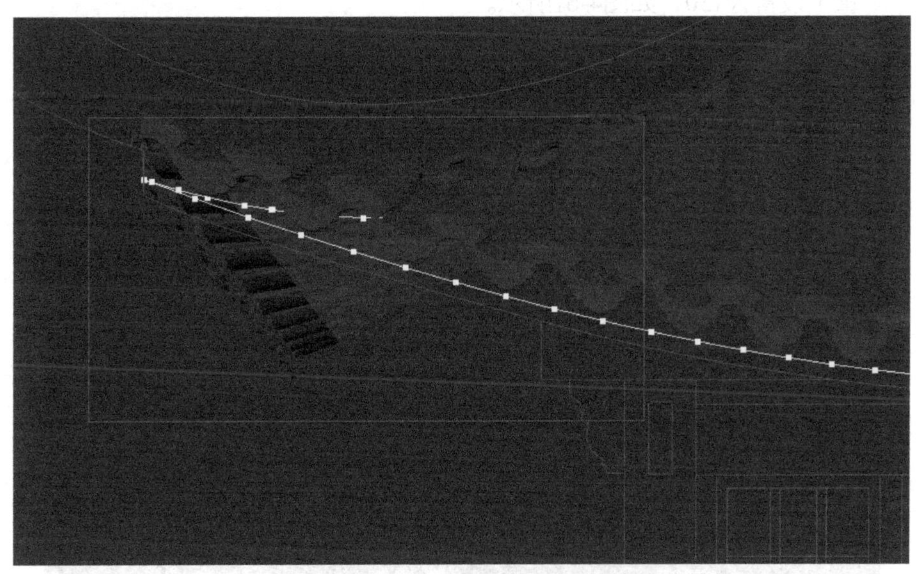

▲图 4-59　左侧调整好后的效果

⑩切换到修改面板，添加【UVWMap】（贴图坐标）修改器，在子菜单栏中参数都保持默认，生成三维物体面，如图4-60所示。

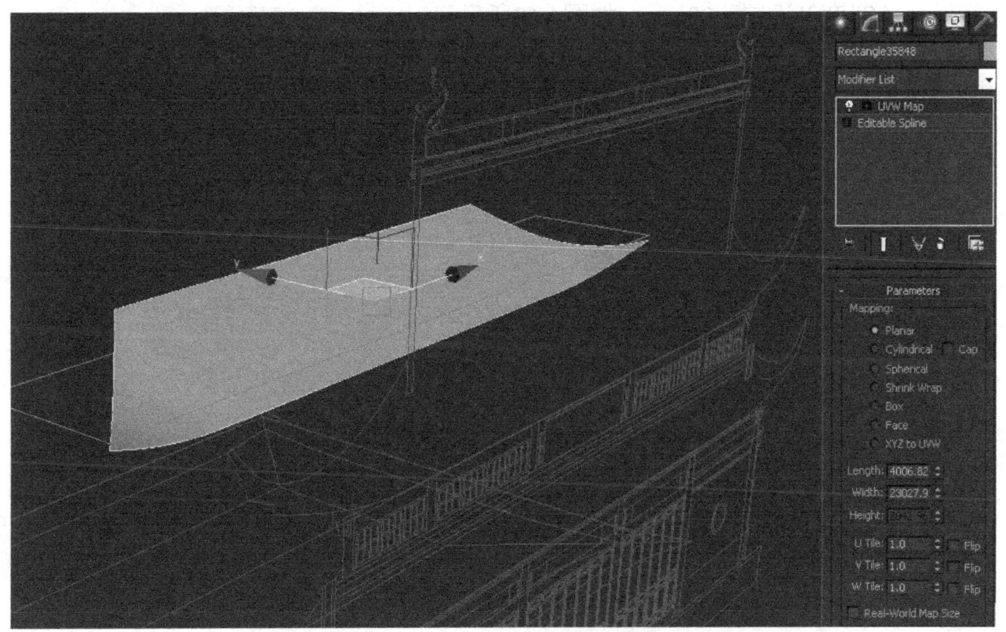

▲图 4-60　添加UVWMap修改器，生成面

⑪ 切换到【Front】（前）视图，在修改器面板中为其添加【Shell】（壳）修改器，将子菜单【Parameters】（参数）面板中的【Inner Amount】（内部量）设置为130，如图4-61所示。

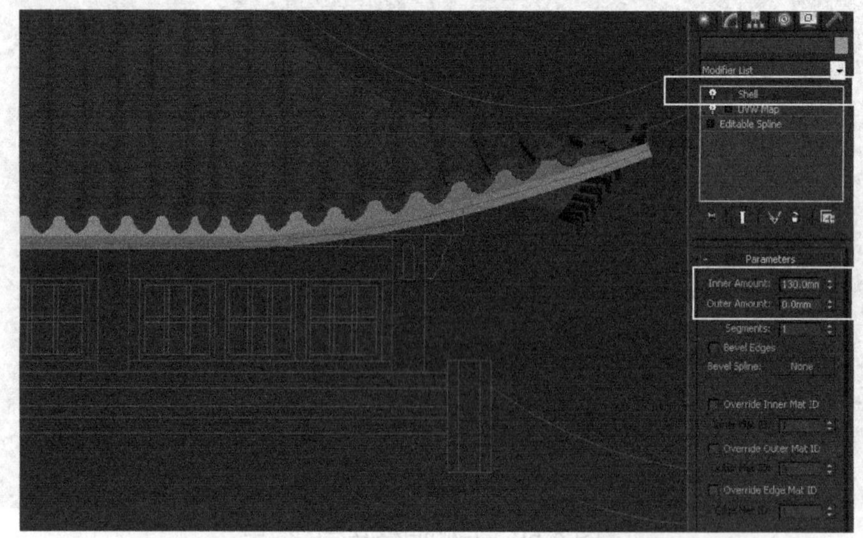

▲图 4-61　添加【Shell】（壳）修改器并设置厚度

⑫ 制作方椽，切换到【Front】（前）视图，进入创建面板，创建一个【Rectangle】（距形），将【Length】（长度）设置为90mm，【Width】（宽度）设置为90mm，如图4-62所示。

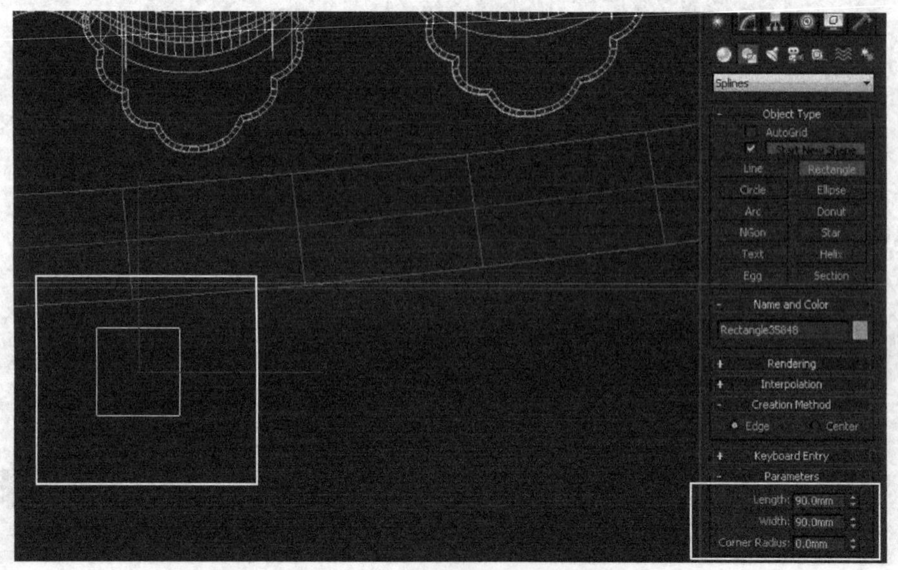

▲图 4-62　创建二维矩形

⑬切换到修改器面板，为其添加【Extrude】（挤出）修改器，将【Amount】（数量）值设置为1 600mm，再切换到【Top】（顶）视图，将方椽移动到对应位置，如图4-63所示。

▲图 4-63　添加【Extrude】（挤出）修改器，并将方椽移动到相应位置

⑭制作第2个檐板，它的位置在方椽和第2个方椽的中间，与制作第1个檐板的方法相同。进入创建面板，回到【Top】（顶）视图，创建【Line】（线），如图4-64所示

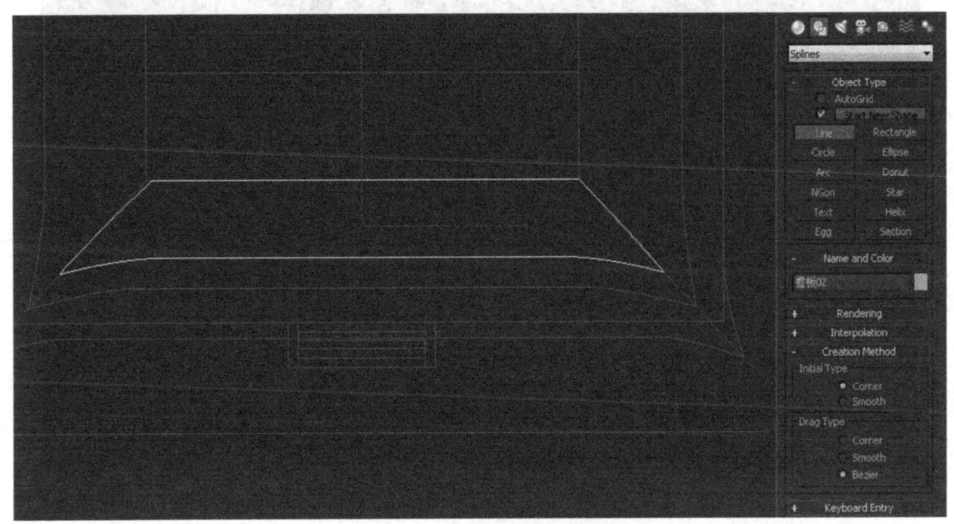

▲图 4-64　创建的第2个檐板

⑮ 接下的制作方式参考第3步～第11步，使用同样的方法进行调整，调整好后的效果如图4-65所示。

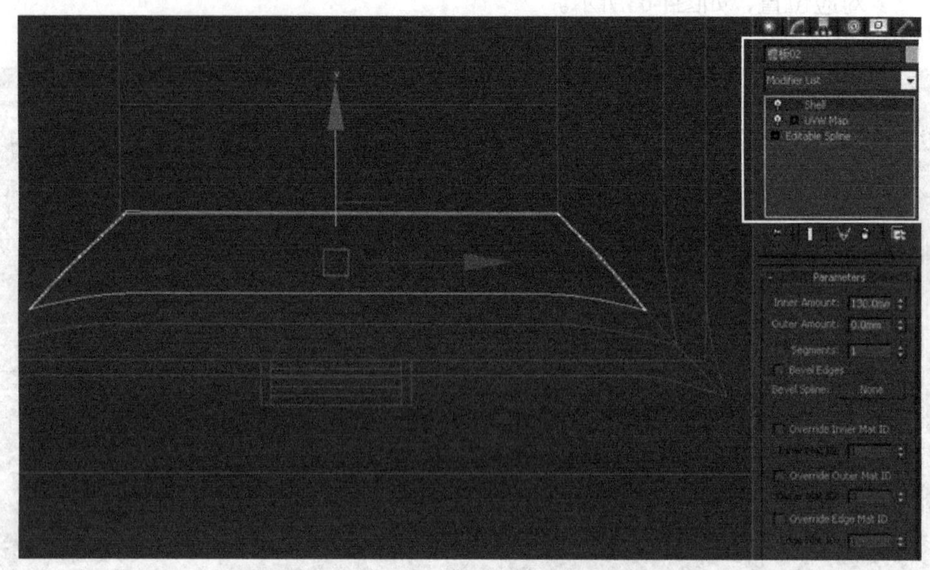

▲图 4-65 檐板制作后的最终效果

⑯ 制作第2个方椽，参考第12步和第13步，使用同样的方法进行调整，调整好后的效果如图4-66所示。

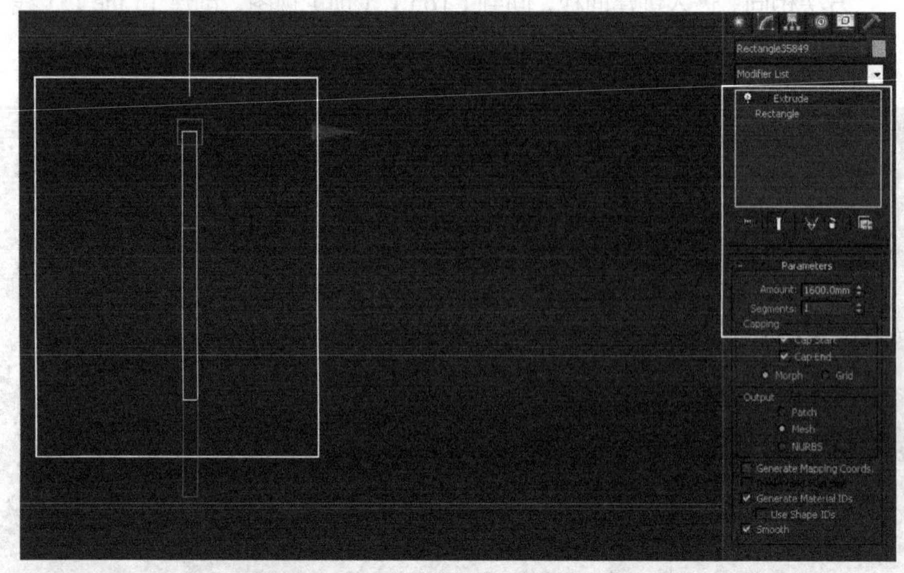

▲图 4-66 方椽制作后的最终效果

⑰ 切换到【Left】（左）视图，选择第1层和第2层的方椽，选择主菜单中的

【Group】（组）→【Group】（成组）命令，给物体编组，命名为“方椽”，切换到修改面板，给其添加FFD2×2×2修改器。

⑱参考檐板，将方椽移动到对应的位置，如图4-67所示。

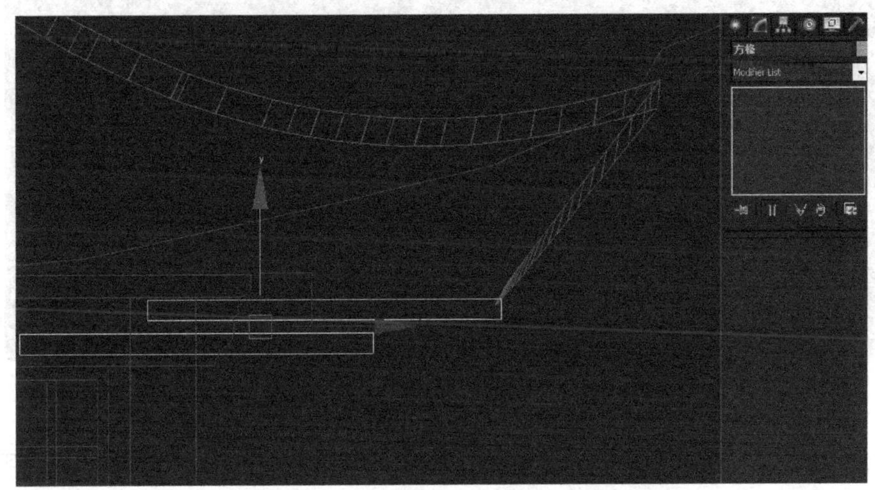

▲图 4-67　参考檐板调整的方椽位置

⑲进入FDD2×2×2修改器的【Control Points】（控制点）子层级，框选左边的控制点，沿Y轴向上移动，调整好后的效果如图4-68所示。

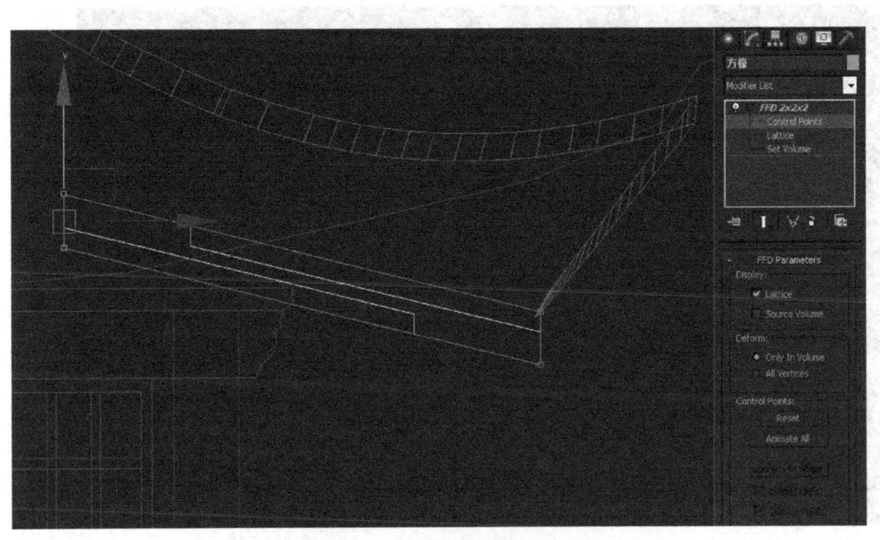

视频18

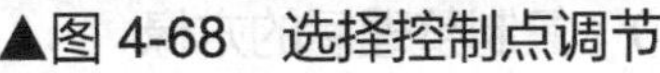
▲图 4-68　选择控制点调节

⑳选择方椽下面的第2个檐板，对应调整后的两个方椽的位置，沿Y轴移动，调整后的效果如图4-69所示。

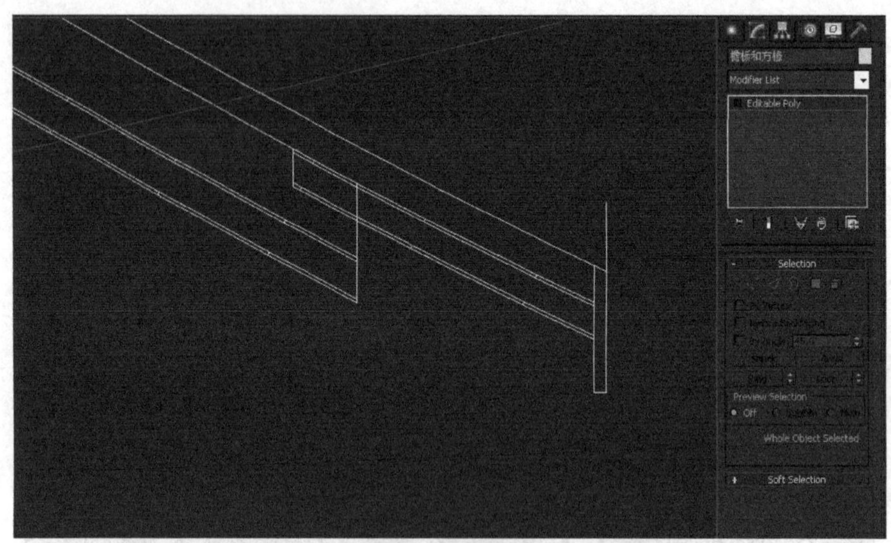

▲图 4-69　檐板和方椽最终的移动位置

㉑切换到【Front】（前）视图选择方椽，单击选择锁定切换按钮，或使用空格键锁定当前物体，单击2.5围捕捉按钮，锁定X轴，按住Shift键，分别向左、右方向捕捉移动复制，复制完成后，参考制作的瓦片，将多余部分删除，整理好后的效果如图4-70所示。

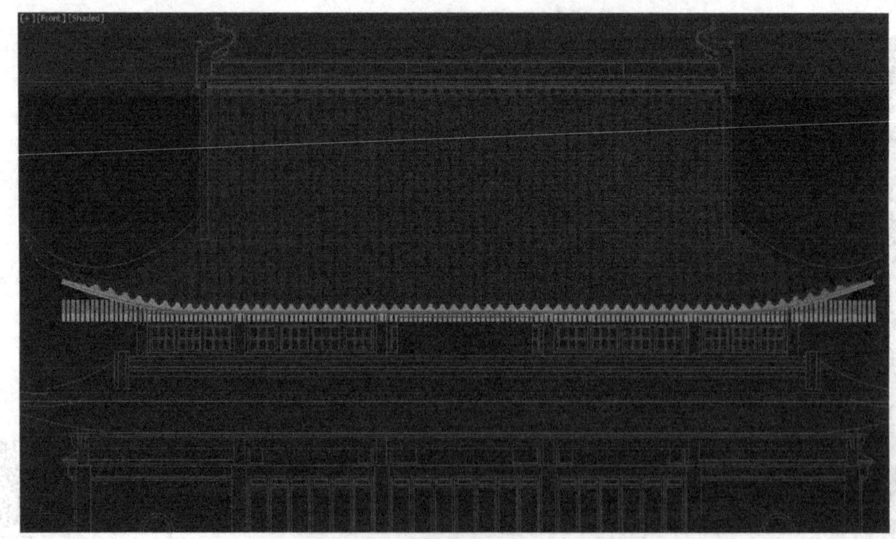

▲图 4-70　复制整理后的方椽

㉒单击视图控制区的【Zoom Region】（缩放区域）按钮，放大屋顶右侧，参考檐板，选择方椽，选择的部分如图4-71所示。

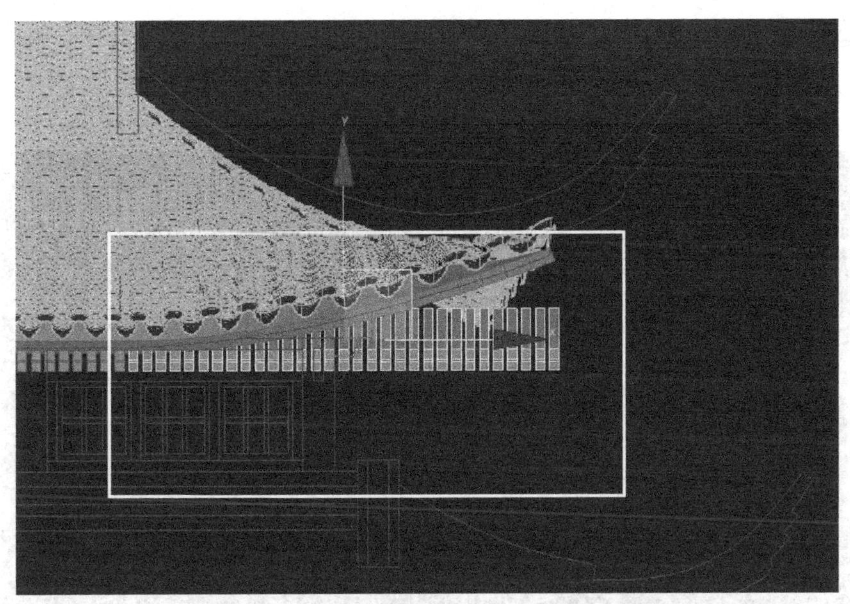

▲图 4-71 选择要进行变形操作的方椽

㉓切换到修改面板，为选择的方椽添加FDD3×3×3修改器，进入FDD3×3×3修改器的【Control Points】（控制点）子层级，分别框选中间和右边的控制点，激活Y轴，参考檐板调节弧度，如图4-72所示。

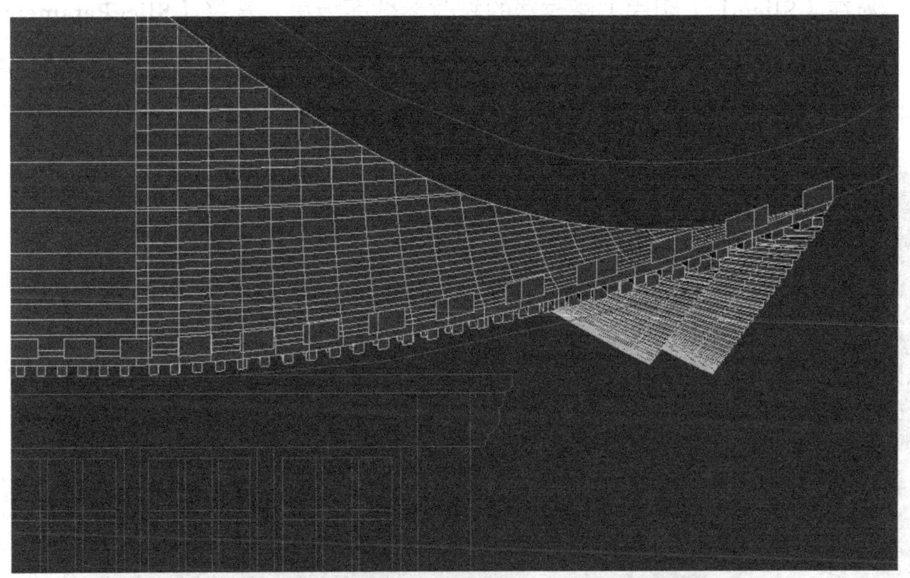

▲图 4-72 添加FDD3×3×3修改器

㉔切换到【Top】（顶）视图，选中进行变形操作的方椽，切换到修改面板，为其添加【Slice】（切片）修改器，选择【Slice plane】（切片平面）子层级。

㉕选择主工具条中的“旋转”选项，并沿X轴旋转90°，参考瓦片，再沿Z轴旋转到对应方向，移动到对应位置，如图4-73所示。

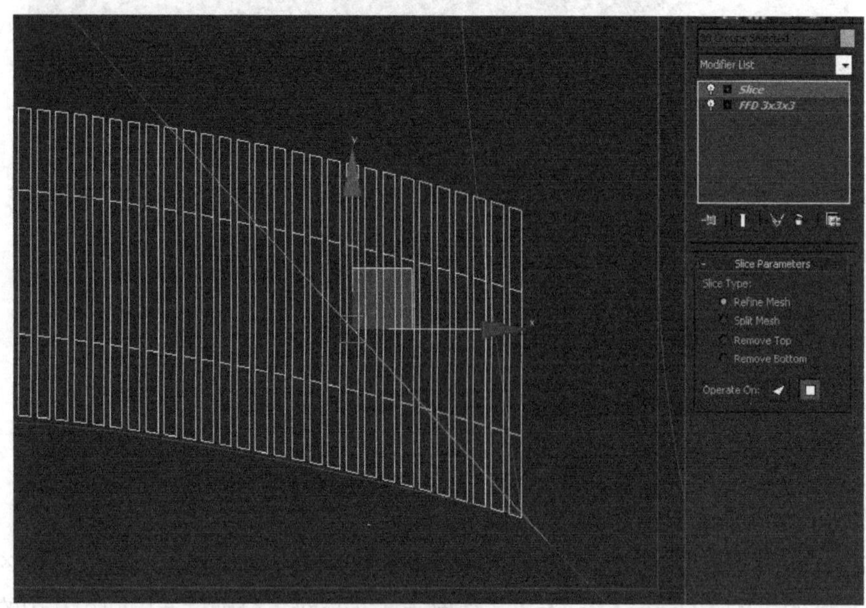

▲图 4-73　黄色斜线表示切片的位置和方向

㉖在【Slice】（切片）修改器的修改参数面板里，选择【SliceParameters】（切片参数）卷展栏中的【RemoveTop】（移除顶部）项，将操作方式选择【Faces】（面），参数设置如图4-74所示。

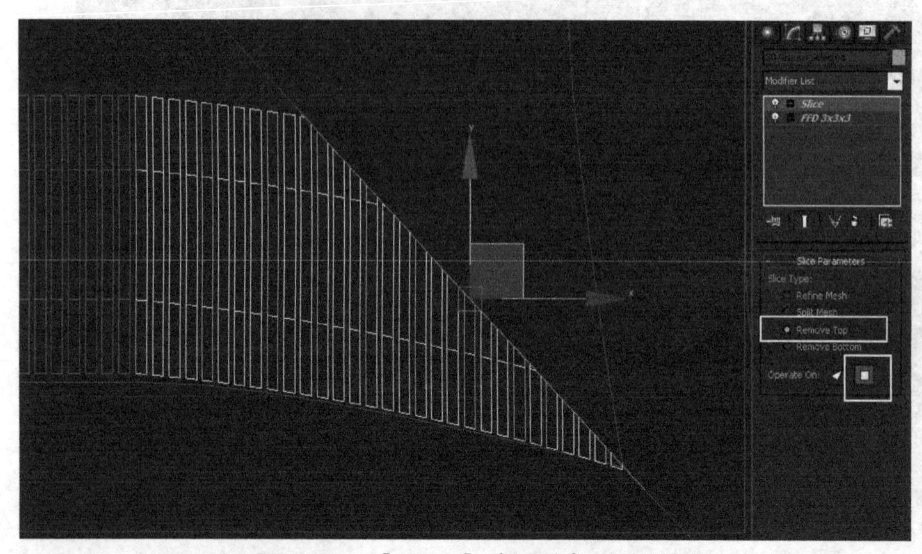

视频19

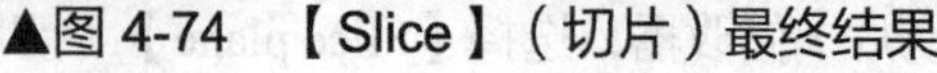
▲图 4-74　【Slice】（切片）最终结果

㉗左侧方椽的变形和【Slice】（切片）方法与右侧的调整方法一样，或删除左侧的方椽，单击主工具条中的镜像按钮，沿X轴镜像复制一个移动到左边对应位置，调整好后的最终效果，如图4-75所示。

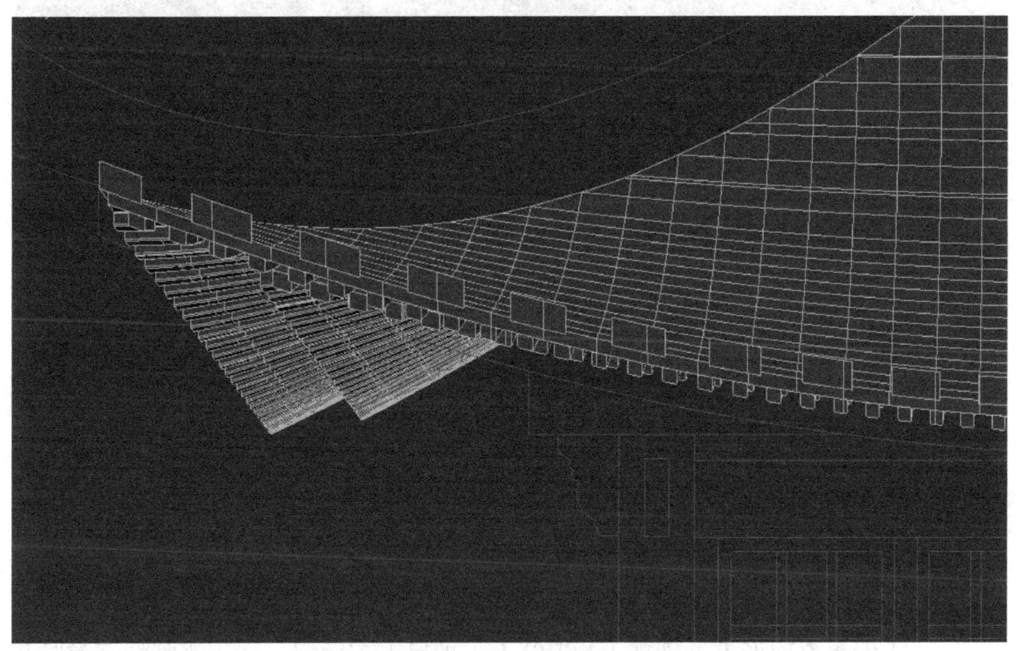

▲图 4-75　镜像复制到左边的最终效果

4.檩和梁的制作

主要屋顶制作完成后，接下来就是檩和梁的制作。檩上面支撑的是方椽，檩下面就是建筑的主梁，最底部是钱眼。

（1）檩的制作

檩是圆形结构，两端的部分称为檩头，侧面为檩。

①切换到【Left】（左）视图，参考方椽和檐板的位置，回到创建面板，在二维图形下，创建一个【Circle】（圆），将【Radius】（半径）设置为100mm，放置位置如图4-76所示。

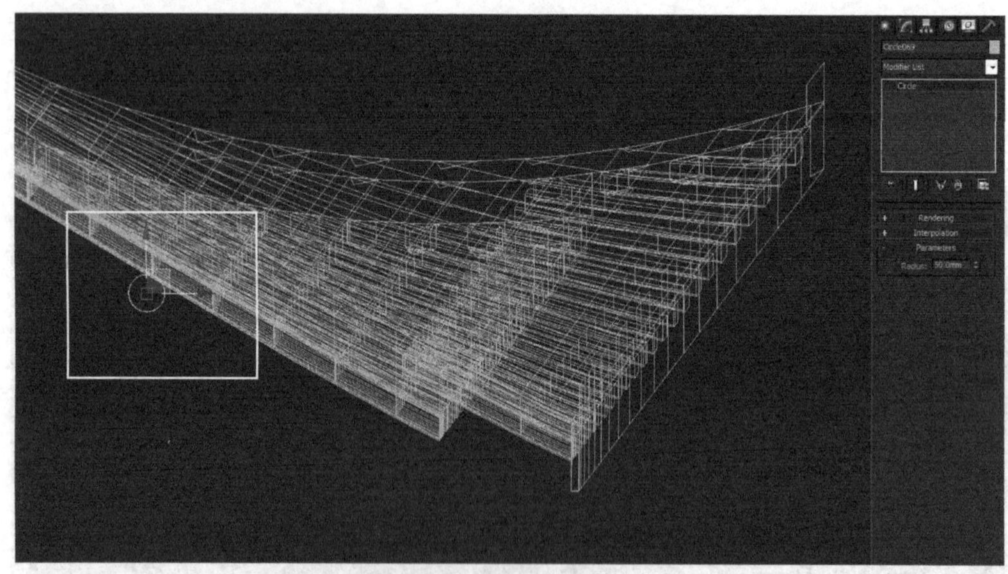

▲图 4-76 在【Left】（左）视图中创建圆

②切换到修改面板，给物体檩添加【Extrude】（挤出）修改器，将Amount【数量】设置为10 000mm。

③切换到【Front】（前）视图，回到修改面板，给檩添加【Editable Poly】（编辑多边形），选择【Vertex】（顶点）子层级，参考轮廓线调整好长度，如图4-77所示。

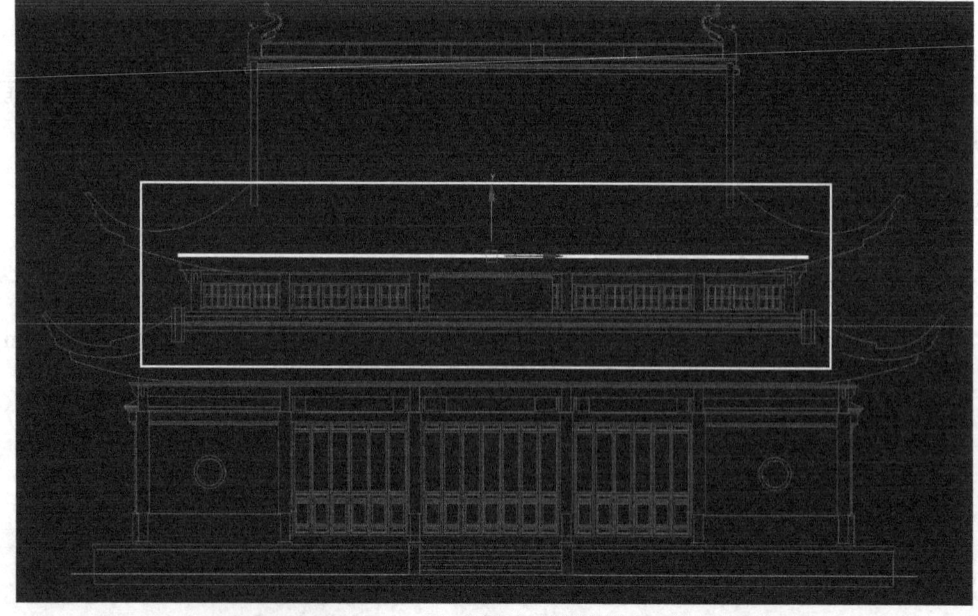

▲图 4-77 调整好后的檩的长度

（2）梁的制作

梁承托着建筑物上部构架中的构件及屋面的全部重量，梁下面的主要支撑物就是柱子。大型建筑中，梁放在斗拱上面，斗拱下方才是柱子，大多数梁的方向都与建筑物的横断面一致，置于前后金柱之间或檐柱之间。

①在【Left】（左）视图中，切换到创建面板，在二维图形层级创建【Rectangle】（矩形），将图形命名为“梁01”，在参数面板中，设置【Length】（长度）为35mm，【Width】（宽度）为20mm，将“梁01”移动到檀的正下方，如图4-78所示。

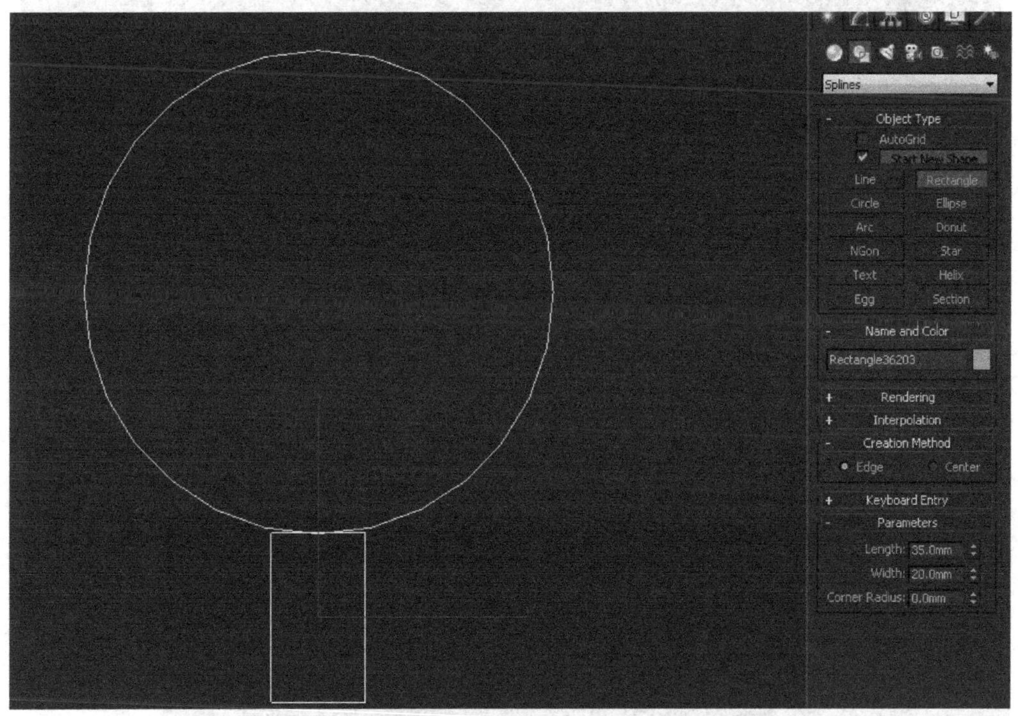

▲图 4-78 创建梁的矩形

②将视图切换到修改器面板，选择二维物体“梁01”，添加【Extrude】（挤出）修改器，将【Amount】（数量）暂设置为4 000mm。

③添加【Edit Poly】（编辑多变形）修改器，选择【Vertex】（顶点）子层级，切换到【Front】（前）视图，选择“梁01”，参考檀的长度，调节“梁01”顶点的位置，左右两边的位置比檀各短450mm，调整后的效果如图4-79所示。

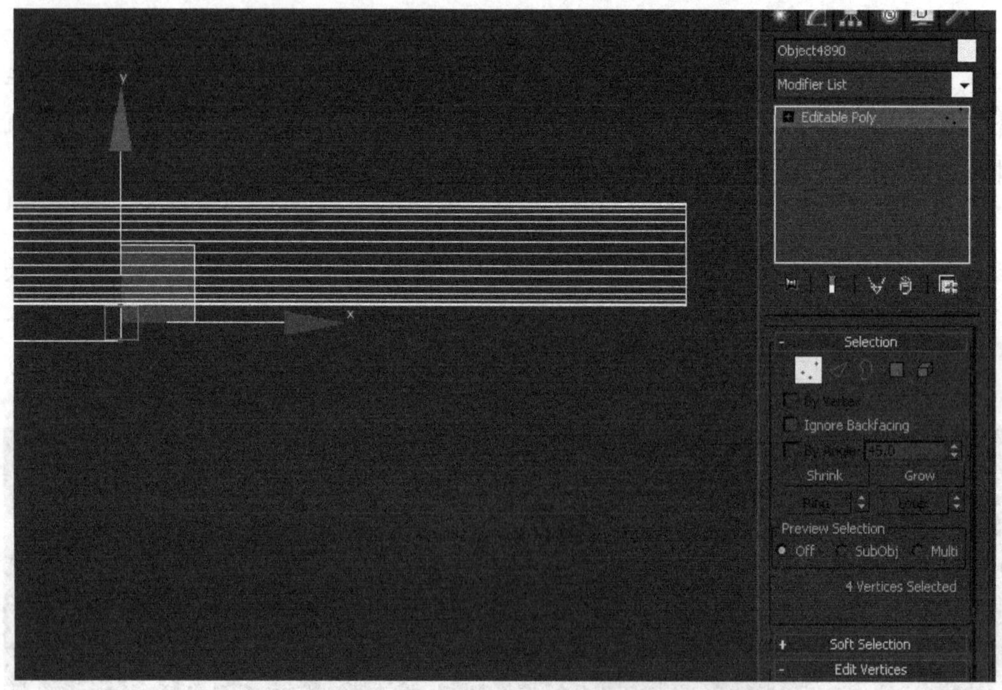

▲图 4-79　调整梁的长度后的效果

④切换到【Left】（左）视图，选择“梁01”，按住Shift键，沿X轴向左移动复制出物体“梁02”，让物体“梁02”与“梁01”之间的距离为200mm，如图4-80所示。

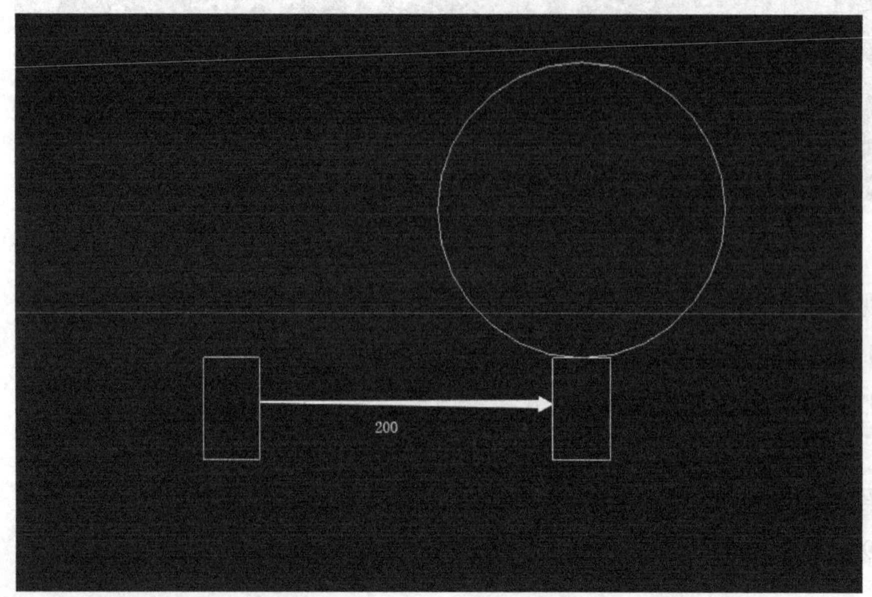

视频20

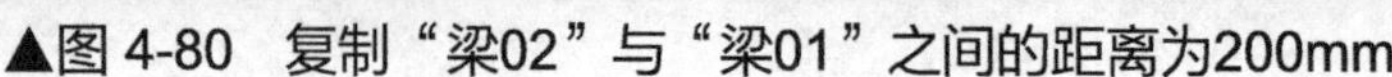

▲图 4-80　复制“梁02”与“梁01”之间的距离为200mm

⑤切换到【Left】（左）视图，选择创建面板，创建【Rectangle】（矩形），取名为“梁03”，再在参数设置里将【Length】（长度）设置为100mm，【Width】（宽度）设置为280mm，如图4-81所示。

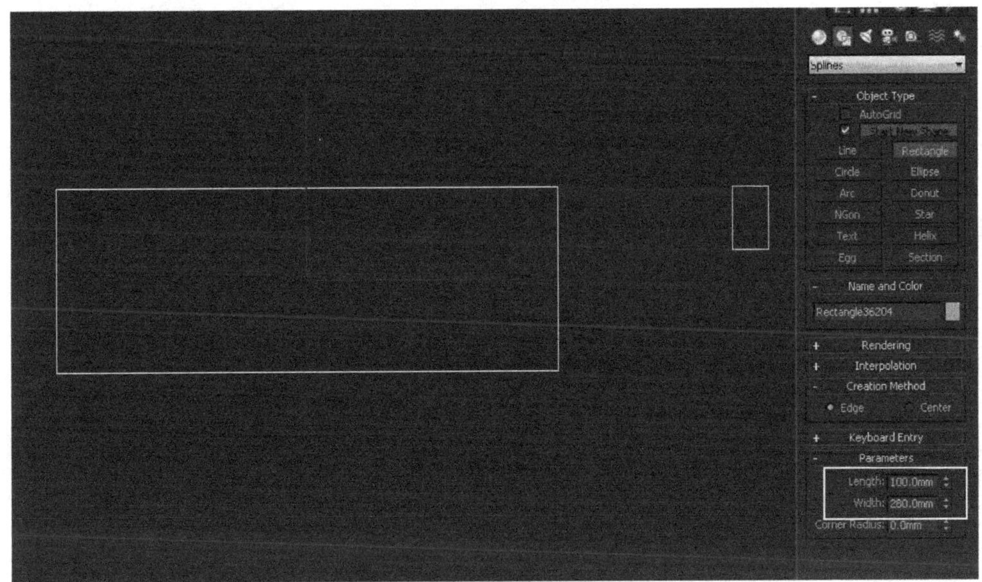

▲图 4-81　创建“梁03”

⑥切换到修改器面板，为其添加【Extrude】（挤出）修改器，将【Amount】（数量）暂设置为4 000mm。参考檀木和其他的梁，长度和之前的其他梁相等，如图4-82所示。

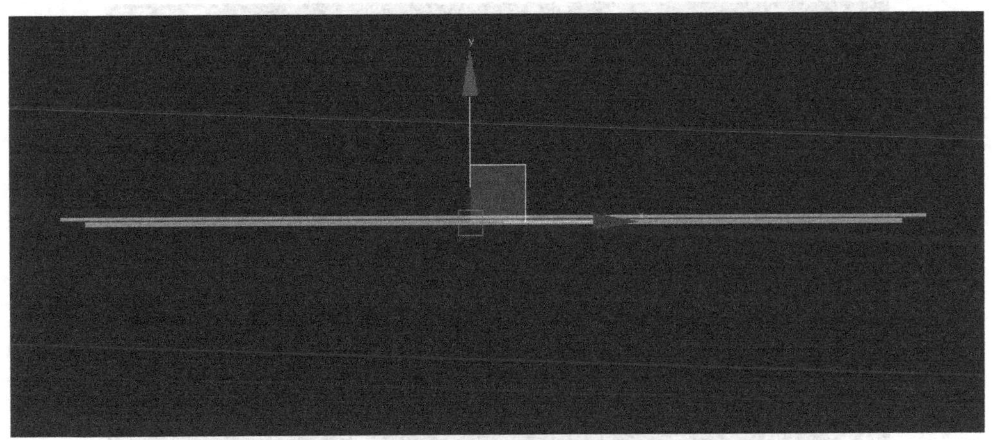

▲图 4-82　“梁03”的长度与檀的位置关系

⑦切换到创建面板，在二维图形层级中，创建【Rectangle】（矩形），取名为

“横板”，在参数面板中设置【Length】（长度）为50mm，设置【Width】（宽度）为510mm。将横板移动到“梁01”至“梁03”的上方，如图4-83所示。

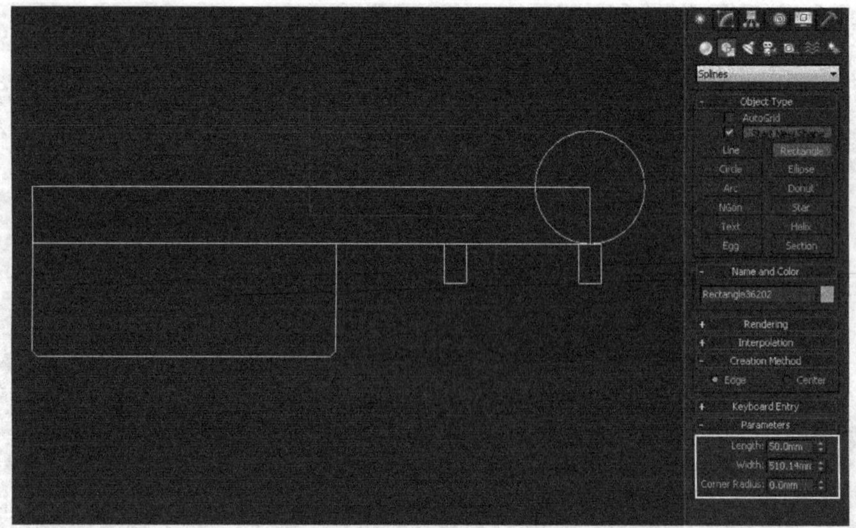

▲图 4-83 创建“横板”

⑧切换到修改面板，为横板添加【Extrude】（挤出）修改器，将【Amount】（数量）设置为4 000mm，再添加修改器【Edit Poly】（编辑多边形），选择【Vertex】（点）子层级，将其长度参考梁的长度，比梁的长度短200mm，如图4-84所示。

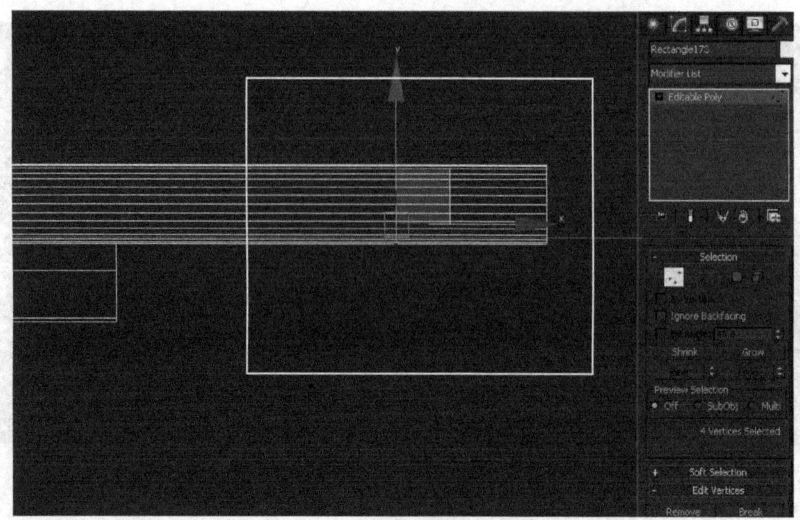

▲图 4-84 横板的长度与梁的关系

⑨切换到【Perspective】（透视图），局部放大梁与横板的关系，如图4-85所示。

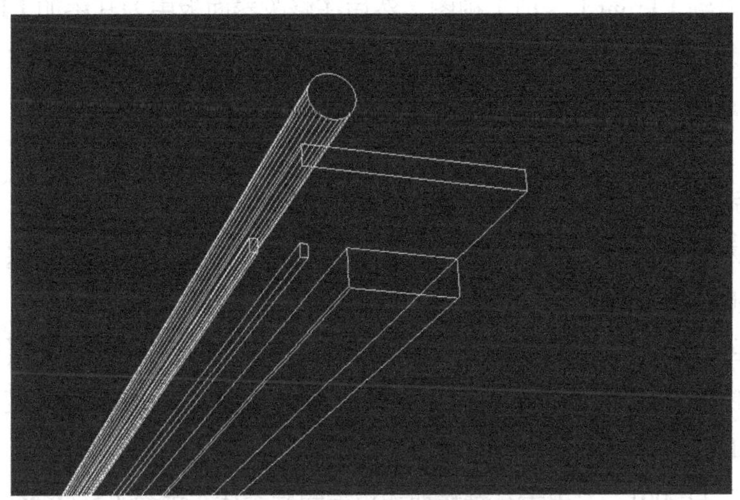

▲图 4-85　将梁与横板关系局部放大

（3）钱眼的制作

钱眼在梁的最底部，结构比较简单，其前面是斗拱。

①切换到【Left】（左）视图，在创建面板的二维图形中创建【Rectangle】（矩形），将物体取名为“钱眼”。在参数面板中将【Length】（长度）设置为300mm，【Width】（宽度）设置为20mm，参考梁的位置，将钱眼放置在梁的最底部，如图4-86所示。

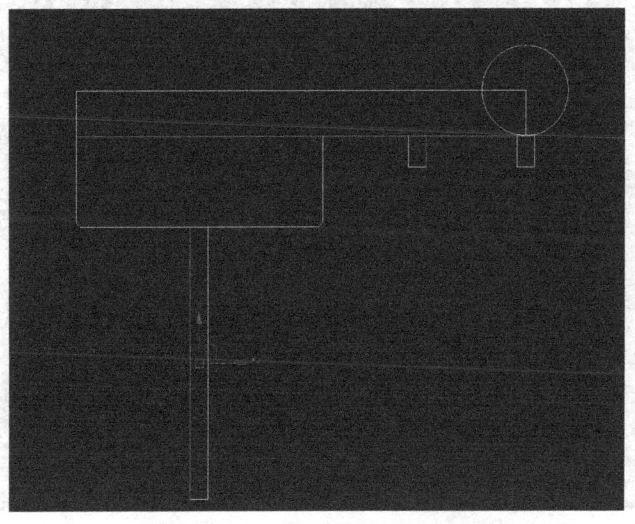

▲图 4-86　钱眼与梁的关系位置

②切换到修改器面板，选择“钱眼”物体，给其添加【Extrude】（挤出）修改器，将【Amount】（数量）暂时设置为4 000mm。

③切换到【Front】（前）视图，然后在修改器面板中为其添加【Edit Poly】（编辑多边形），选择【Vertex】（顶点）子层级，分别调节左、右两边的顶点，与梁的长度一致。

5.斗拱的制作

在立柱和横梁的交接处，从柱顶探出的弓形肘木的承重结构叫拱，拱与拱之间垫的方形木块叫斗，合称斗拱。斗拱是中国建筑特有的一种结构。

（1）切换到【Front】（前）视图，进入创建面板，在二维图形层级中创建【Rectangle】（矩形），命名为“斗拱001”，在参数面板中设置【Length】（长度）为60mm，【Width】（宽度）为295mm。

（2）选择“斗拱001”，单击右键转换为可编辑样条线，选择【Segment】（线段）子层级，单击【Divide】（分段），将分段设置为8段，然后选择点移动，调整后如图4-86所示。

（3）选择【Vertex】（点）子层级，选择最下方2个点，然后单击【Chamfer】（倒直角）值为30，然后再选择倒直角的4个点，再次单击【Chamfer】（倒直角）值为12，最终结果如图4-87所示。

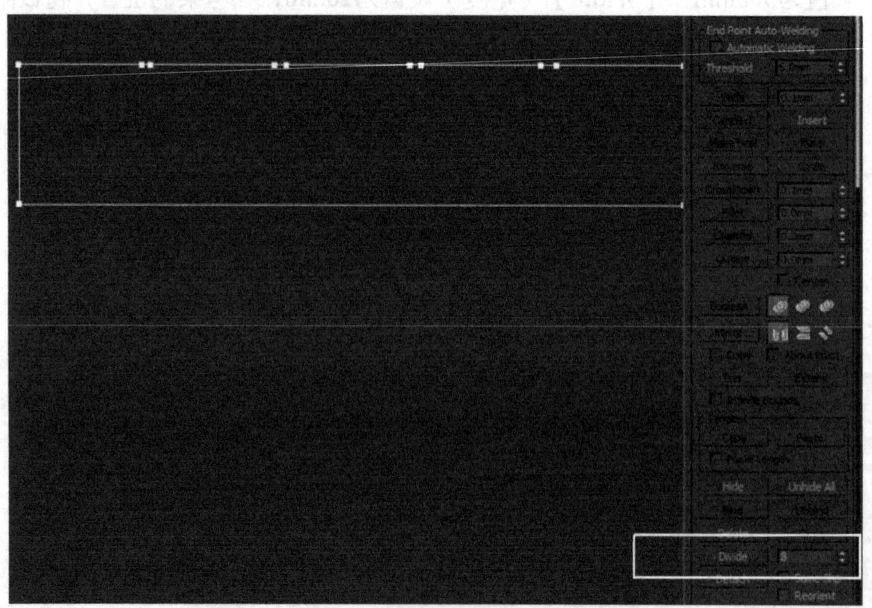

▲图 4-87　等分8段，移动点的位置

（4）切换到【Segment】（线段）子层级，选择上半部分的两节中部线段，然后向Y轴移动-12mm，最后显示如图4-88所示。

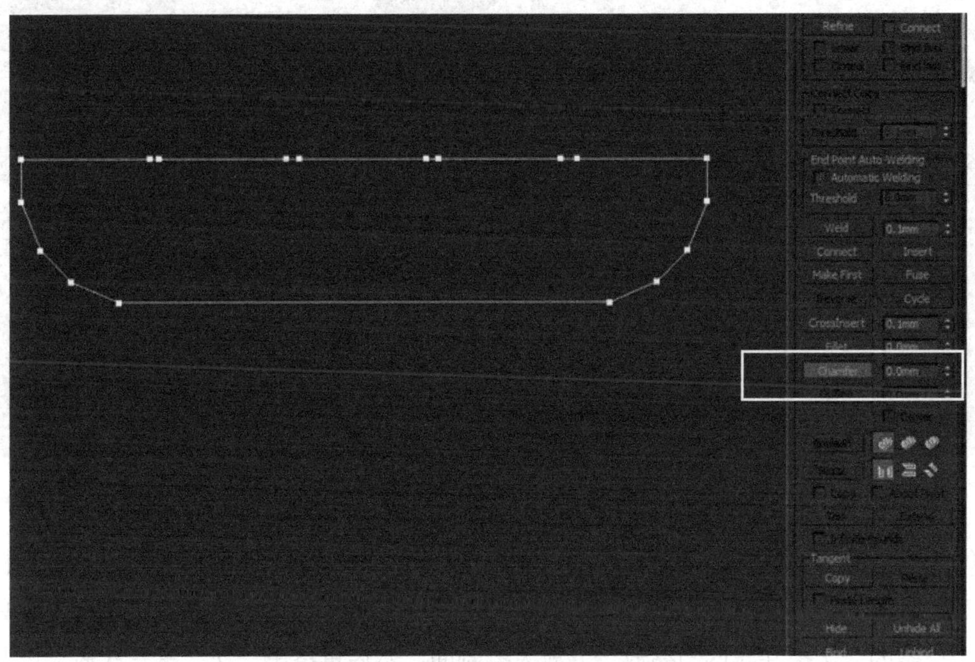

▲图 4-88　下半部分点两次倒直角

（5）选择向下移动的两条线段上的点，单击【Chamfer】（倒直角），值为5，最后效果如图4-89所示。

视频21

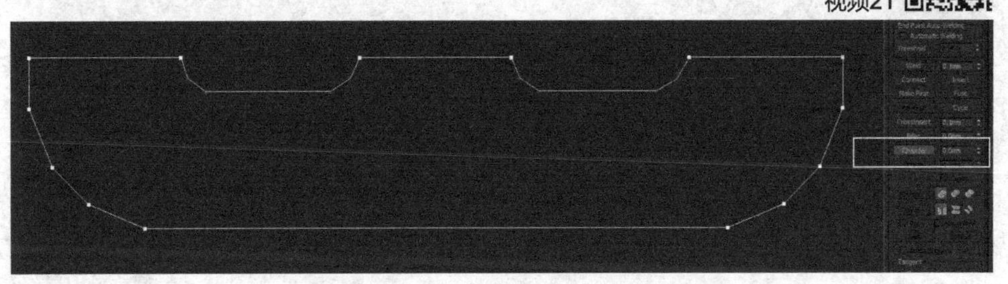

▲图 4-89　选中的点对其倒直角

（6）选择“斗拱001”，切换到修改器面板，添加【Extrude】（挤出）修改器，将【Amount】（数量）设置为48.0mm。为其添加【Edit Poly】（编辑多边形），选择【Polygon】（多边形）子层级，点选前后面，然后单击【Edit Polygons】（编辑多边形）卷展栏下【Bevel】（倒角）设置，弹出对话框，将【Height】（高）设置为3.0mm，【Outline】（扩边）设置为-2.0mm，如图4-90所示。

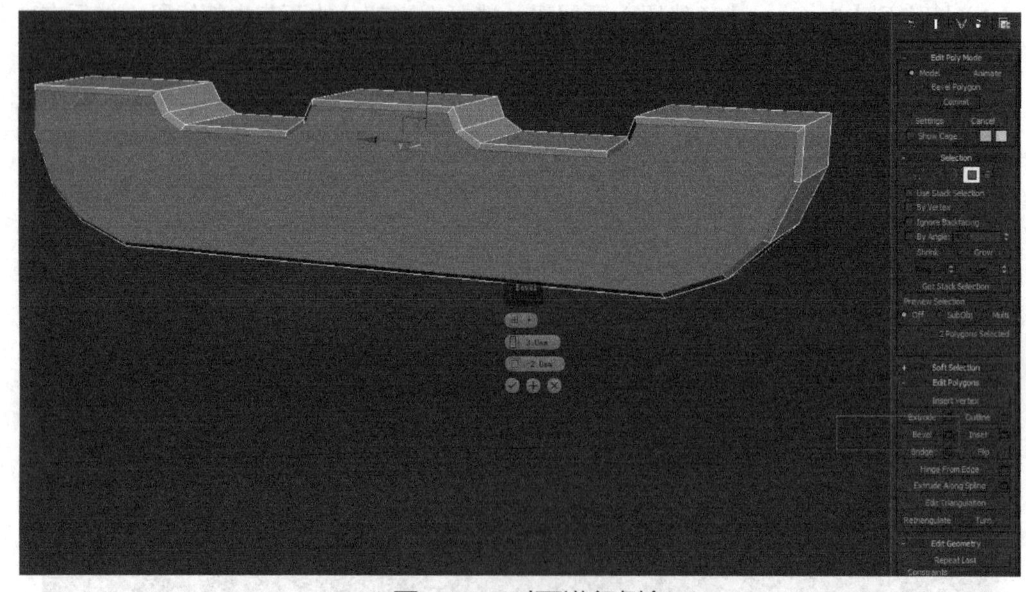

▲图 4-90　对面进行倒角

（7）再选择顶部和左、右的三个面，单击【Edit Polygons】（编辑多边形）卷展栏下的【Extrude】（挤出），将【Height】（高度）设置为8.0mm。选择主工具条的“选择并非均匀缩放”，放大控制面，然后再挤出一次，再一次放大控制面，如图4-91所示。

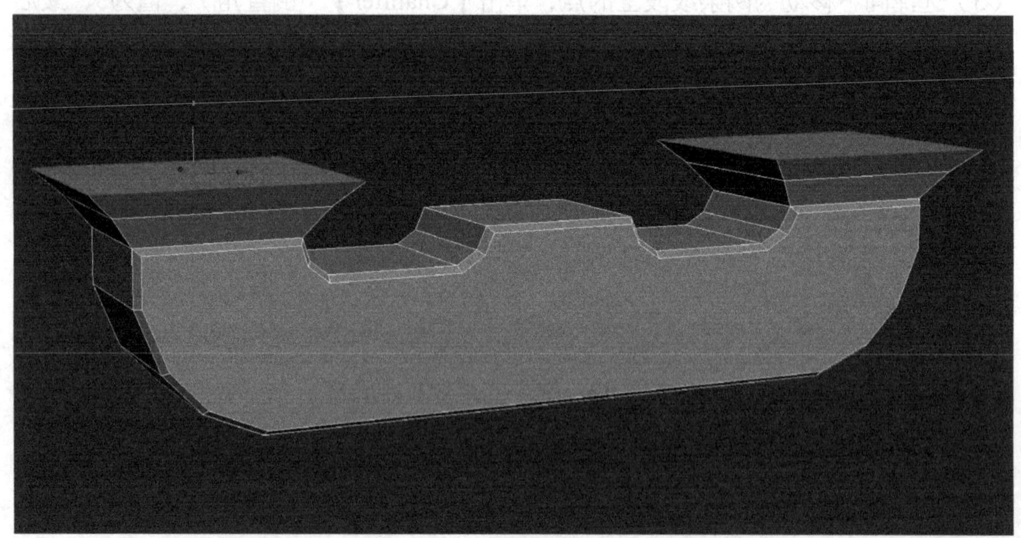

▲图 4-91　选择面挤出放大

（8）继续上面的步骤，将其面再【Extrude】（挤出）30mm，单击【Edit Polygons】（编辑多边形）卷展栏下的【Bevel】（倒角），弹出对话框，设置【Height】（高）为3.0mm，【Outline】（扩边）为−2.0mm，如图4-92所示。

视频22

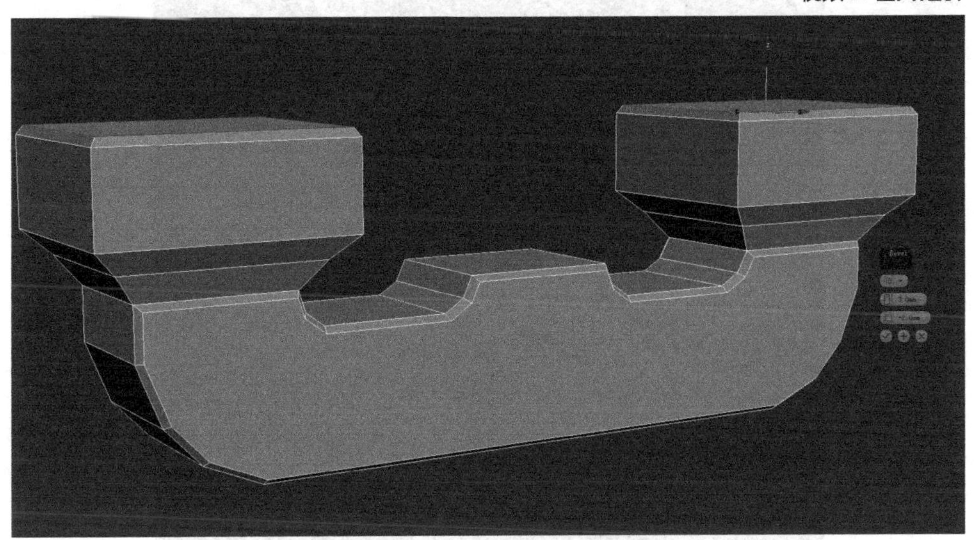

▲图 4-92 挤出面，然后倒角

（9）切换到【Left】（左）视图，选择“斗拱001”，沿X轴复制“斗拱002”，然后将“斗拱002”向Y轴复制为“斗拱003”，如图4-93所示。

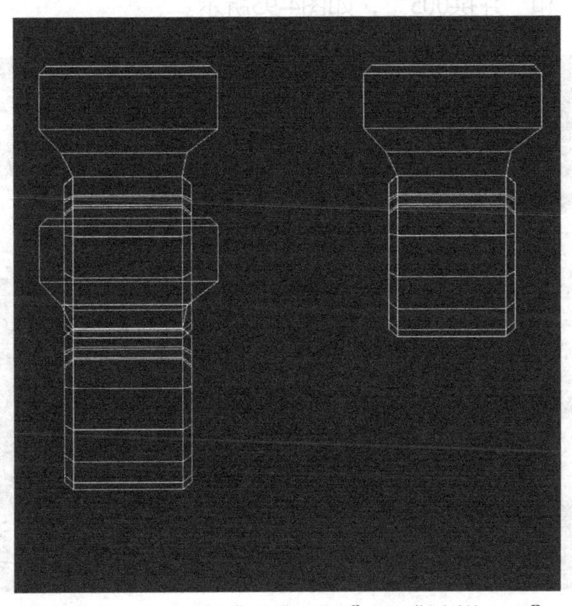

▲图 4-93 复制“斗拱002”和“斗拱003”

（10）选择“斗拱002”，切换到【Front】（前）视图，选择【Vertex】（顶点）子层级，选择右边的点向右移动，再选择左边的点向左移动，调整后的最终结果如图4-94所示。

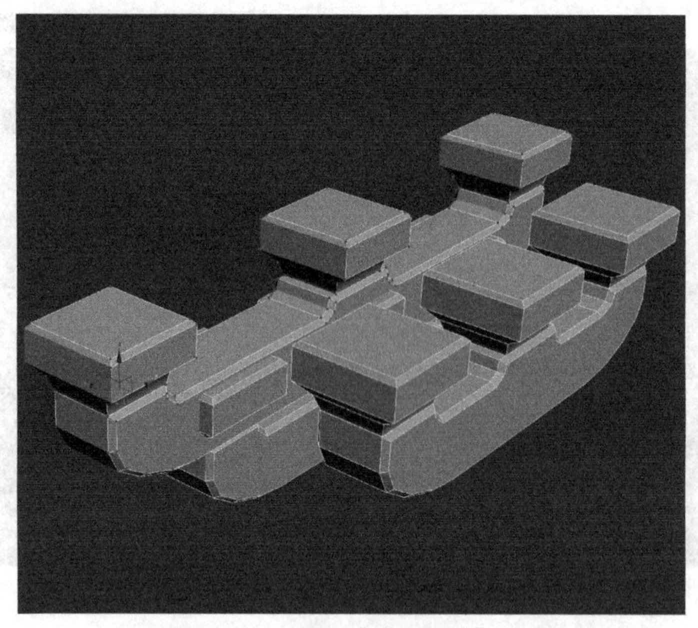

▲图 4-94　调节“斗拱002”的点

（11）切换到【Left】（左）视图，选择“斗拱002”和“斗拱003”，移动复制出“斗拱004”和“斗拱005”，如图4-95所示。

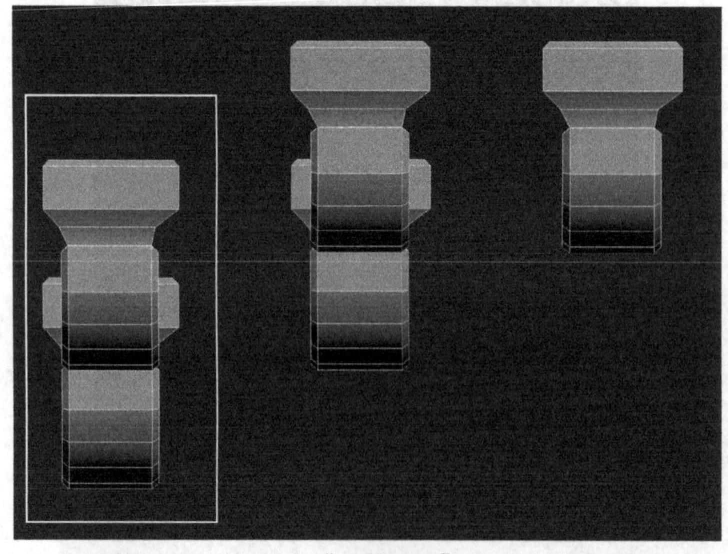

▲图 4-95　复制出“斗拱004”和“斗拱005”

（12）在【Left】（左）视图中选择“斗拱005”，移动复制出“斗拱006”，如图4-96所示。

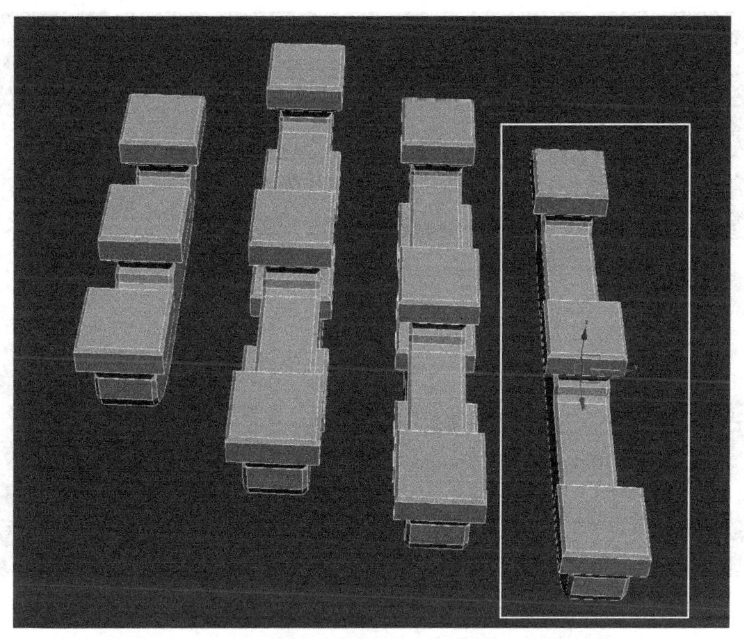

▲图 4-96 复制出“斗拱006”

（13）选择“斗拱001”并复制两个，然后将它们移动到“斗拱006”的上面，如图4-97所示。

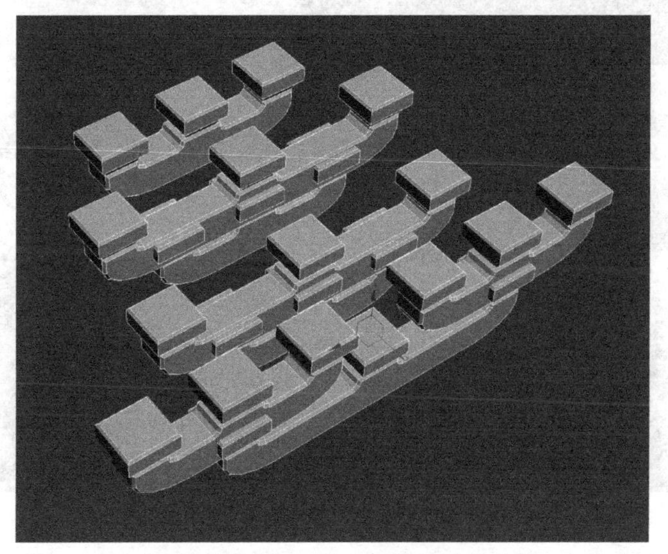

▲图 4-97 复制“斗拱001”并移动到“斗拱006”上面

（14）再复制“斗拱001”，将其旋转90°，切换到【Left】（左）视图，选择【Polygon】（多边形）子层级，框选左边两个拱墩并将其删除，如图4-98所示。

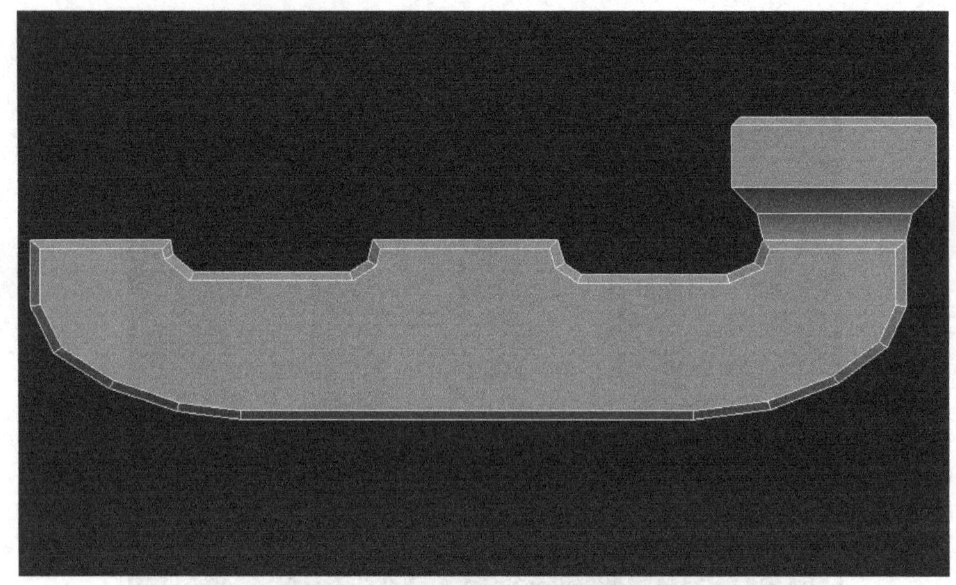

▲图 4-98　删除左边的拱墩面

（15）选择复制出的斗拱，并将其移动到其他斗拱的下面，如图4-99所示。

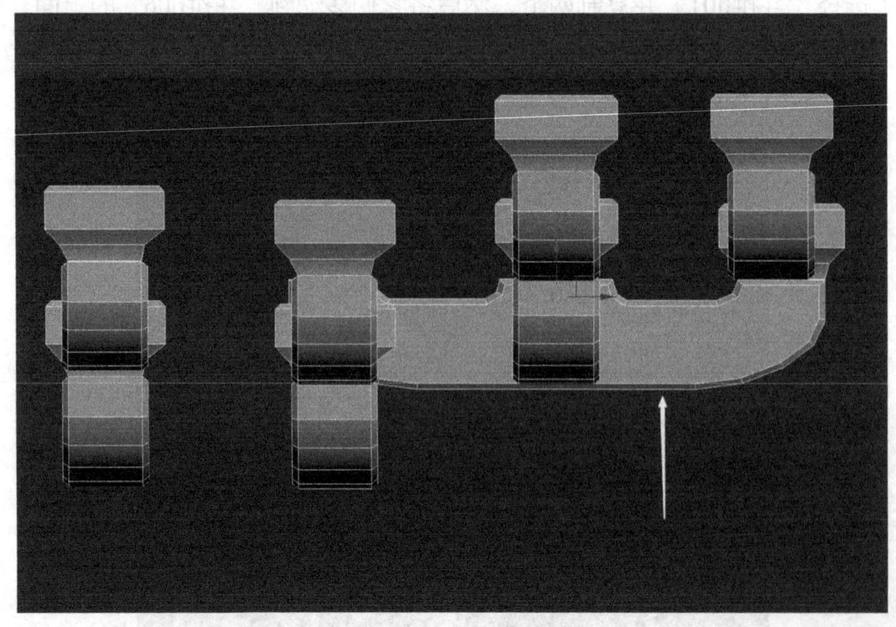

▲图 4-99　移动位置

（16）其他的斗拱也是按照上面的步骤来复制，调整后的最终效果如图4-100所示。

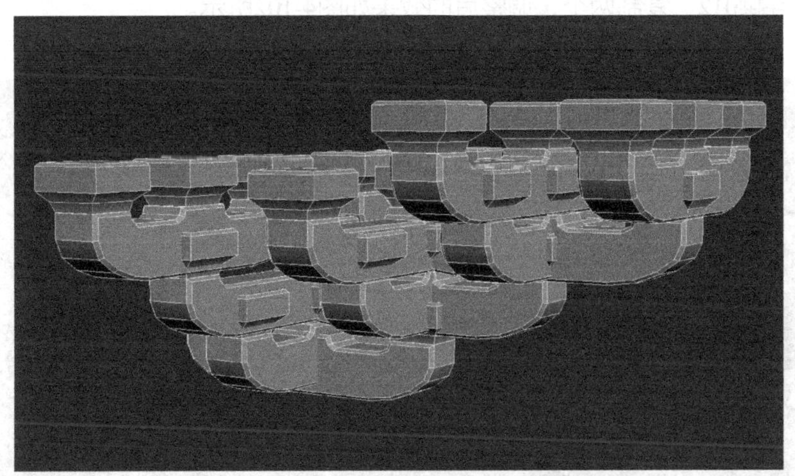

▲图 4-100　斗拱复制移动的最终效果

（17）选择“斗拱001”并再次复制出一个，然后选择【Polygon】（多边形）子层级，框选上部的三个拱墩并将其删除，然后添加【Slice】（切片），选择【Slice plane】（切片）子层级，沿Y轴旋转90°，设置【Slice parameters】（切片参数）激活【Remove Top】（移除顶部）。将选择的物体命名为“斗拱012”，调整后的效果如图4-101所示。

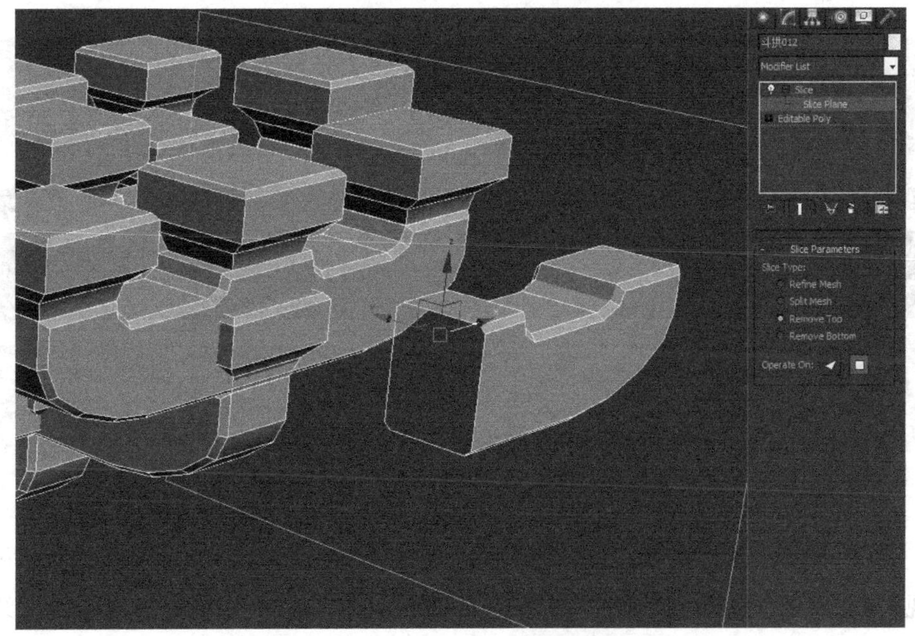

▲图 4-101　旋转后切片的最终结果

（18）选择“斗拱012”，将其旋转90°，然后移动旋转到“斗拱001”下面，再将“斗拱012”复制两个，调整后的效果如图4-102所示。

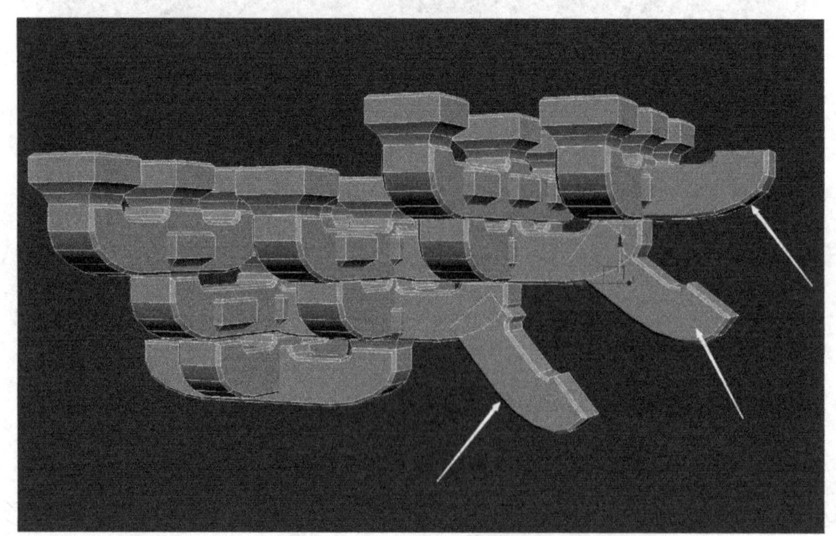

▲图 4-102　斗拱的最终效果

（19）选择所有斗拱，选择菜单栏上的【Group】（组）→【Group】（成组），将选择的物体命名为“斗拱”，然后移动复制其余的斗拱，放大的局部效果如图4-103所示。

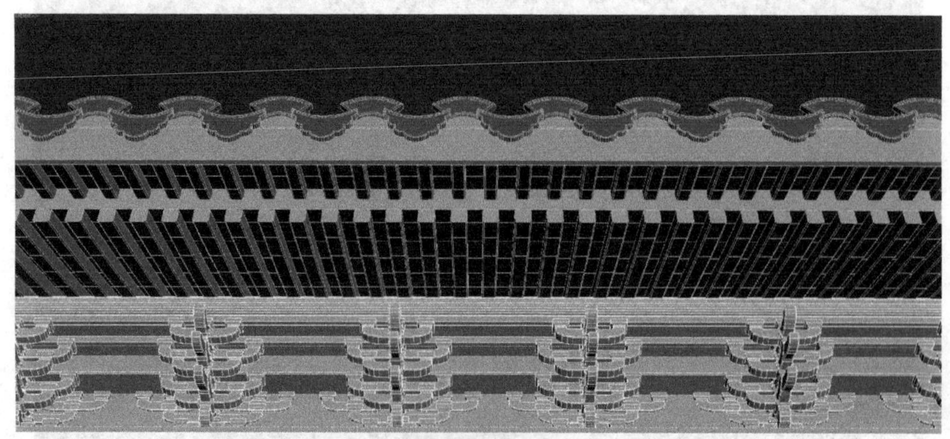

▲图 4-103　斗拱旋转后的最终效果

至此，本章要讲的主要部分——屋顶已基本制作完成，其他屋顶结构的制作可参考视频教学，下面，我们将进行简单的墙体和门窗的制作，主要是参考CAD画线来制作。

4.3 墙体和门窗的制作

1.墙体的制作

墙体的细节比较多，但结构比较简单。

（1）切换到【Top】（顶）视图，在创建面板中创建【Line】（线），命名为“墙体线”，如图4-104所示。

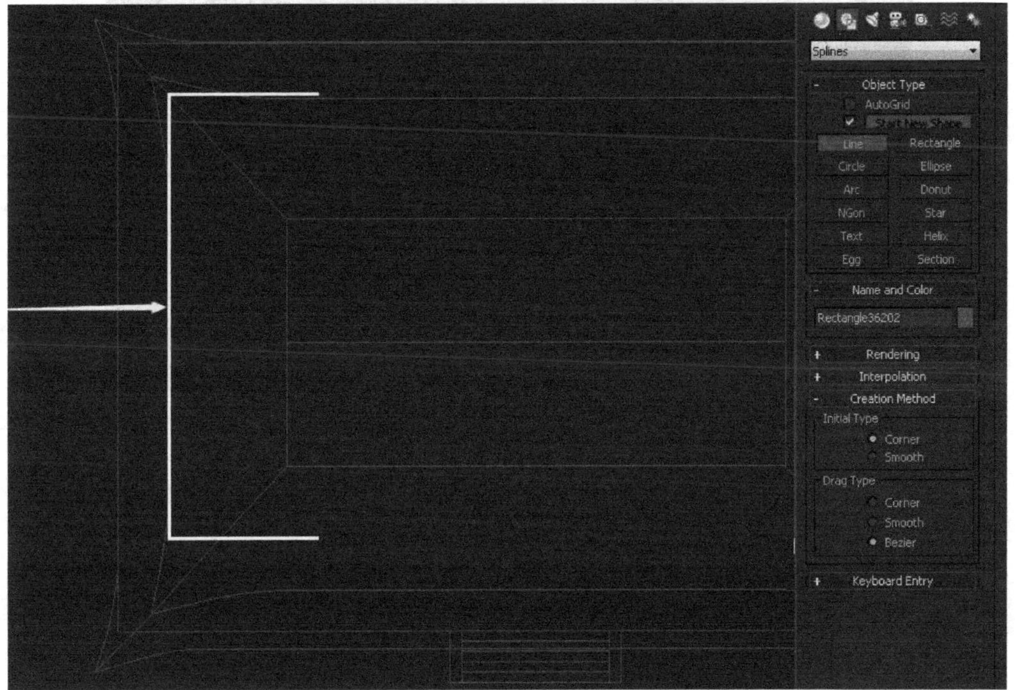

▲图 4-104　在【Top】（顶）视图中创建线

（2）切换到【Left】（左）视图，同上述步骤一样，在创建面板中单击【Line】（线）创建墙体的截面图形，命名为“墙体截面”，最终图形如图4-105所示。

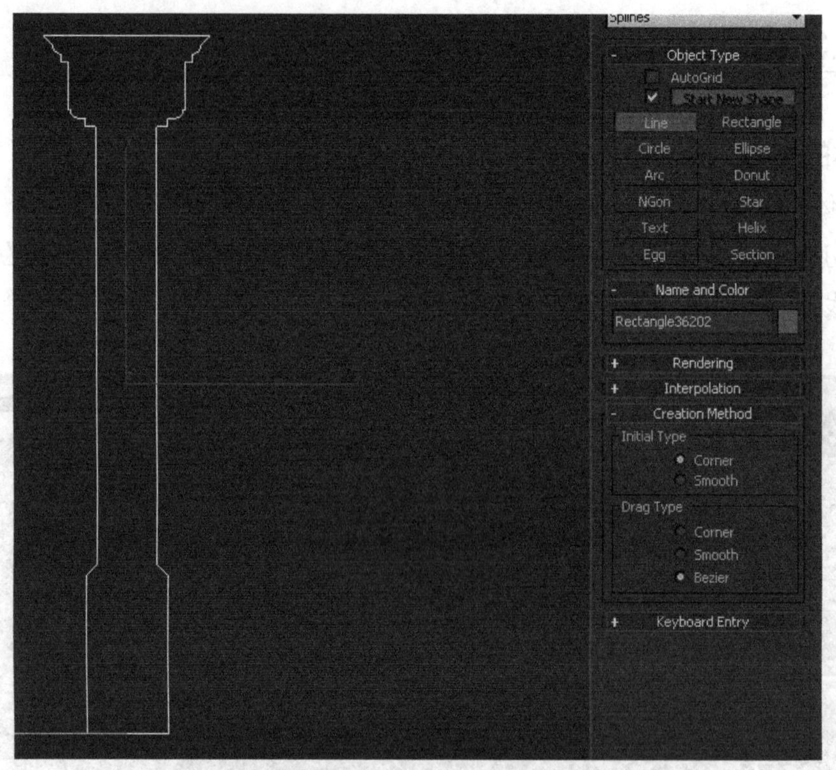

▲图 4-105 创建“墙体截面”

（3）切换到【Top】（顶）视图，选择“墙体截面”，沿Y轴方向将其对齐到墙体线上，如图4-106所示。

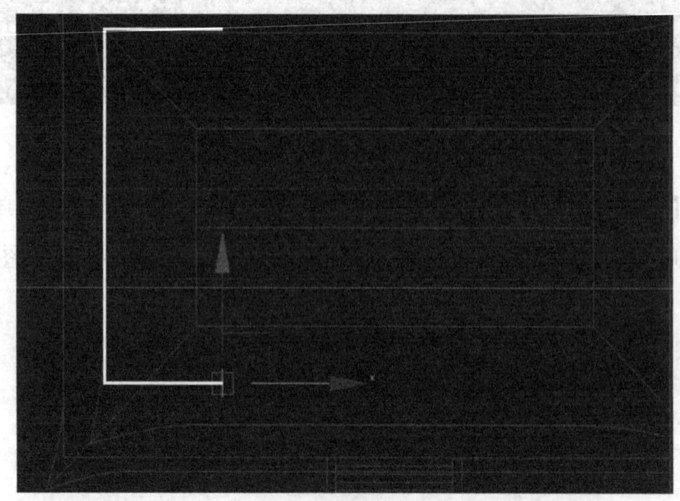

▲图 4-106 移动“墙体截面”对齐墙体线

（4）切换到创建面板，选择“墙体截面”，然后在几何体面板中的子层级菜单

【Compound Objects】（复合物体）中单击【Loft】（放样），在子菜单栏【Creation method】（创建方法）中选择【GetPath】（拾取路径），然后单击画面当中的墙体线，最终效果如图4-107所示。

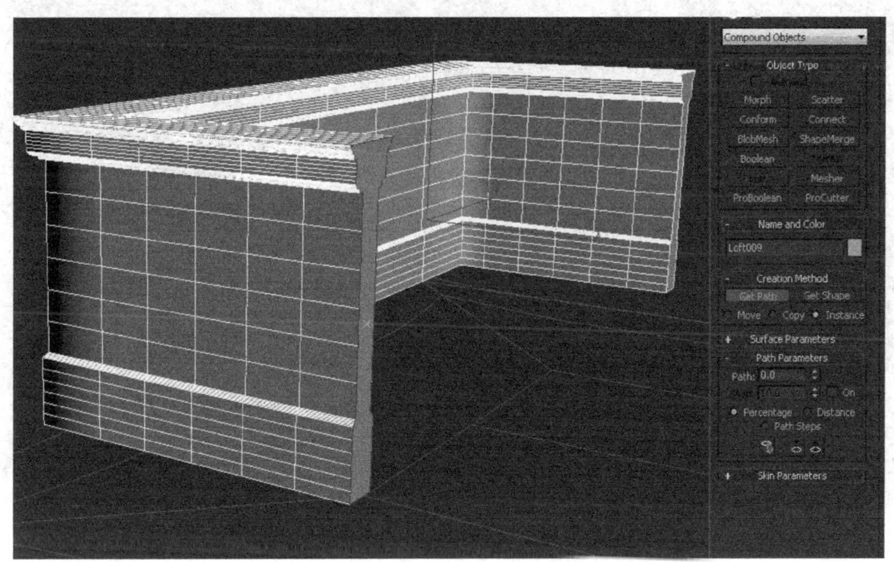

▲图 4-107　放样的最终结果

（5）在选择墙体的情况下，切换到修改器面板，将【Loft】（放样）修改器子菜单中的【Skin Parameters】（蒙皮参数）设置为【ShapeSteps】（图形步数）为0，【PathSteps】（路径步速）为0，最终效果如图4-108所示。

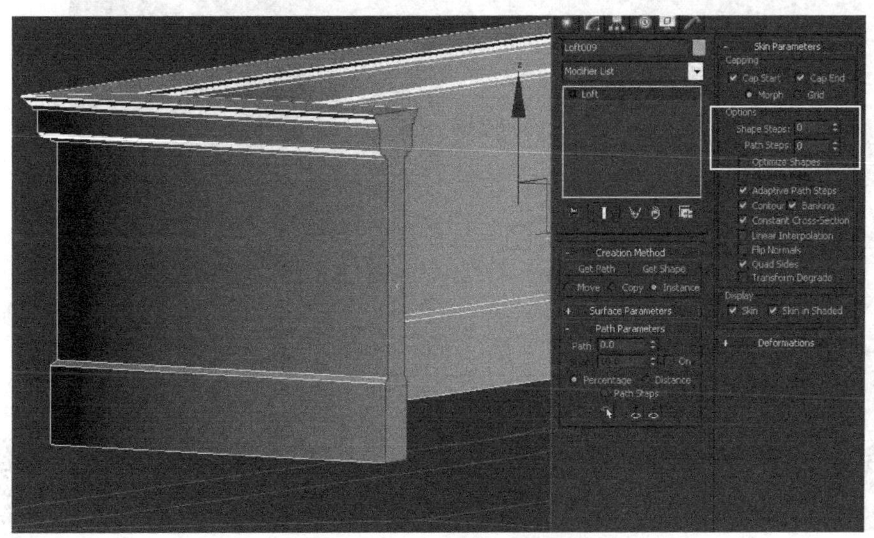

▲图 4-108　参数设置的效果

（6）将墙体右键【Convert to】（转换为）【Edit poly】（编辑多边形），选择【polygon】（多边形）子层级，选择墙体外立面上的3个面，如图4-109所示。

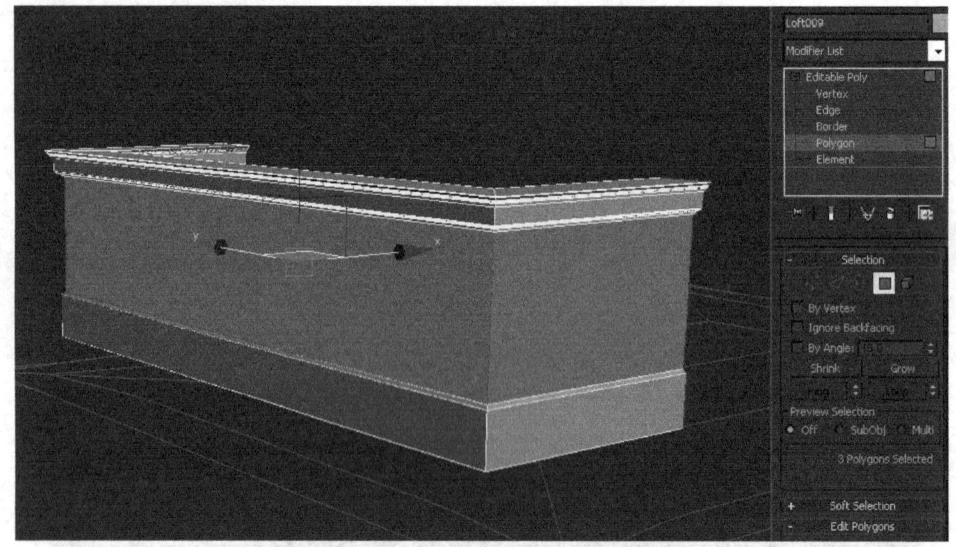

▲图 4-109　选择墙体外立面上的面

（7）选择【Edit poly】（编辑多边形）子菜单【Edit polygons】（编辑多边形）中的【Inset】（插入），设置其内型为【Bypolygon】（单个多边形），【Amount】（数量）为150mm，如图4-110所示。

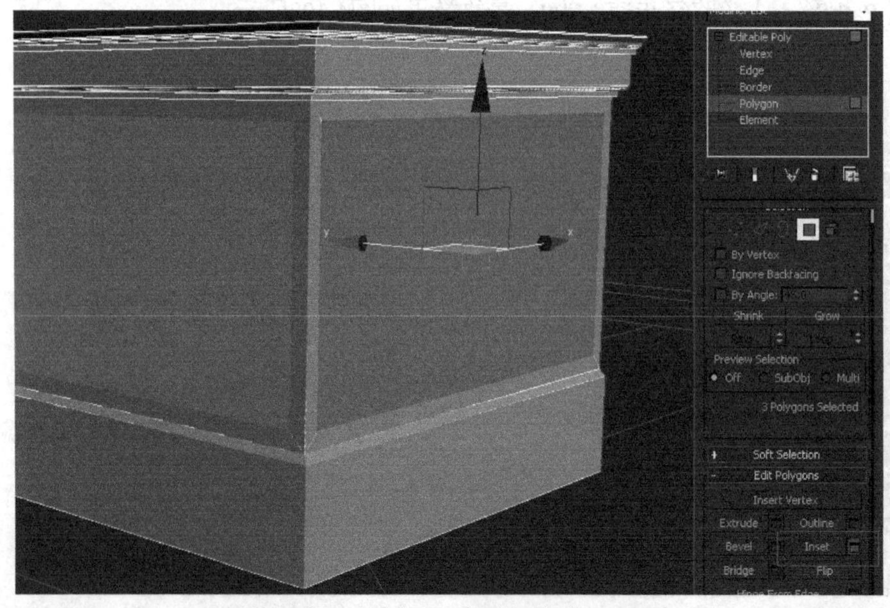

视频23

▲图 4-110　【Inset】（插入）150mm

（8）在选择面的情况下，单击子菜单【Edit polygons】（编辑多边形）中的【Extrude】（挤出），将【Height】（高度）设置为-80mm，如图4-111所示。

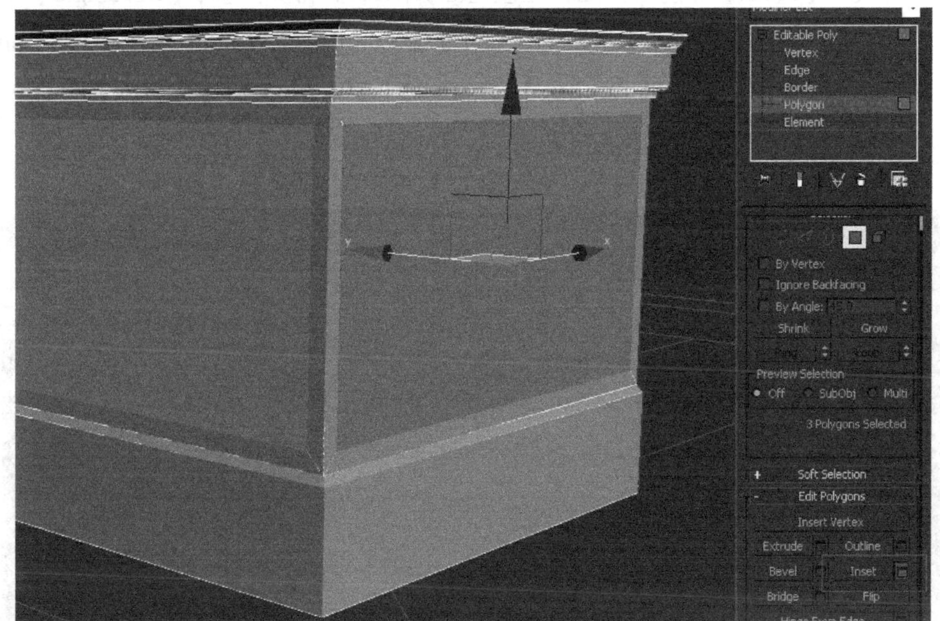

▲图 4-111 【Extrude】（挤出）80mm

（9）将其墙体镜像复制到对面，最终的效果如图4-112所示。

▲图 4-112 墙体的最终效果

2.门窗的制作

参考古建筑中窗户的样式，在创建窗户的时候尽量节省面数。

（1）切换到【Front】（前）视图，在创建面板的二维图形中选择【Rectangle】（矩形），将参数【Length】设置为（长）3 395.0mm、【Width】（宽）595.0mm，再创建第2个矩形，【Length】（长）为1 805.0mm、【Width】（宽）为485.0mm，最终效果如图4-113所示。

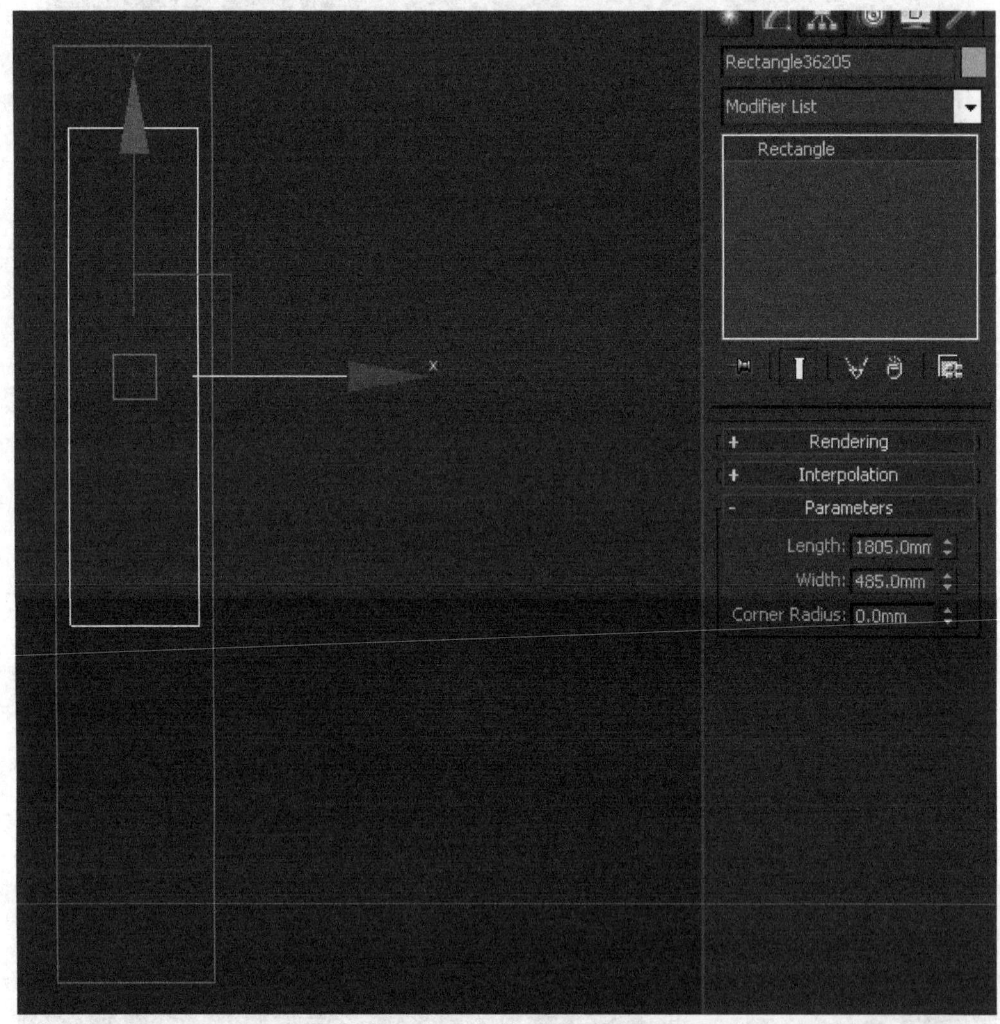

▲图 4-113　矩形的创建

（2）选择任意一个矩形右键【Convert to】（转换为）→【Editable Spline】（编辑样条线），在子菜单【Geometry】（几何体）中单击【Attach】（附加），然后附加另一个矩形变成一个物体，将其命名为“门窗”，如图4-114所示。

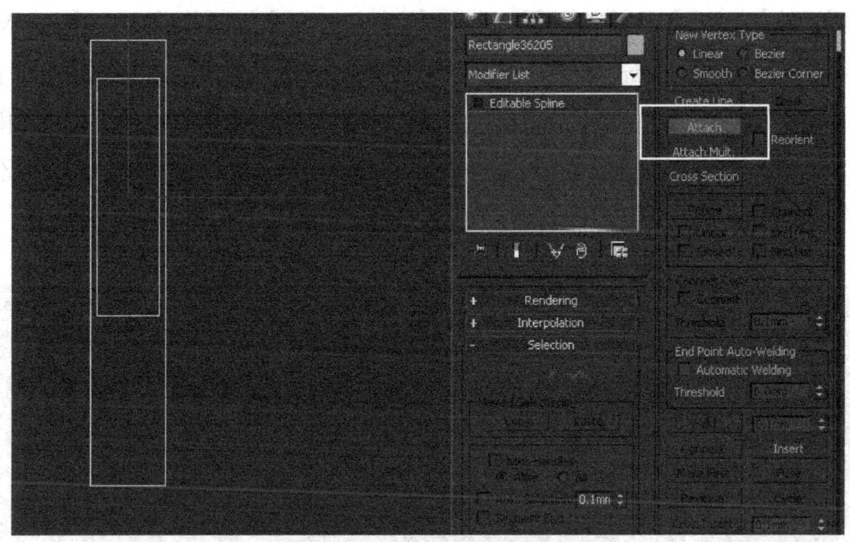

▲图 4-114 附加另一个图形

（3）在修改器面板中添加【Extrude】（挤出）修改器，设置【Amount】（数量）为100mm，如图4-115所示。

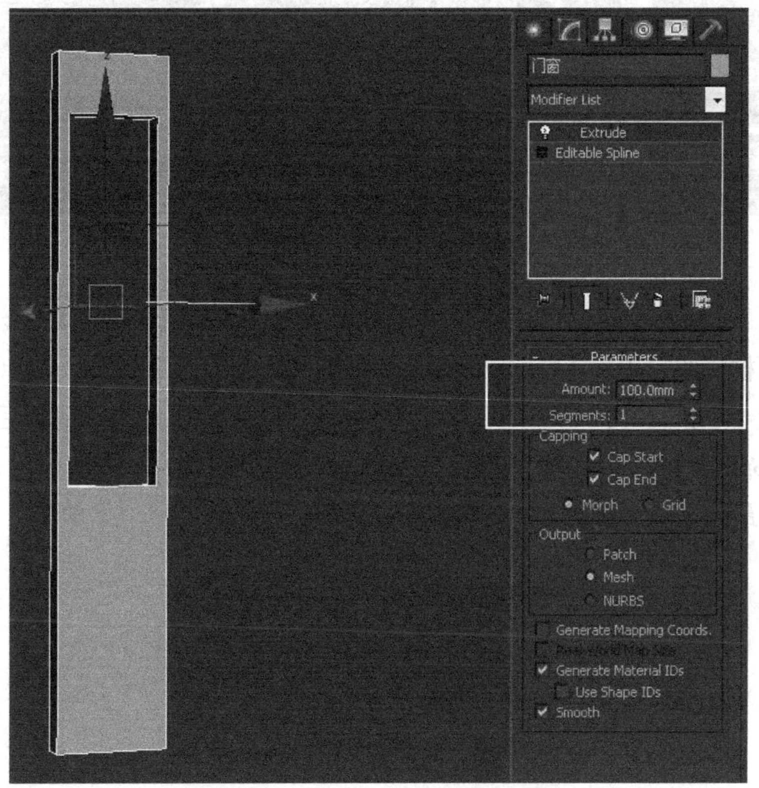

▲图 4-115 挤出厚度为100mm

（4）切换到【Front】（前）视图，右键【Convert to】（转换为）→【EditMesh】（编辑网格），单击子菜单【Edit Geometry】（编辑几何体）中的【Slice plane】（切平面），画面中出现黄颜色线框，将其旋转90°，然后沿Y轴移动辅助黄线，移动到合适的位置，单击子菜单【Edit Geometry】（编辑几何体）中的【Slice】（切片），最终效果如图4-116所示。

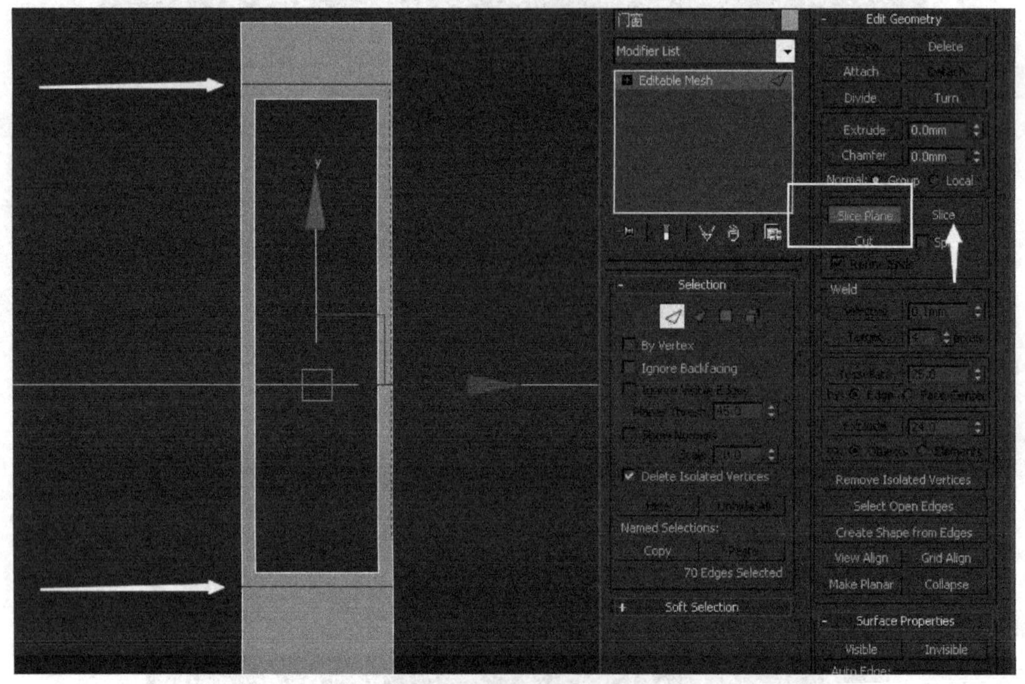

▲图 4-116　切片加线

（5）右键【Convert to】（转换为）→【Edit poly】（编辑多边形），选择下部分的两根横线，单击【Edit Edges】（编辑线段）中的【Connect】（连接），设置【Segment】（线段）为2，【Pinch】（距离）为78，确定后再次单击【Connect】（连接），设置【Segment】（线段）为2，【Pinch】（距离）为89，最终效果如图4-117所示。

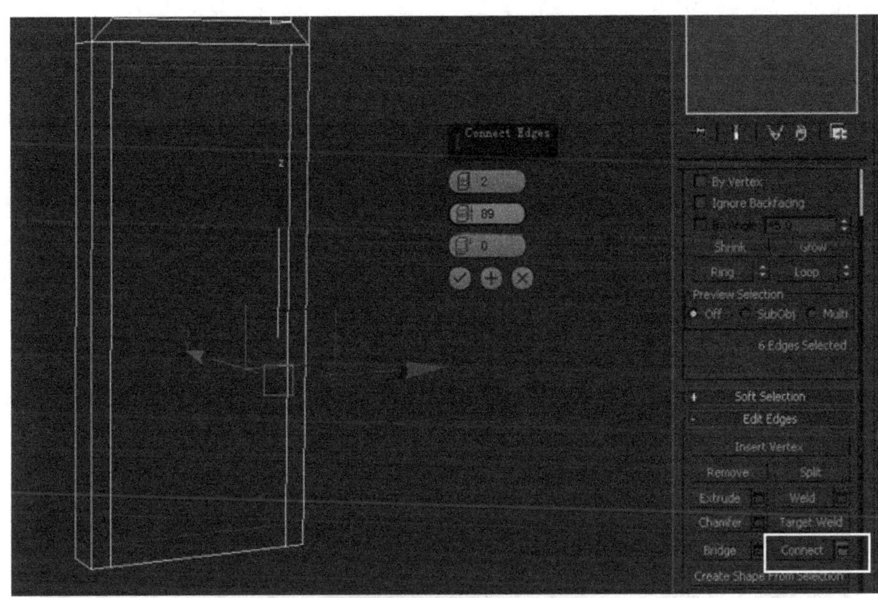

▲图 4-117 连接线段

（6）选择两边的竖线，单击【Edit Edges】（编辑线段）中的【Connect】（连接），设置【Segment】（线段）为3，再将连接的线沿Z轴移动位置，最终效果如图4-118所示。

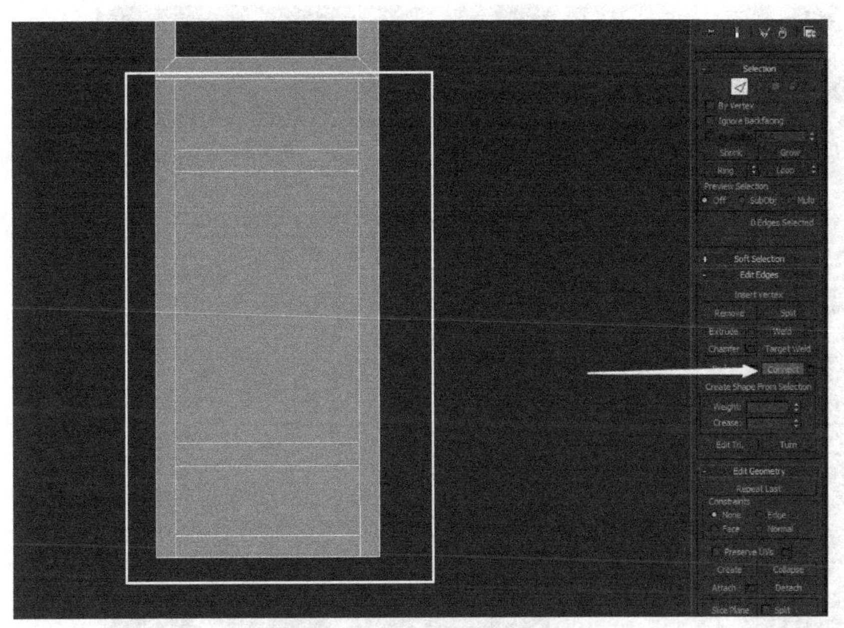

▲图 4-118 再次连接线段

视频24

（7）切换选择【polygon】（多边形）子层级，然后再选择3个中间的面，如图4-119所示。

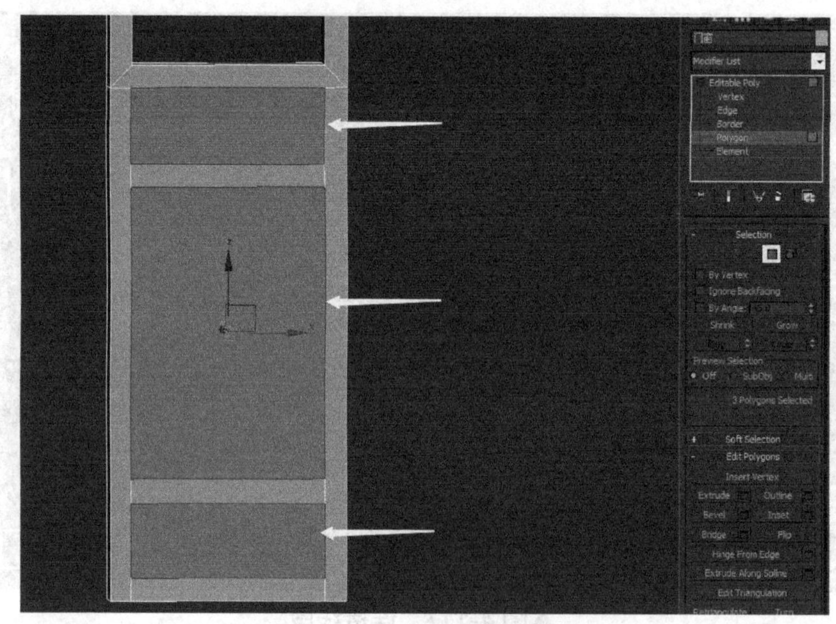

▲图 4-119　选择中间的面

（8）单击子菜单【Edit Polygons】（编辑多边形）中的【Extrude】（挤出），设置【Height】（高度）为-25mm，如图4-120所示。

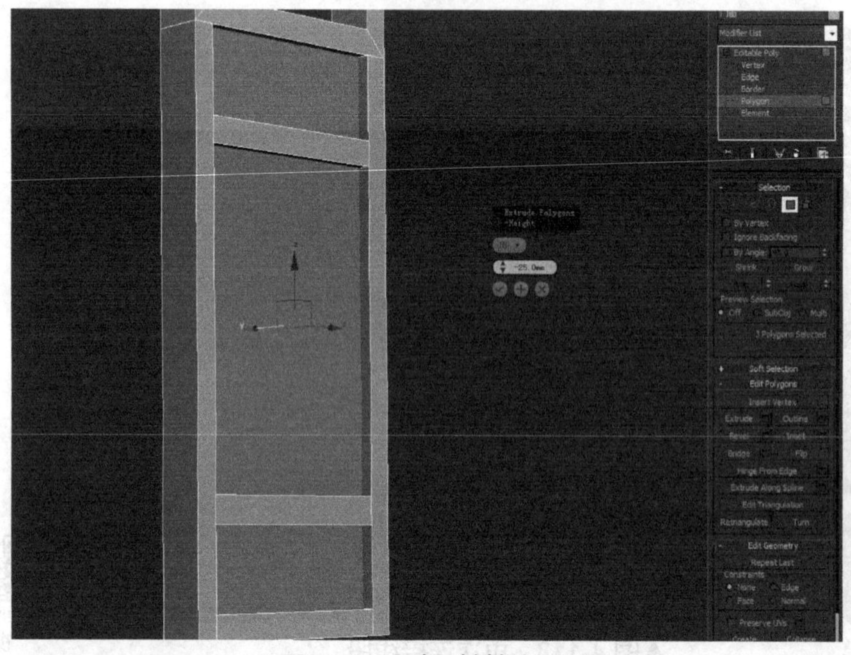

▲图 4-120　向Y轴挤出-25mm

（9）单击子菜单【Edit Polygons】（编辑多边形）中的【Inset】（插入），设置【Amount】（数量）为30mm，如图4-121所示。

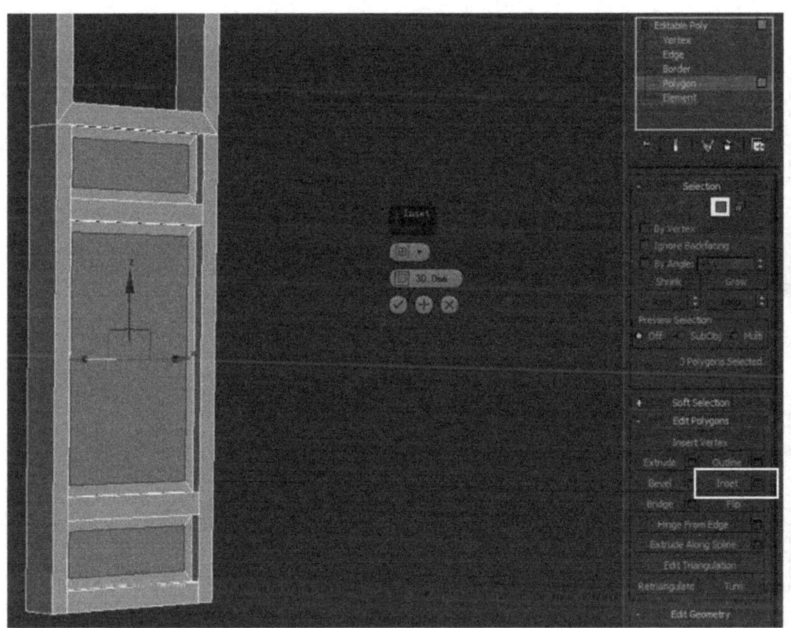

▲图 4-121 【Inset】（插入）30mm

（10）单击子菜单【Edit Polygons】（编辑多边形）中的【Extrude】（挤出），设置【Height】（高度）为-20mm，如图4-122所示。

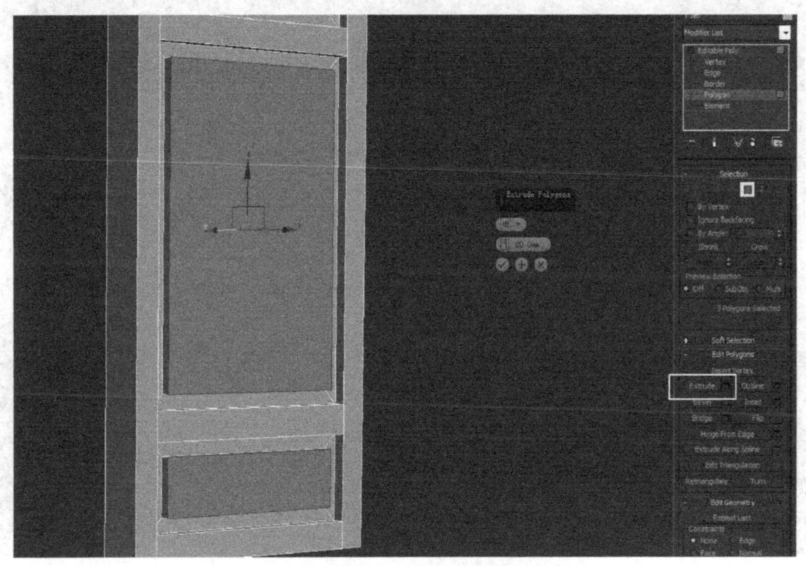

▲图 4-122 向Y轴挤出

（11）单击子菜单【Edit Polygons】（编辑多边形）中的【Bevel】（倒角），设置【Height】（高度）为3mm，【Outline】（扩边）为-3.5mm，如图4-123所示。

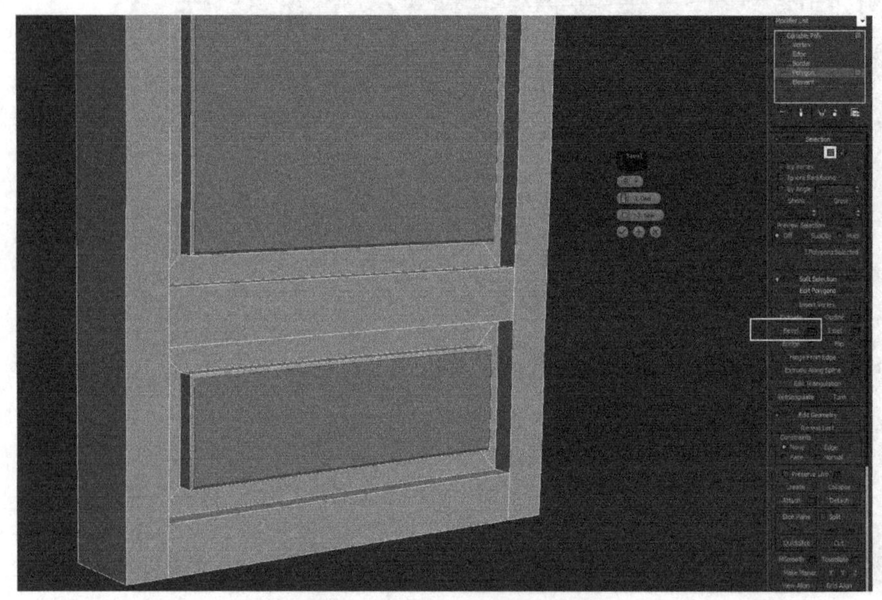

视频25

▲图 4-123　对面进行倒角

（12）门上部分与上述制作方法一样，最终效果如图4-124所示。

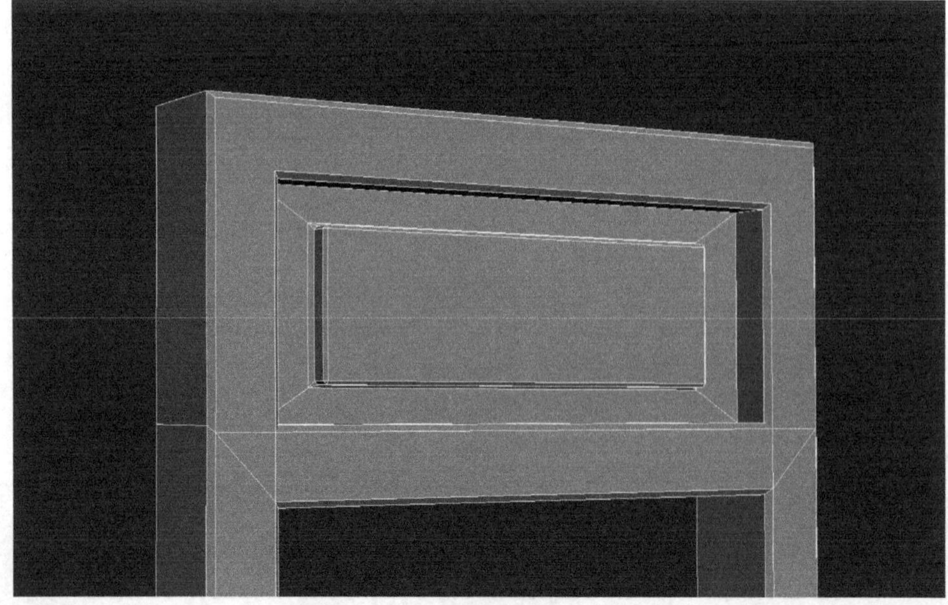

▲图 4-124　门上部分的最终效果

（13）切换到【Front】（前）视图，在创建面板中选择二维图形中的【Line】（线），勾画出窗花的图形，参照窗花CAD，命名为“窗花01”，如图4-125所示。

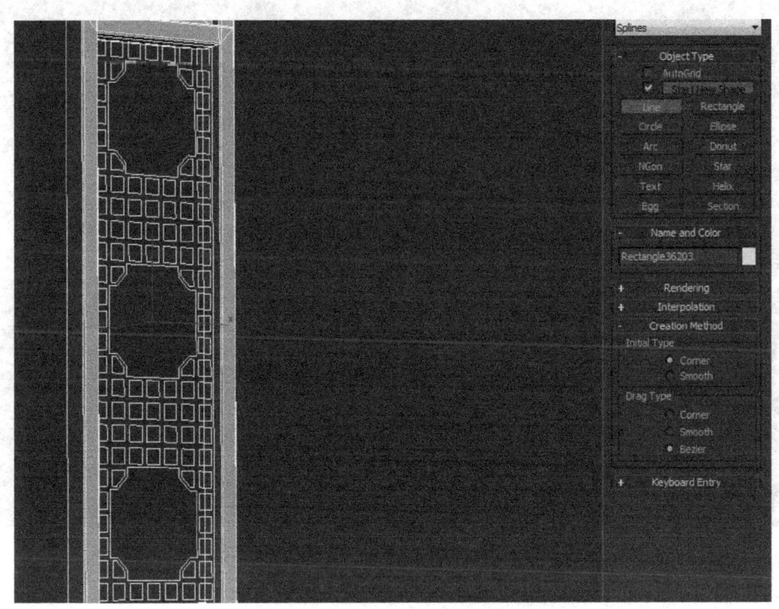

▲图 4-125　勾画出窗花

（14）切换到修改器面板，添加【Extrude】（挤出）修改器，设置【Amount】（数量）为10mm，如图4-126所示。

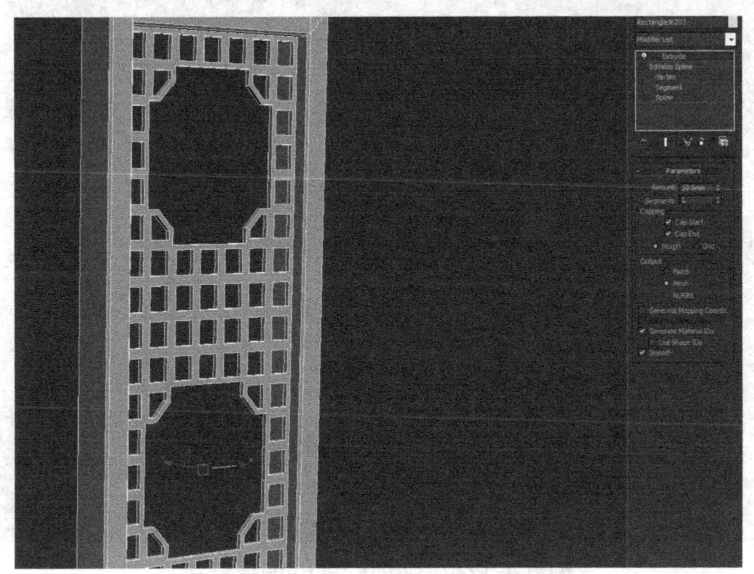

▲图 4-126　窗花挤出10mm

（15）切换到【Front】（前）视图，选择门窗和“窗花01”，参考墙体，向X轴移动复制，然后向X轴负方向移动复制，最终效果如图4-127所示。

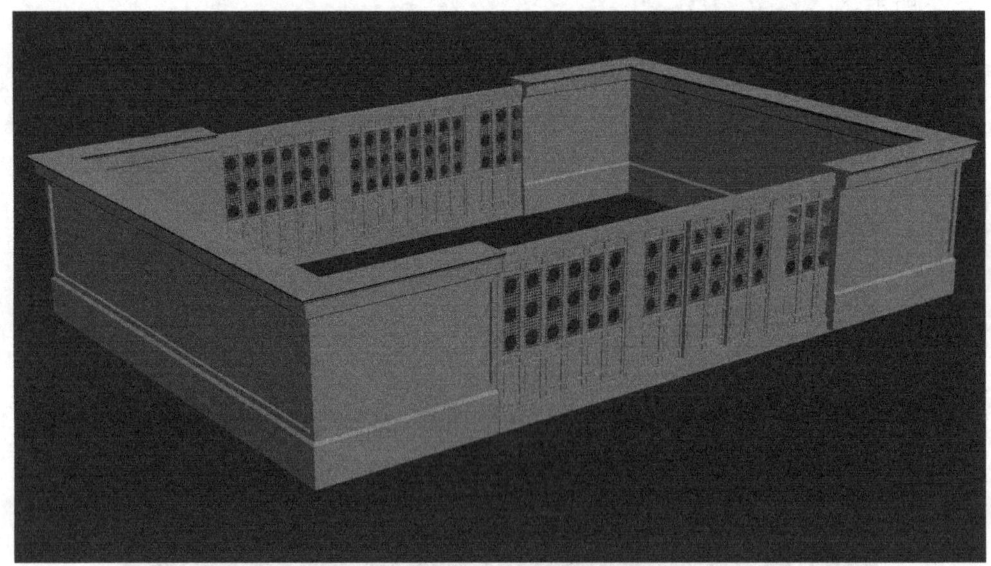

▲图 4-127　墙体和门窗的最终效果

（16）其他的窗户等可以使用同样的方法制作，如图4-128所示。

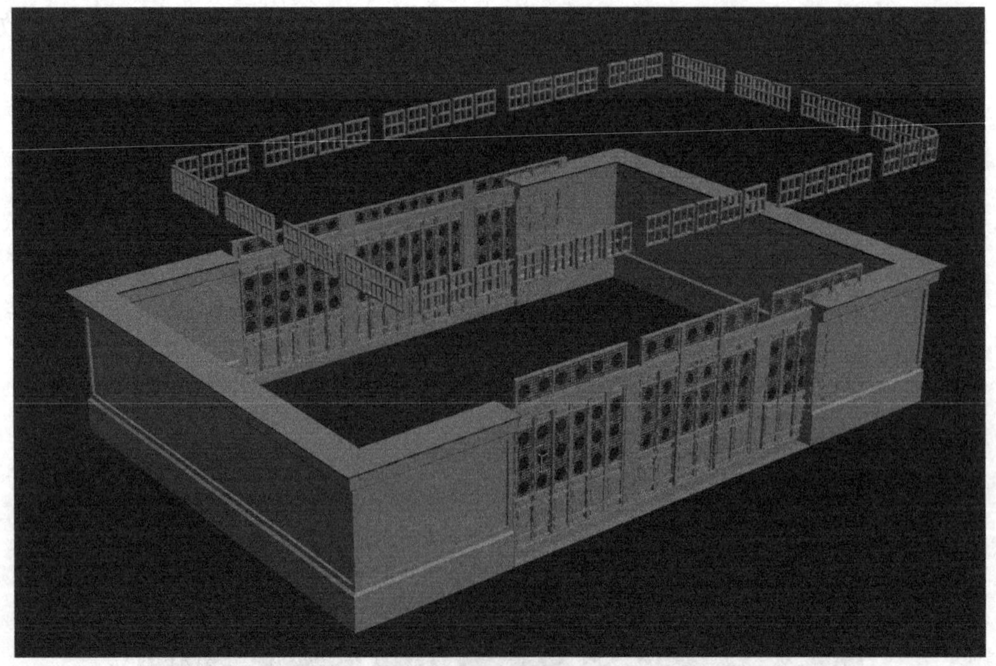

▲图 4-128　整体门窗的最终效果

4.4 制作完成

最终制作完成的模型效果如图4-129所示。

▲图 4-129 古建筑模型的最终效果

本章小结

通过本章的学习，能够了解古建筑中的各个结构，掌握古建筑的制作方法；屋顶中瓦、斗拱等的制作方法为本章的重点，在现实生活中，类似于大明宫、颐和园、故宫等古建筑，都可以用同样的制作方法和思路。

高层住宅楼的制作

本章主要讲解房地产住宅类的高层建筑，它在建筑模型中也是比较常见的。在制作模型之前，我们需要看懂设计图纸，充分了解设计师的设计理念，然后再加上建模技法，这样才能制作出非常出色的建筑模型。

5.1 相关定义

对民用建筑高度与层数的设计规定：4～6层为多层住宅；7～10层为小高层住宅（也称中高层住宅）；10层以上则为高层住宅，有高层塔楼、高层板楼。

5.2 案例分析

本章讲解高层住宅楼的制作，我们需要根据客户提供的设计图纸CAD来制作模型。在制作的过程中，我们需要读懂建筑设计师的设计图纸，然后在其中找到一些规律，如左右对称、上下楼层相同等，根据这些规律，可以大大提高制作速度和时间，从而提高工作效率。

如图5-1所示为附材质颜色的最终渲染效果图。

如图5-2所示为白色材质颜色的最终效果图。

▲图 5-1　附材质颜色渲染

▲图 5-2　白色材质颜色渲染

5.3 建筑中墙体、窗框及玻璃等细节的制作

在制作之前，会对建筑CAD图纸进行熟悉。我们发现建筑设计师的色彩搭配以褐色和黄色为主，而建筑墙体和窗框玻璃等都是几何图形，采用了直线型结构，在建筑布局上采用了左右对称、上下一致的设计风格。我们以后在做任何建筑模型之前，都需要对建筑设计师的设计风格和设计图纸有一个透彻的了解，然后再确定制作思路和方法及其流程。

本案例CAD图纸中包括平面图、南里面、北立面和东西立面，图纸基本都是比较精确的。确定了建筑的墙体及其窗框等细节后，在制作过程中以CAD的立面图为准，按照CAD平面的前后关系摆放。

1.建筑一层底商的制作

制作方法：一层底商属于左右对称，可以先制作一边，然后对称过去，再添加窗框玻璃及其细节，采用二维线绘制和修改。

（1）打开文件，切换到【Top】（顶）视图。

（2）进入创建面板，单击图形图标，进入二维图形面板，选择【Splines】（样条线）里的【Line】（线），单击主工具栏上的2.5围捕捉命令，如图5-3所示。

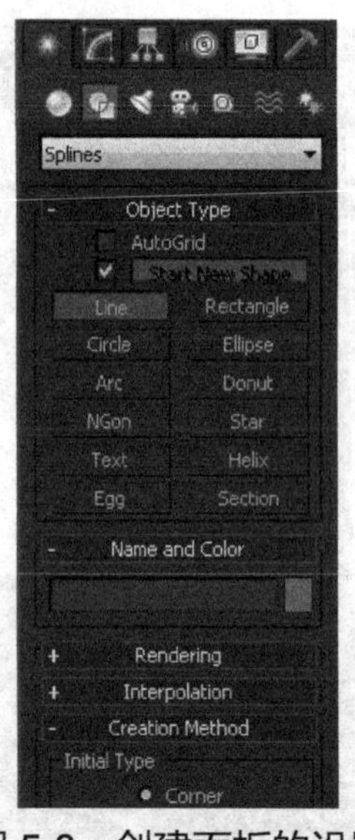

▲图 5-3　创建面板的设置

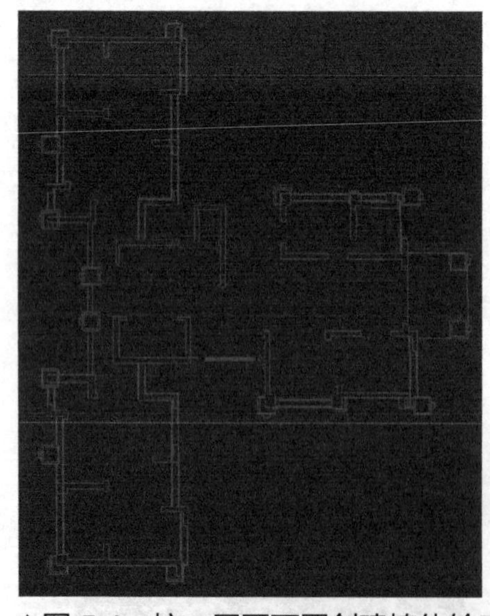

▲图 5-4　按一层平面图创建墙体轮廓

（3）在【Top】（顶）视图中按照一层平面图创建【Line】（线），如图5-4所示。

（4）取消创建面板中图形图标下【Start New Shape】（创建新图层）复选框的勾选

状态，在【Top】（顶）视图中按照墙体的外轮廓创建【Line】（线），这样可以创建墙体，如图5-5和图5-6所示。

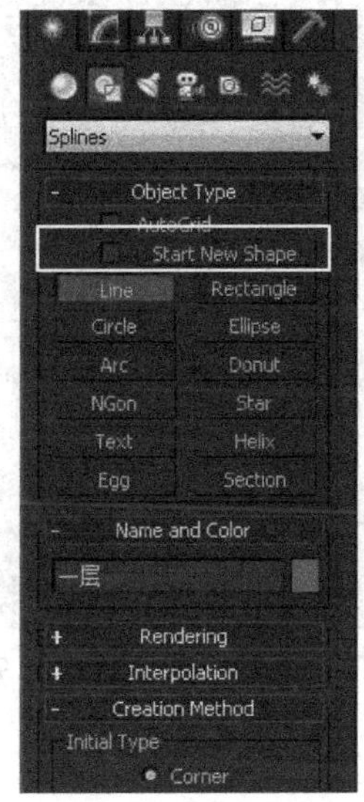

▲图 5-5　取消【Start New Shape】（创建新图层）的勾选状态并选择Line【线】

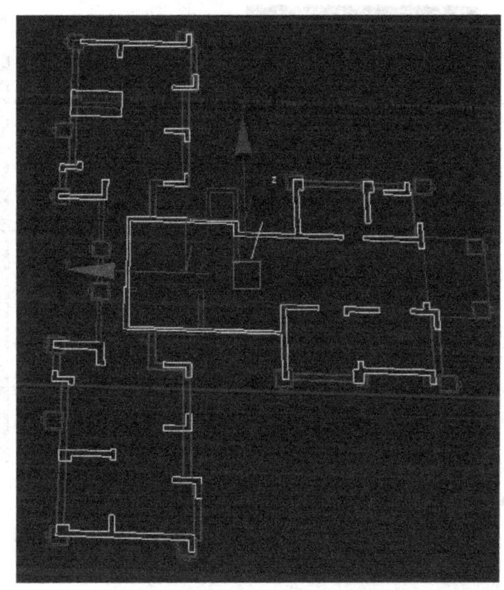

▲图 5-6　创建墙体轮廓线

视频26

（5）进入修改面板，选择刚才创建的墙体，添加【Extrude】（挤出）修改器命令，设置【Amount】（数量）为7 300mm，如图5-7所示。最终挤出效果如图5-8所示。

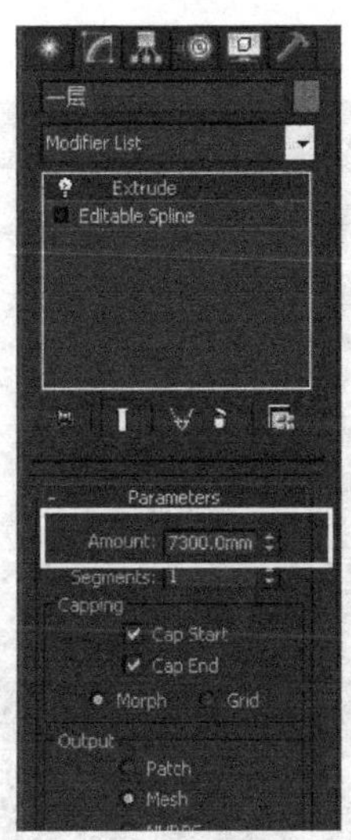

▲图 5-7　【Extrude】（挤出）

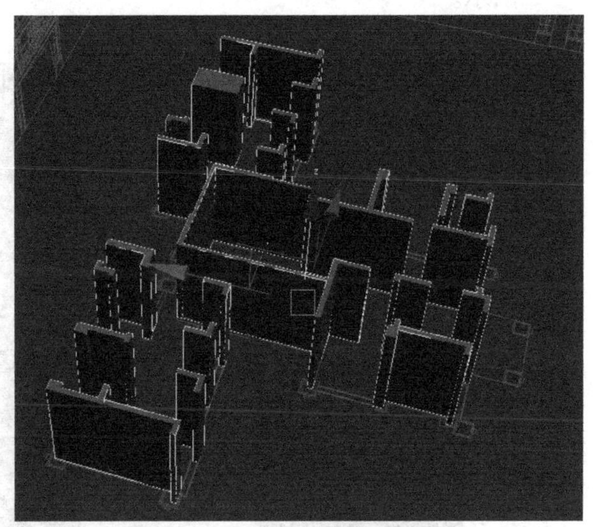

▲图 5-8　【Amount】（数量）为7 300mm时的最终效果

（6）切换到【Top】（顶）视图，进入创建面板，单击图形图标，进入二维图形面板，选择【Splines】（样条线）里的【Rectangle】（矩形），如图5-9所示。

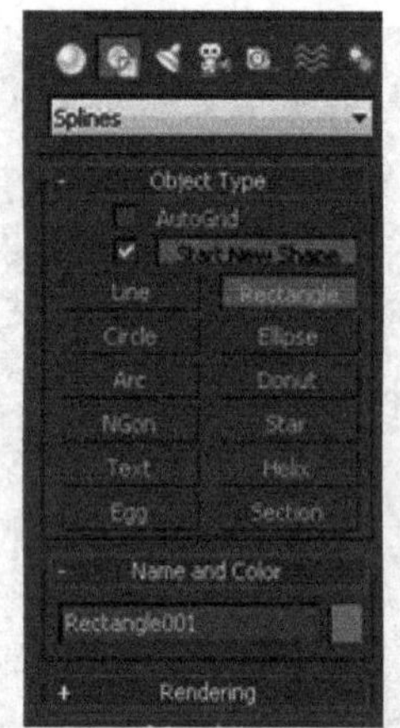

▲图 5-9　创建面板的设置

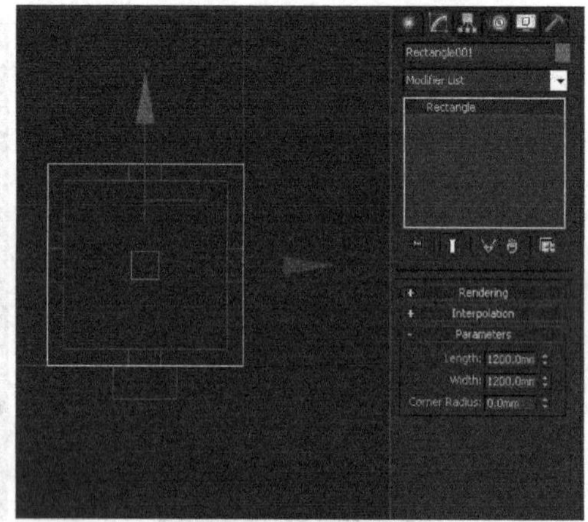

▲图 5-10　【Rectangle】（矩形）的长和宽为1 200mm

（7）在【Top】（顶）视图中按照一层平面图中的柱子创建【Rectangle】（矩形），子菜单中【Parameters】（参数）的【Length】（长）和【Width】（宽）为1 200mm，如图5-10所示。

（8）进入修改面板，添加【Extrude】（挤出）修改器命令，【Amount】（数量）为1 165mm，将其命名为“柱子001”，如图5-11所示。最终挤出效果如图5-12所示。

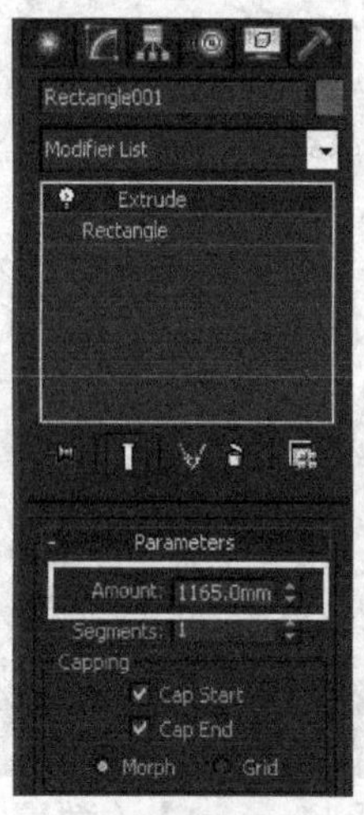

▲图 5-11　添加【Extrude】（挤出）

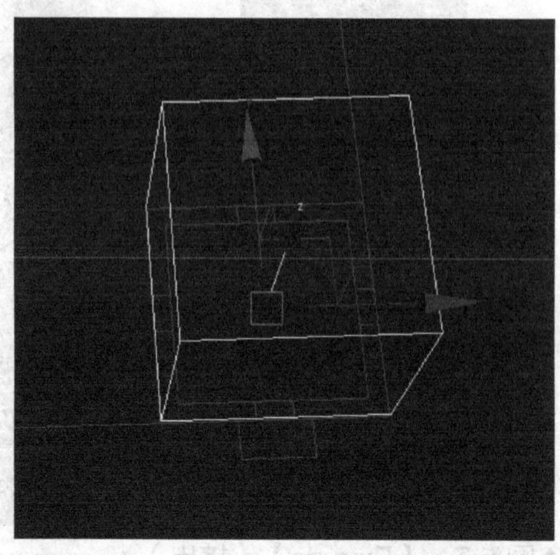

▲图 5-12　【Extrude】（挤出）最终效果

（9）切换到【Top】（顶）视图，在“柱子001”上面创建【Rectangle】（矩形），子菜单中【Parameters】（参数）的【Length】（长）和【Width】（宽）为1 000mm，如图5-13所示。

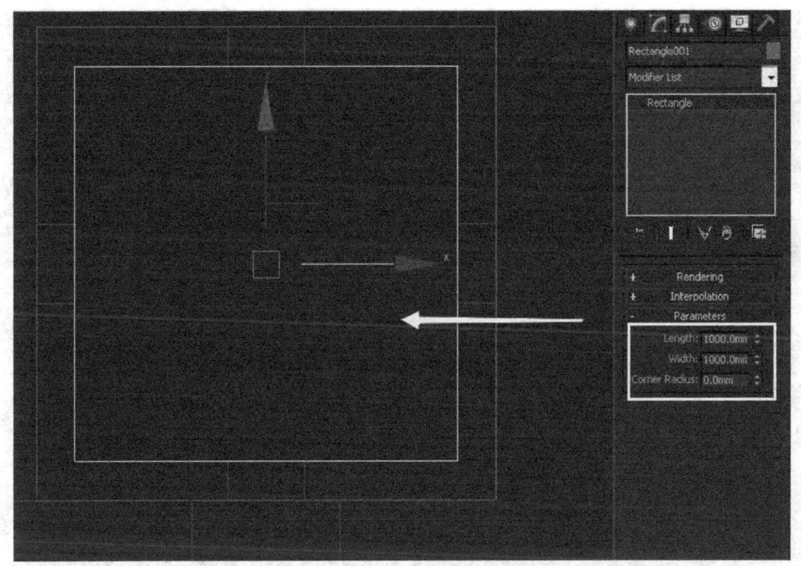

▲图 5-13 【Rectangle】（矩形）的长和宽为1 000mm

（10）进入修改面板，添加【Extrude】（挤出）修改器命令，【Amount】（数量）为100mm，将其命名为“柱子002”，如图5-14所示。

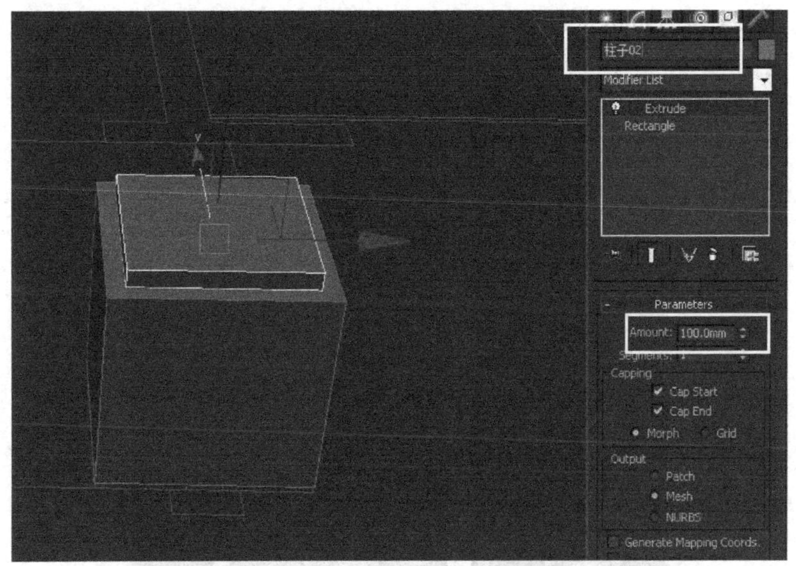

▲图 5-14 【Extrude】（挤出）数量为100mm

（11）切换到【Perspective】（透视图），选择“柱子001”，按住Shift键，沿Z轴复制出“柱子003”，对齐到“柱子002”上面，将【Extrude】（挤出）的【Amount】（数量）修改为150mm，如图5-15所示。

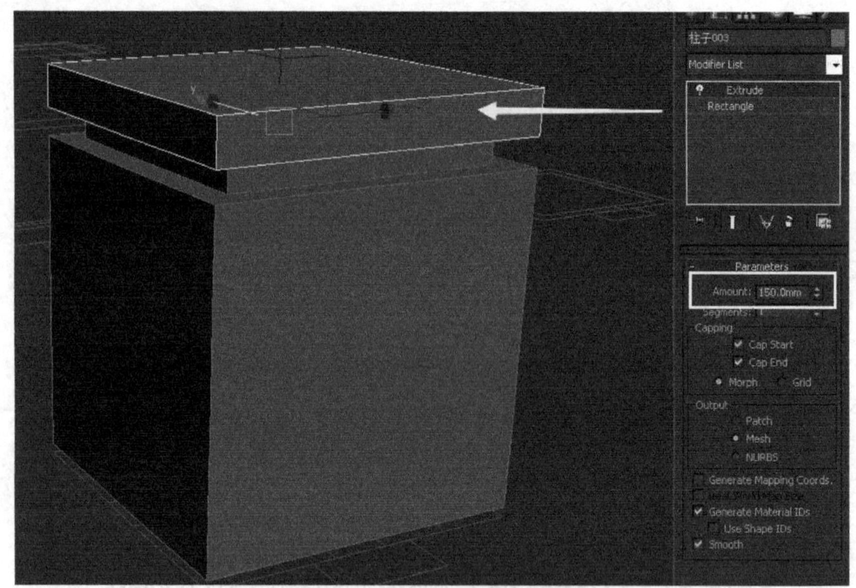

▲图 5-15　复制出“柱子003”，修改【Amount】（数量）为150mm

（12）选择“柱子002”，同上述步骤一样，按住Shift键，沿Z轴复制出“柱子004”，对齐到“柱子002”上面，将【Extrude】（挤出）的【Amount】（数量）修改为150mm，如图5-16所示。

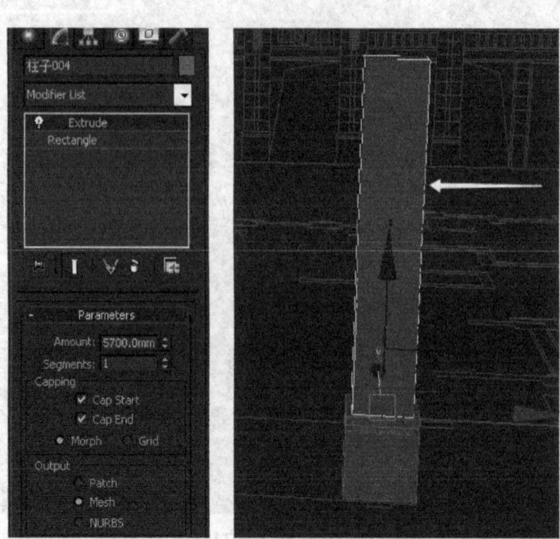

▲图 5-16　复制出“柱子004”，修改【Amount】（数量）为5 700mm

（13）切换到【Top】（顶）视图，进入创建面板，单击图形图标，进入二维图形面板，选择【Splines】（样条线）里的【Line】（线），参考柱子的平面图，创建出图形，如图5-17所示。

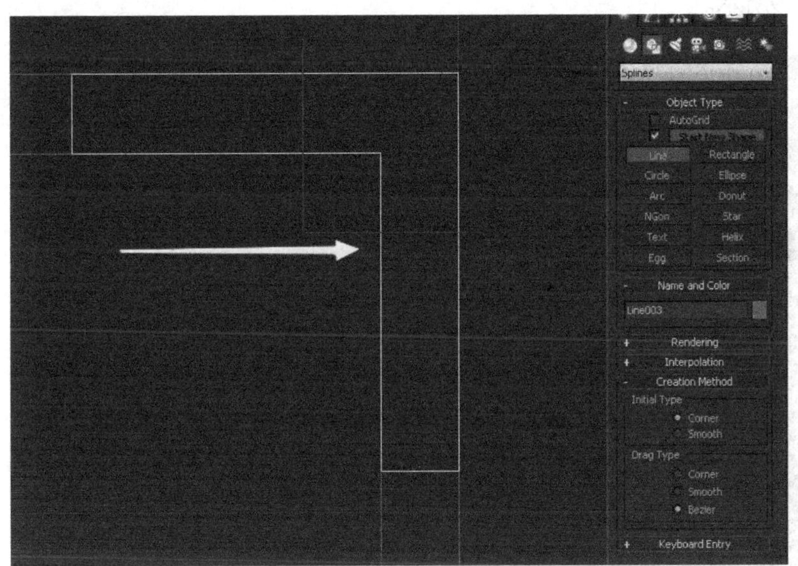

▲图 5-17　利用【Line】（线）创建的图形

（14）进入修改面板，添加【Extrude】（挤出）修改器命令，【Amount】（数量）为5 500mm，将其命名为"柱子005"，然后对齐"柱子003"上面，如图5-18所示。

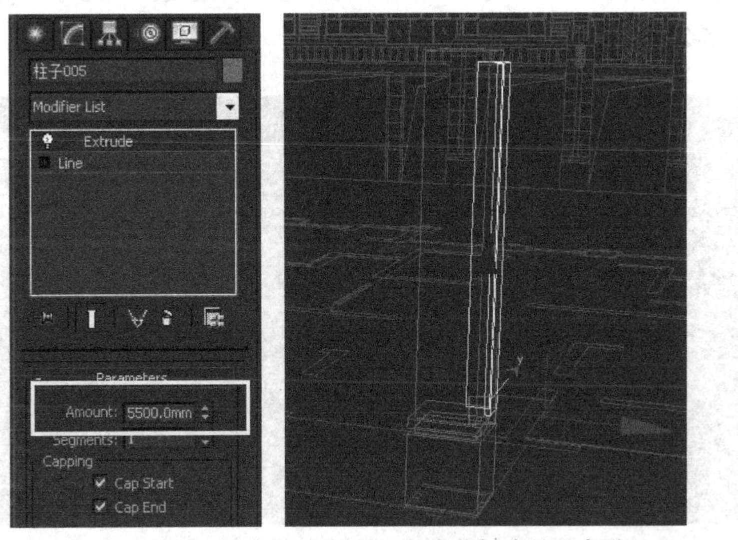

▲图 5-18　【Extrude】（挤出）【Amount】（数量）为5 500mm

（15）切换到【Top】（顶）视图，选择“柱子005”，单击工具栏镜像复制为“柱子006”，参数面板中【Mirror Axis】（镜像轴心）为X，【Offset】（偏移）为-800mm，【Clone Selection】（克隆选择）为【Copy】（复制），如图5-19所示。

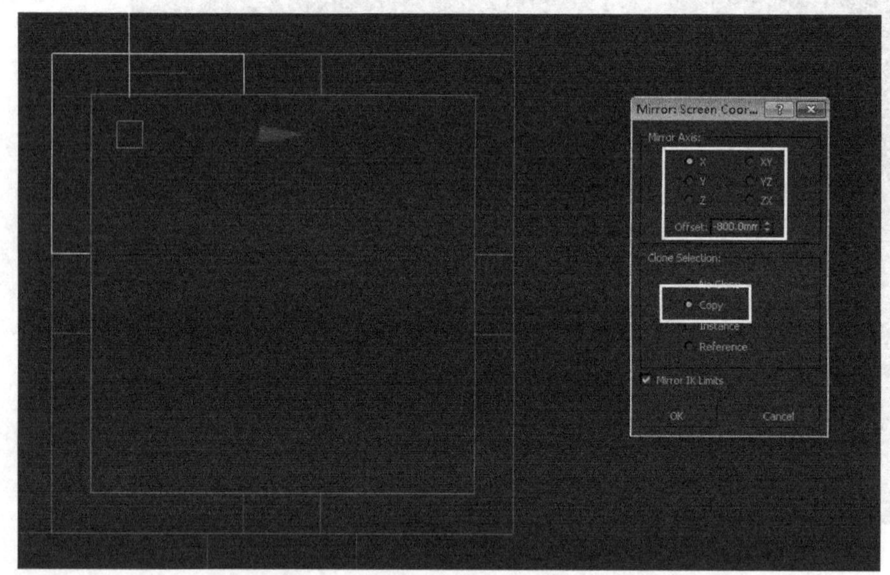

视频27

▲图 5-19　镜像复制“柱子006”

（16）在【Perspective】（透视图）中，同时选择“柱子005”和“柱子006”，单击工具栏镜像复制，参数面板中【Mirror Axis】（镜像轴心）为Y，【Offset】（偏移）为-700mm，【Clone Selection】（克隆选择）为【Copy】（复制），如图5-20所示。

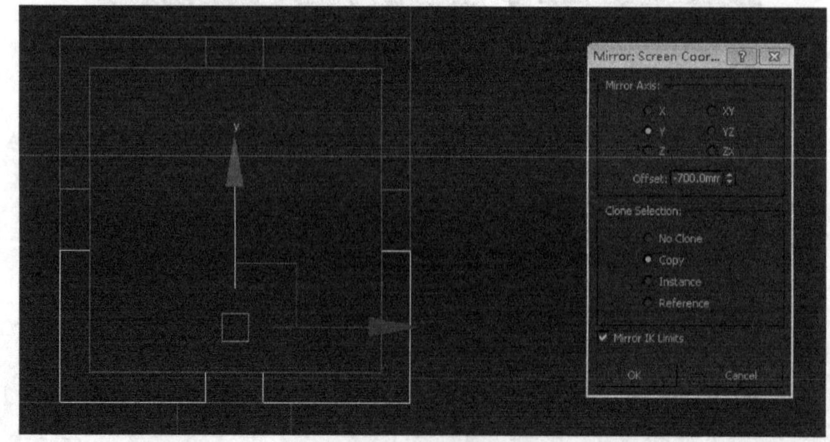

▲图 5-20　镜像复制“柱子005”和“柱子006”

（17）选择所有柱子物体，参考一层平面图，复制到相应的位置，最终效果如图5-21所示。

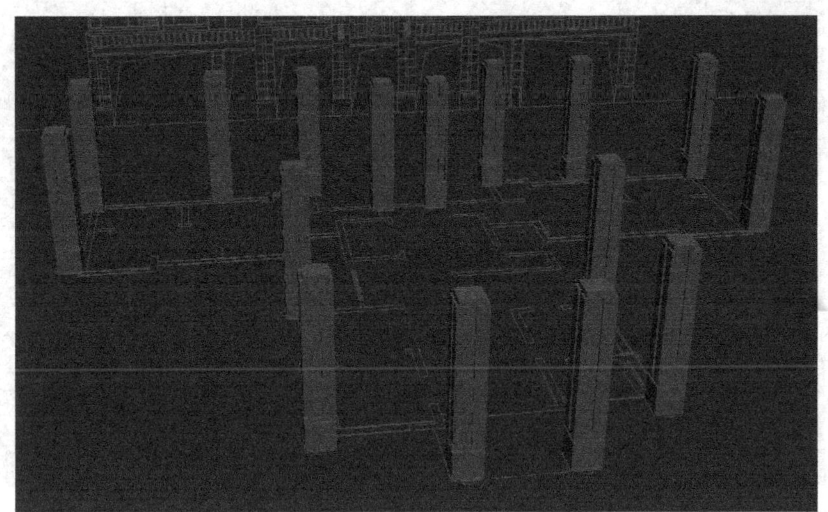

▲图 5-21　复制所有柱子后的最终效果

（18）切换到【Front】（前）视图，进入创建面板，单击图形图标，进入二维图形面板，选择【Splines】（样条线）里的【Rectangle】（矩形），如图5-22所示。

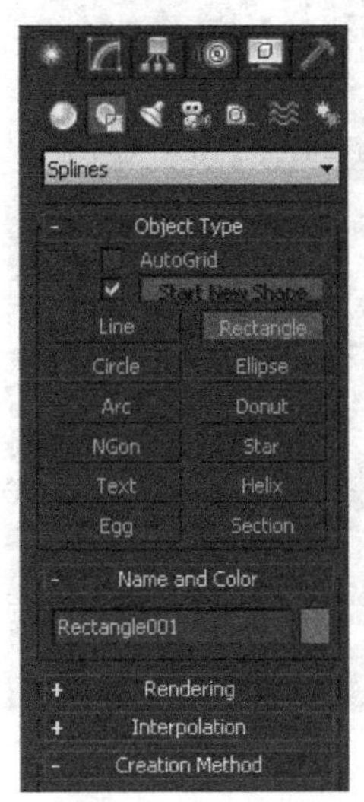

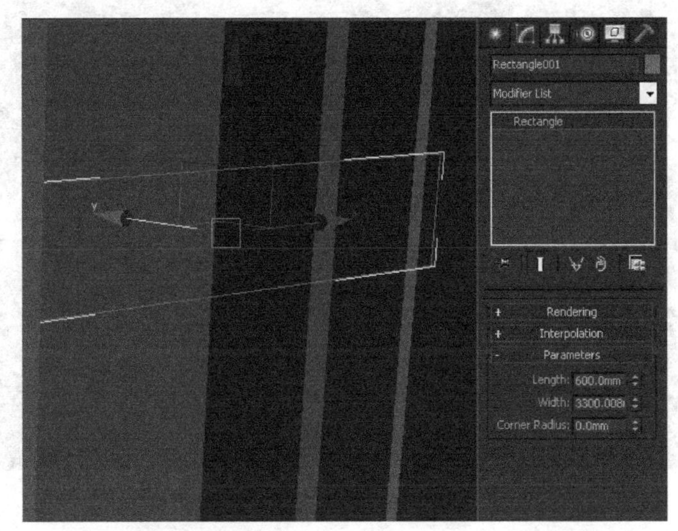

▲图 5-22　创建矩形及其最终显示效果

（19）进入修改面板，添加【Extrude】（挤出）修改器命令，【Amount】（数量）为−450mm，然后将其移动到墙柱的中心位置，最终效果如图5-23所示。

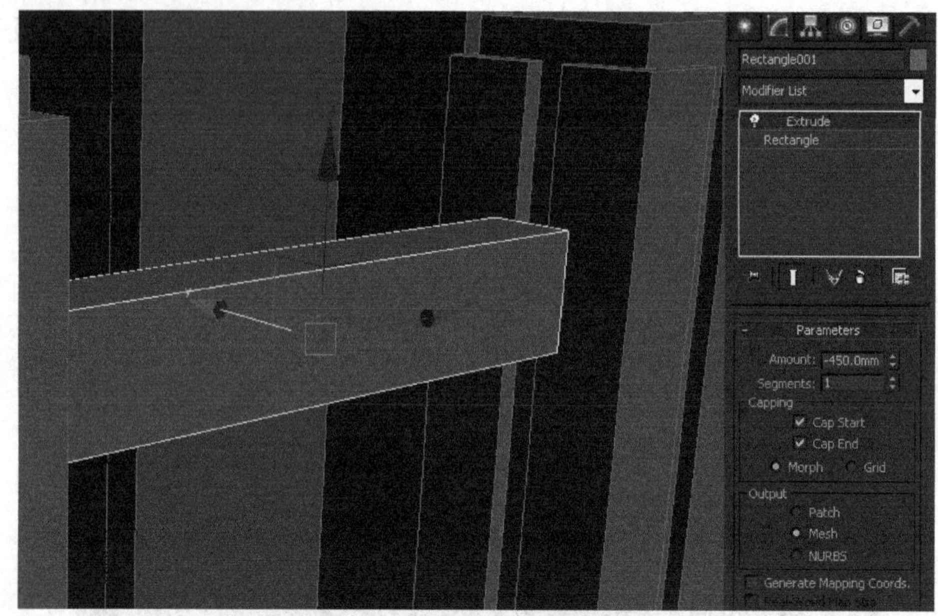

▲图 5-23　挤出的最终效果

（20）切换到【Front】（前）视图，进入创建面板，单击图形图标，进入二维图形面板，选择【Splines】（样条线）里的【Rectangle】（矩形），如图5-24所示。

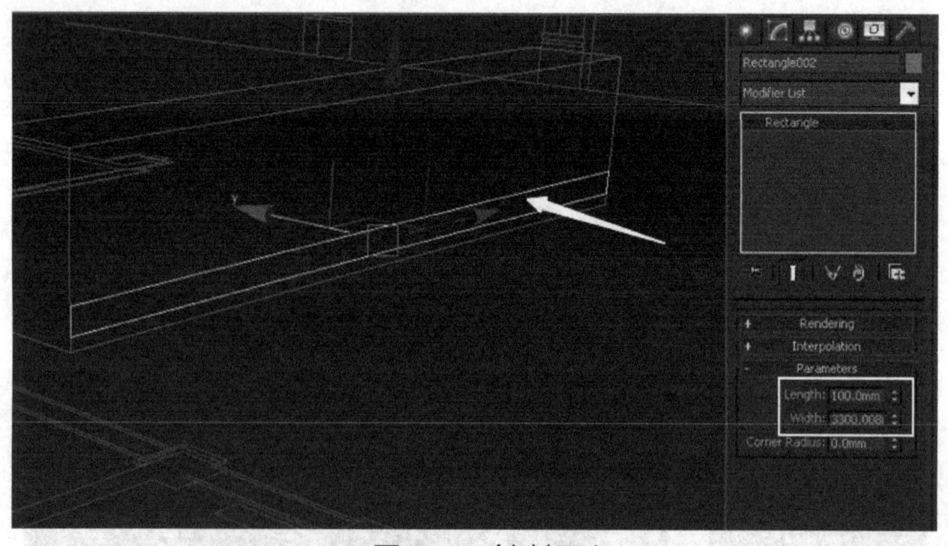

▲图 5-24　创建矩形

（21）进入修改面板，添加【Extrude】（挤出）修改器命令，【Amount】（数量）为50mm，最终效果如图5-25所示。

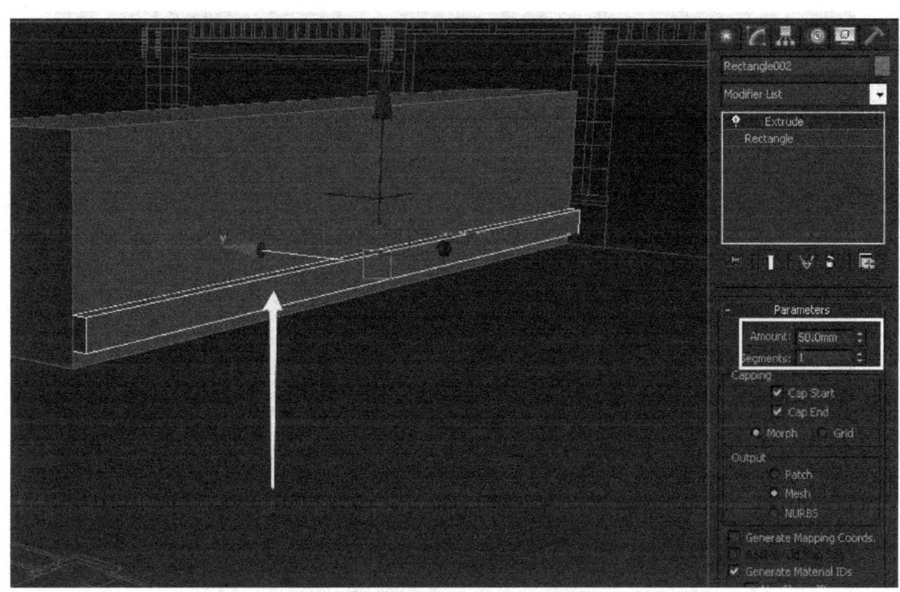

▲图 5-25 挤出的最终效果

（22）切换到【Front】（前）视图，沿Y轴复制出一个结构物体，参考CAD对齐，如图5-26所示。

视频28

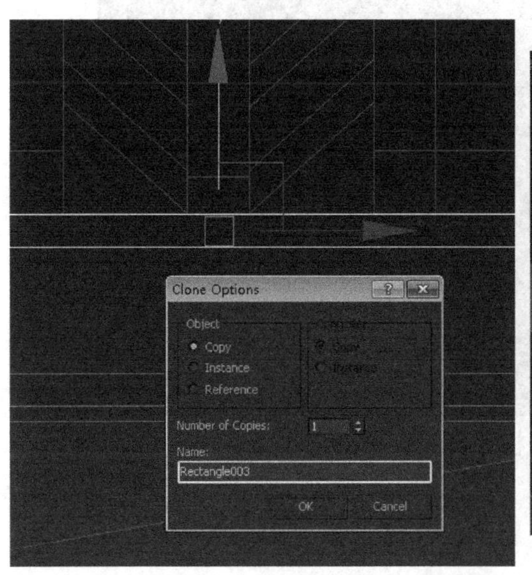

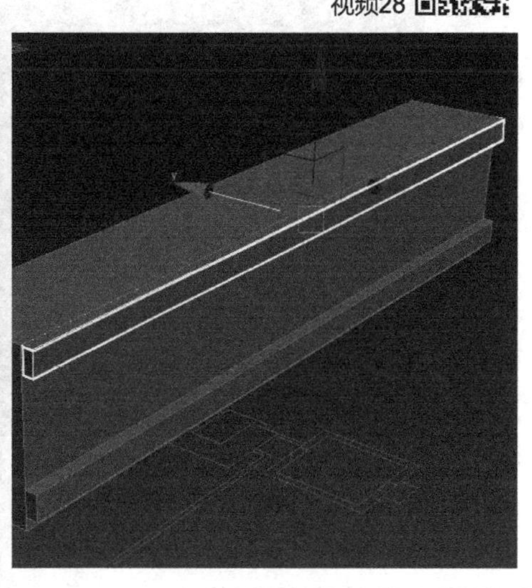

▲图 5-26 复制物体及其最终效果显示

（23）在【Front】（前）视图中，参考CAD立面图，同上述步骤一样，创建其他的几何图形，然后对齐到相应的位置，门头的最终效果如图5-27所示，柱子、墙体及门头的最终效果如图5-28所示。

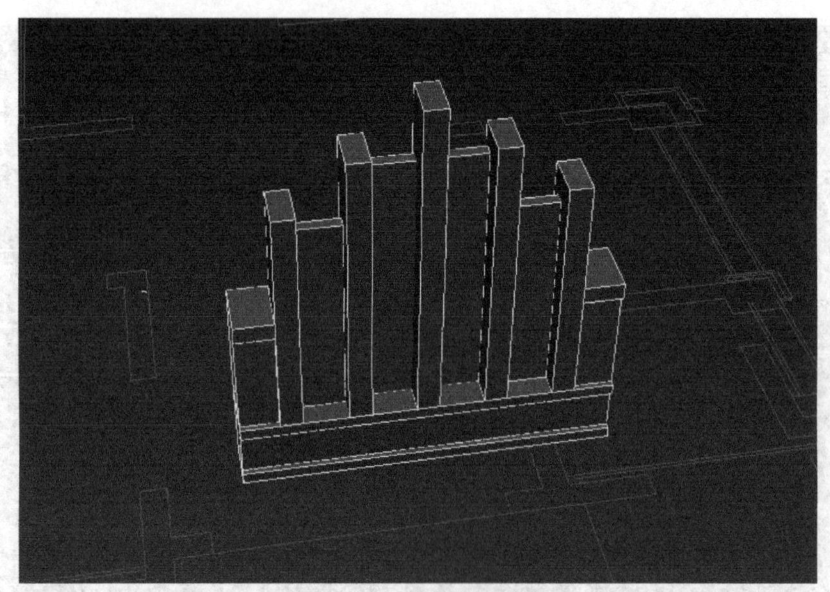
▲图 5-27 门头的最终效果

▲图 5-28 墙体、柱子及门头的最终效果

2.建筑二层住宅的制作

制作方法：在制作过程中，2～14层是相同的，在2层中有窗户和墙体及其推拉门等，只要制作出2层的模型就可以直接复制到24层。

（1）墙体的制作

①进入创建面板，单击图形图标，进入二维图形面板，选择【Splines】（样条

线）里的【Line】（线），单击主工具栏中的2.5围捕捉命令，如图5-29所示。

②在【Top】（顶）视图中按照2层平面图勾画出墙体图形，如图5-30所示。

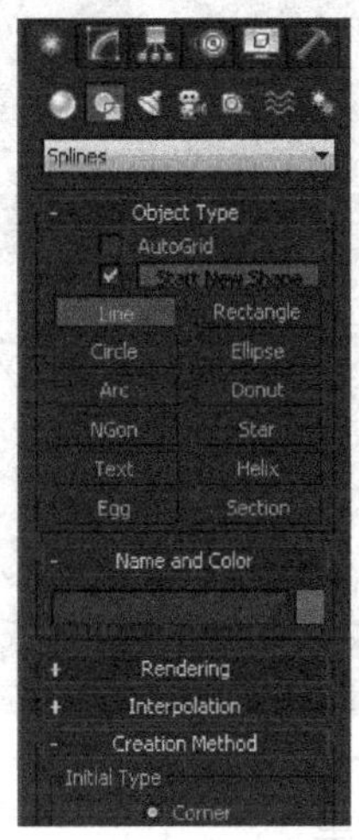

▲图 5-29　创建面板的设置

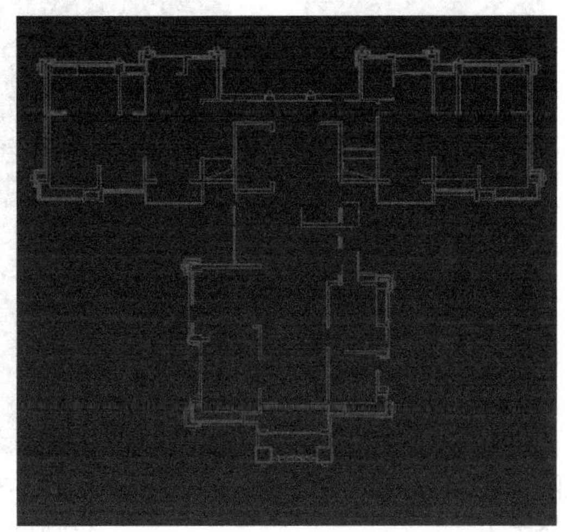

▲图 5-30　按2层平面图创建墙体轮廓

③取消创建面板中图形图标下的【Start New Shape】（创建新图层）复选框的勾选状态，在【Top】（顶）视图中按照墙体的外轮廓创建【Line】（线），创建墙体轮廓，最终效果如图5-31所示。

视频29

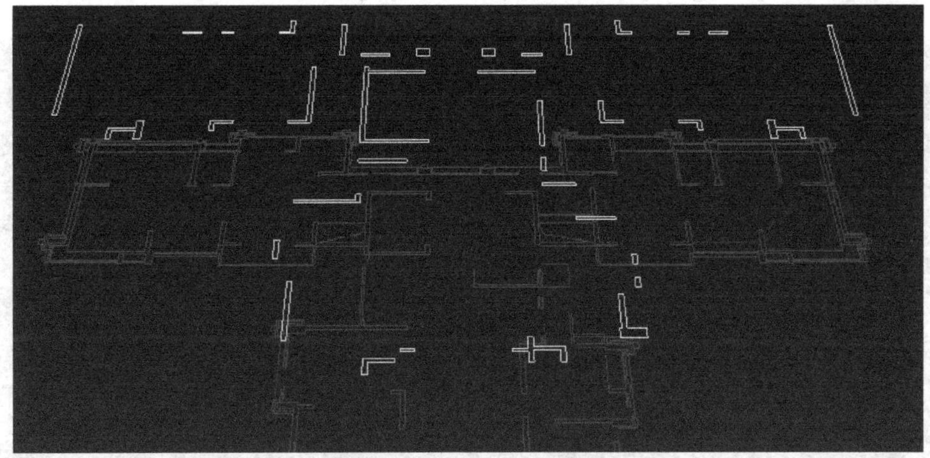

▲图 5-31　创建墙体轮廓线

④进入修改面板，选择刚才创建的墙体，添加【Extrude】（挤出）修改器命令，【Amount】（数量）为3 000mm，如图5-32所示。最终挤出效果如图5-33所示。

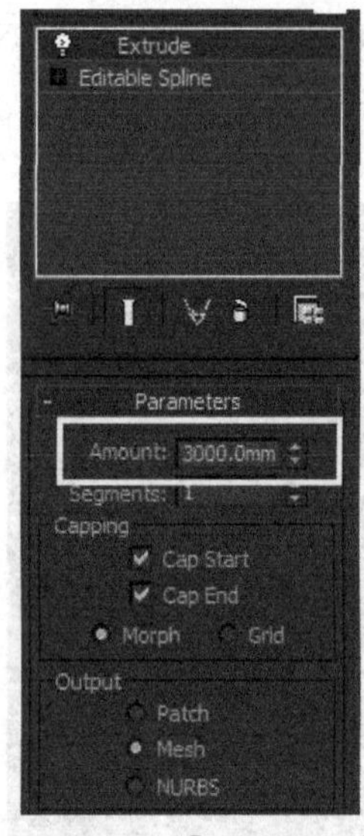

▲图 5-32 【Extrude】（挤出）

▲图 5-33 【Amount】（数量）为3 000mm时的最终效果

（2）窗框及玻璃的制作

①切换到【Front】（前）视图，参考立面图CAD2层，进入创建面板，单击图形图标，进入二维图形面板，选择【Splines】（样条线）里的【Rectangle】（矩形），子菜单中【Parameters】（参数）的【Length】（长）为150mm，【Width】（宽）为4 300mm，如图5-34所示。

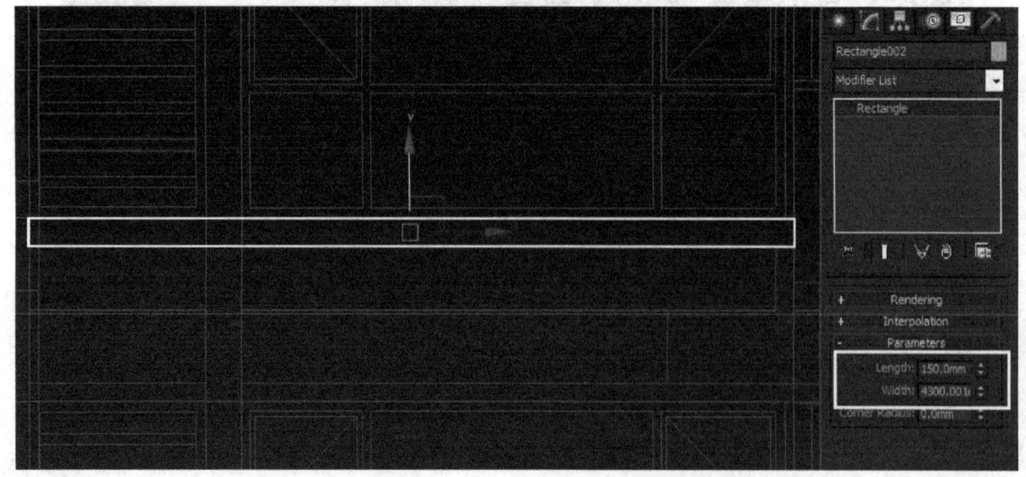

▲图 5-34 创建窗户图形

②切换到【Left】（左）视图，参考立面图，进入修改面板，添加【Extrud】（挤出）修改器命令，【Amount】（数量）为1 400mm，将其命名为“窗板

001”，如图5-35所示。

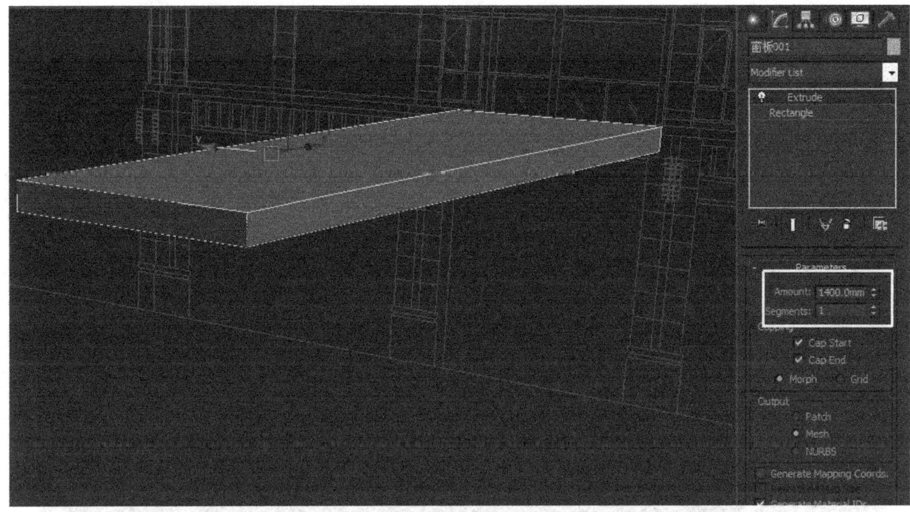

▲图 5-35 【Extrude】（挤出）1 400mm

③切换到【Front】（前）视图，参考CAD立面图，沿Y轴向下复制出“窗板002”，最终效果如图5-36所示。

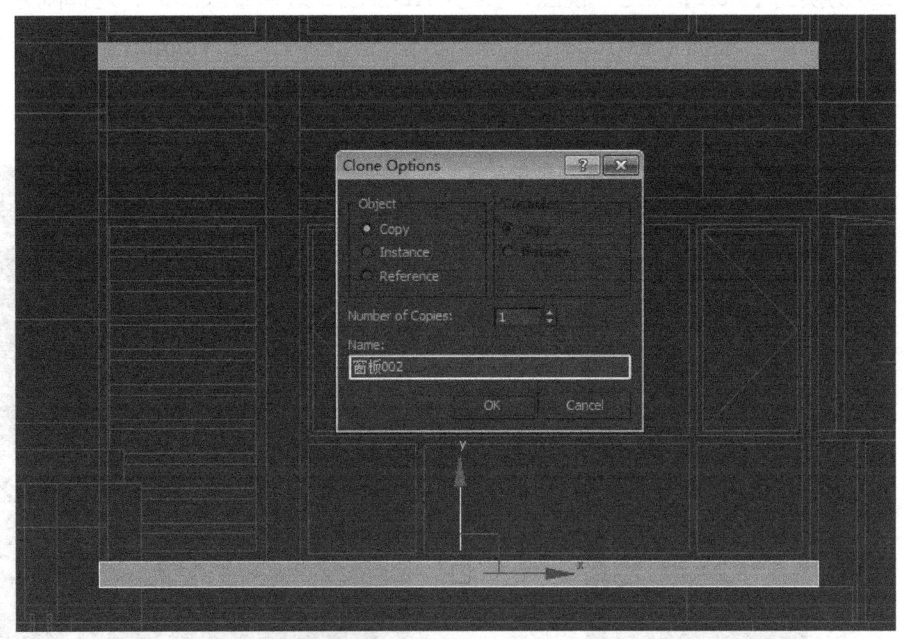

▲图 5-36 复制出“窗板002”

④在【Front】（前）视图中，参考立面图CAD2层，进入创建面板，单击图形图标，进入二维图形面板，选择【Splines】（样条线）里的【Rectangle】

（矩形），子菜单中【Parameters】（参数）的【Length】（长）为350mm，【Width】（宽）为4 200mm，如图5-37所示。

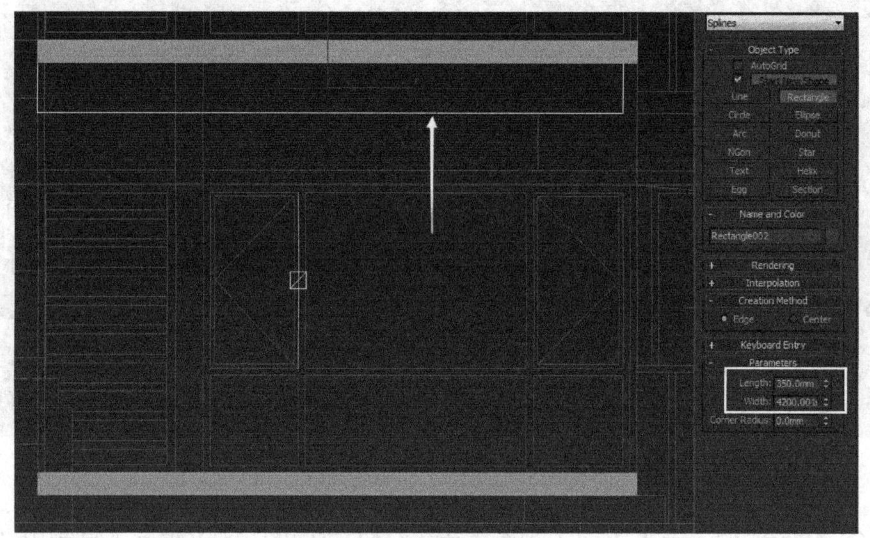

▲图 5-37　创建矩形图形

⑤切换到【Left】（左）视图，参考CAD视图，进入修改面板，选择刚才创建的墙体，添加【Extrude】（挤出）修改器命令，【Amount】（数量）为1 300mm，如图5-38所示。最终挤出效果如图5-39所示。

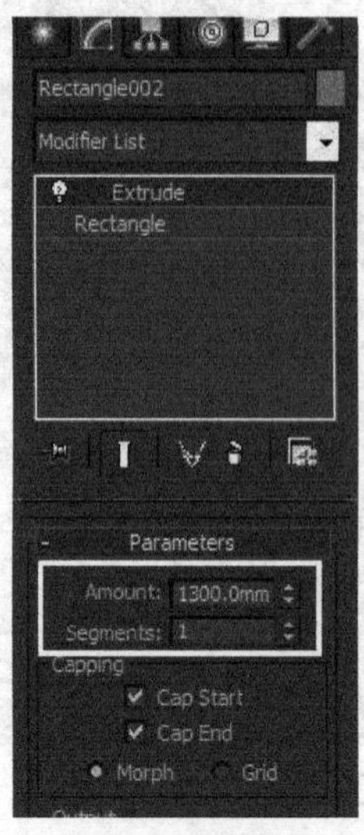

▲图 5-38　Extrude【挤出】1 300mm

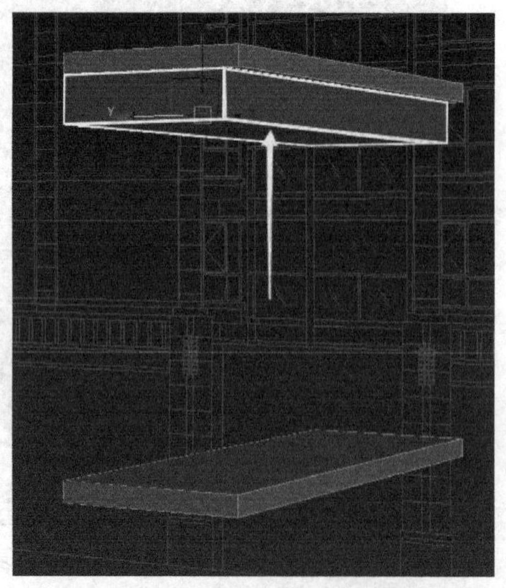

▲图 5-39　挤出后的最终效果

⑥切换到【Front】（前）视图，用同样的方法创建其他窗板，最终效果如图

5-40所示。与墙体的位置关系如图5-41所示。

▲图 5-40 窗板的最终效果

▲图 5-41 墙体与窗板的位置关系

⑦进入创建面板，单击图形图标，进入二维图形面板，选择【Splines】（样条线）里的【Rectangle】（矩形），单击主工具栏中的2.5围捕捉命令，取消创建面板中图形图标下的【Start New Shape】（创建新图层）复选框的勾选状态，参考CAD立面图，在【Front】（前）视图中按照窗框的外轮廓创建【Rectangle】（矩形），这样可以创建窗框，如图5-42和图5-43所示。

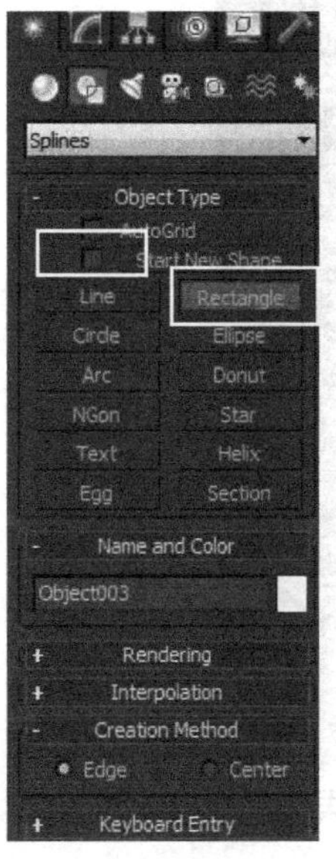

▲图 5-42 创建面板的设置

▲图 5-43 【Rectangle】（矩形）的创建

⑧切换到【Left】（左）视图中，进入修改面板，添加【Extrude】（挤出）修

改器命令，【Amount】（数量）为50mm，如图5-44和图5-45所示。

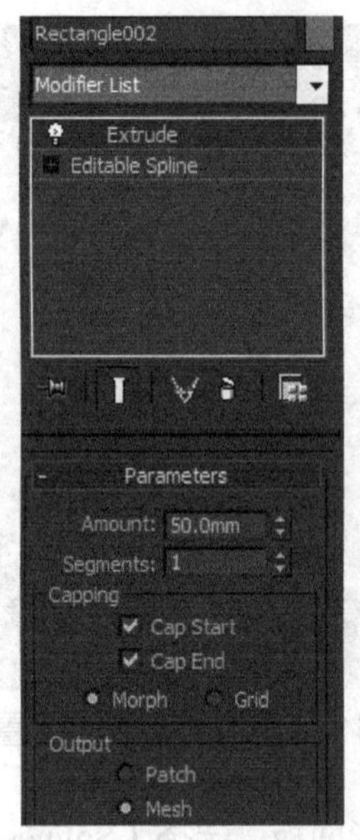

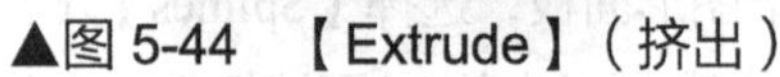
▲图 5-44　【Extrude】（挤出）

▲图 5-45　窗框的最终效果

⑨切换到【Left】（左）视图，参考CAD立面视图，沿X轴对齐到相应位置，最终效果如图5-46所示。

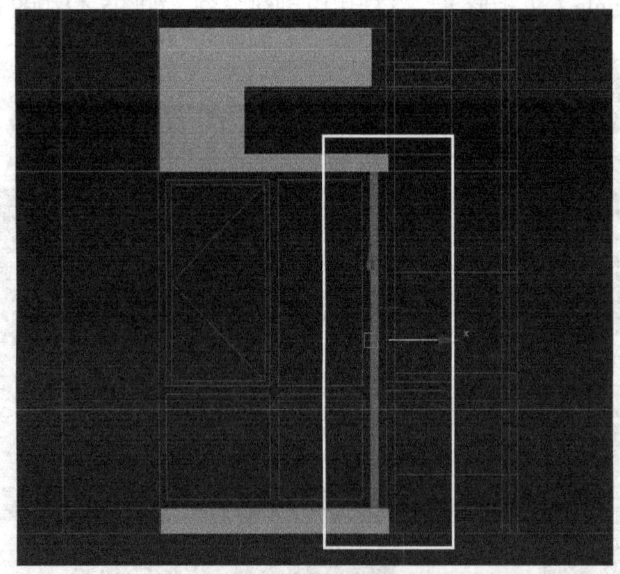
▲图 5-46　窗框对齐参考CAD后的效果

⑩同上述步骤一样，进入创建面板，单击图形图标，进入二维图形面板，选择【Splines】（样条线）里的【Rectangle】（矩形），单击主工具栏中的2.5

围捕捉命令，取消创建面板中图形图标下【Start New Shape】（创建新图层）复选框的勾选状态，参考CAD立面图，在【Left】（左）视图中按照窗框的外轮廓创建【Rectangle】（矩形），这样可以创建窗框，如图5-47和图5-48所示。

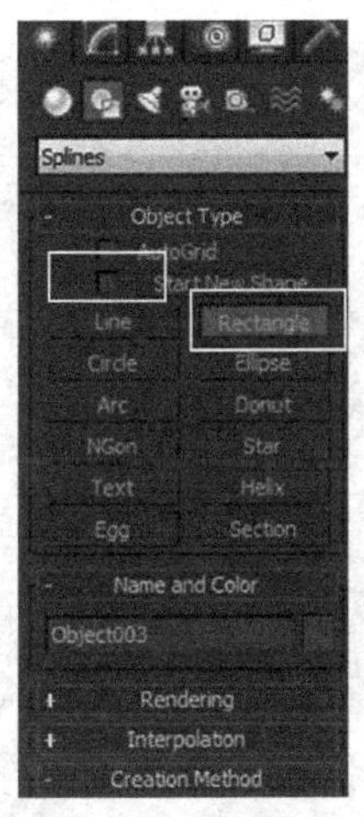

▲图 5-47　创建面板的设置

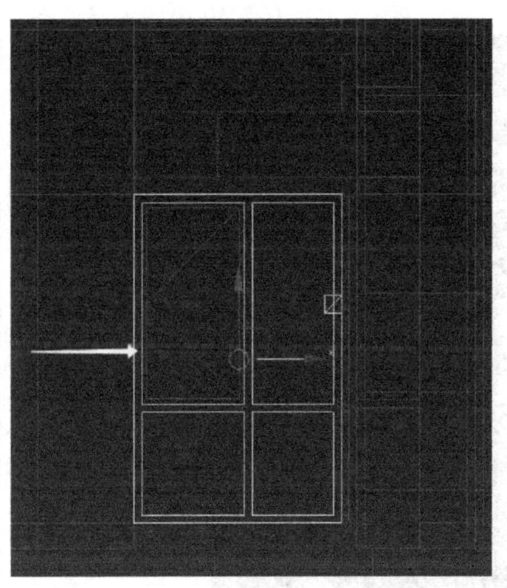

▲图 5-48　【Rectangle】（矩形）的创建

⑪切换到【Perspective】（透视图）中，进入修改面板，添加【Extrude】（挤出）修改器命令，【Amount】（数量）为50mm，如图5-49和图5-50所示。

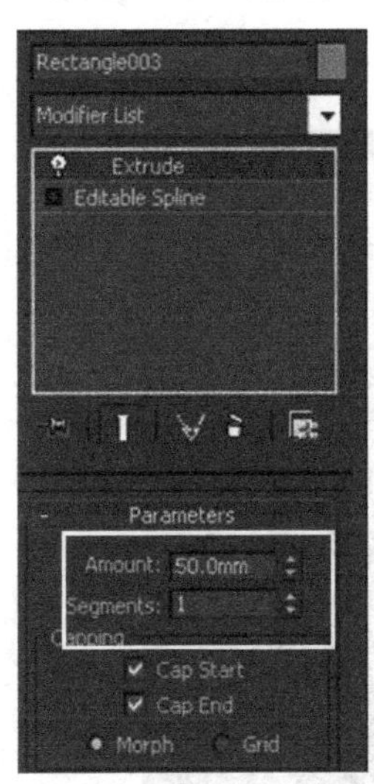

▲图 5-49　【Extrude】（挤出）50mm

▲图 5-50　窗框的最终显示效果

⑫切换到【Front】（前）视图，进入创建面板中，单击几何体图标，进入几何图形面板，选择【Standard Primitives】（标准基本体）中的【plane】（平

面），参考CAD位置，创建窗户面片，子菜单【Parameters】（参数）中，【Length】（长）为1 900mm，【Width】（宽）为2 950mm，【Length Segs】（长度分段）为1，【Width Segs】（宽度分段）为1，命名为“玻璃001”，如图5-51和图5-52所示。

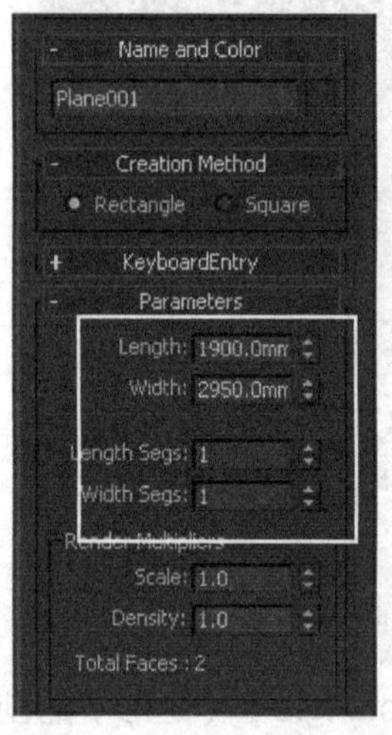

▲图 5-51　【plane】（平面）创建面板

▲图 5-52　“玻璃001”的位置及显示效果

⑬切换到【Left】（左）视图，同上面操作一样，创建窗户“玻璃002”，如图5-53所示。

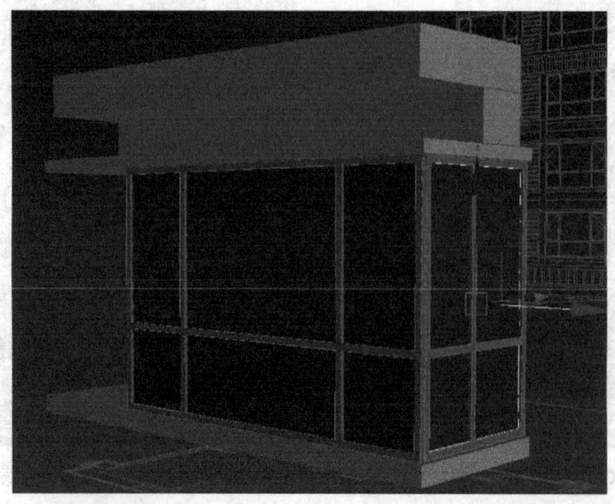

▲图 5-53　“玻璃002”的位置及显示效果

⑭用上述方法创建其他的窗户及窗板，参考CAD图纸，然后复制到相应的位

置，最终2层效果如图5-54所示。

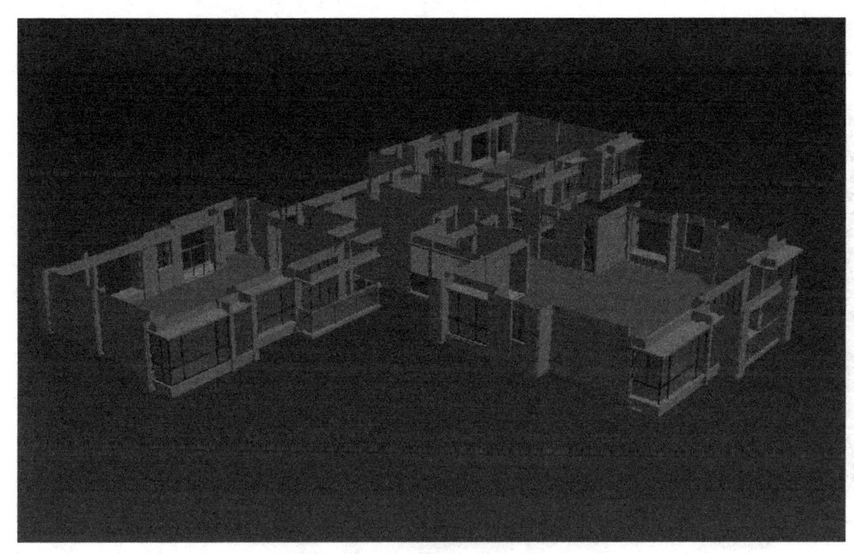

▲图 5-54 最终2层显示效果

视频32

⑮切换到【Front】（前）视图，选择2层所有物体，然后沿Y轴向上复制，最终显示效果如图5-55所示。

▲图 5-55 2～22层的复制及1层的最终效果

3.建筑顶层的制作

（1）单击工具栏上的管理图层器图标，弹出图层菜单栏，在图层中显示出顶层，如

图5-56和图5-57所示。

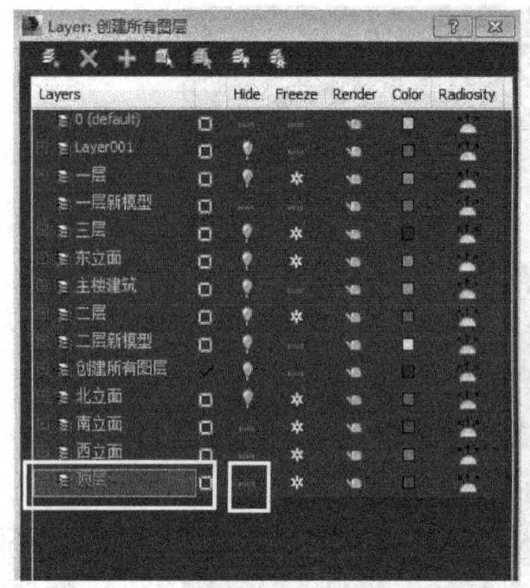

▲图 5-56　显示顶层图层

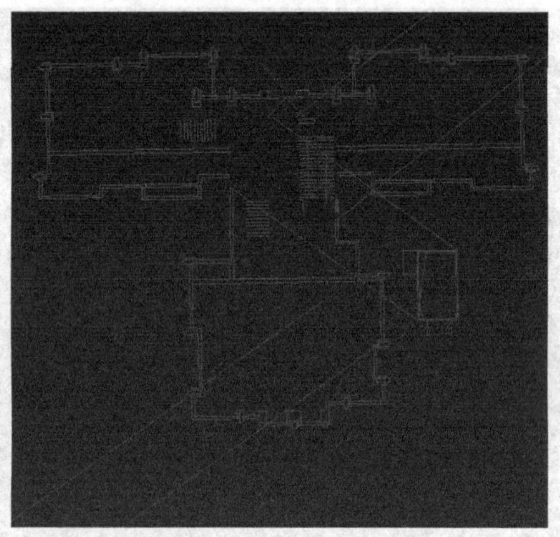
▲图 5-57　顶层CAD参考显示

（2）进入创建面板，单击图形图标，进入二维图形面板，选择【Splines】（样条线）里的【Line】（线），单击主工具栏上的2.5围捕捉命令，如图5-58所示。

（3）取消创建面板中图形图标下【Start New Shape】（创建新图层）复选框的勾选状态，在【Top】（顶）视图中按照墙体的外轮廓创建【Line】（线），这样可以创建墙体，如图5-59所示。

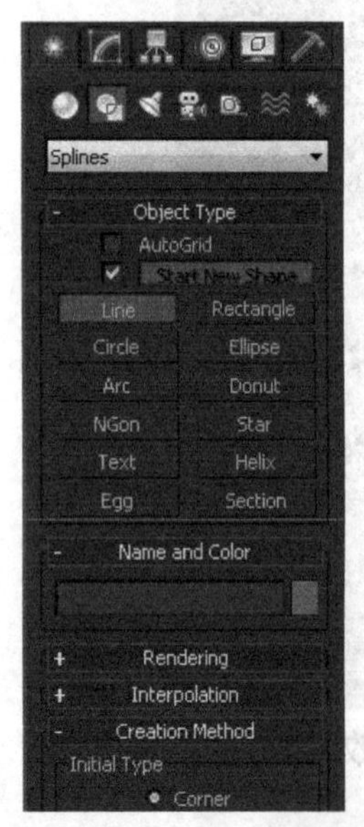

▲图 5-58　创建面板设置

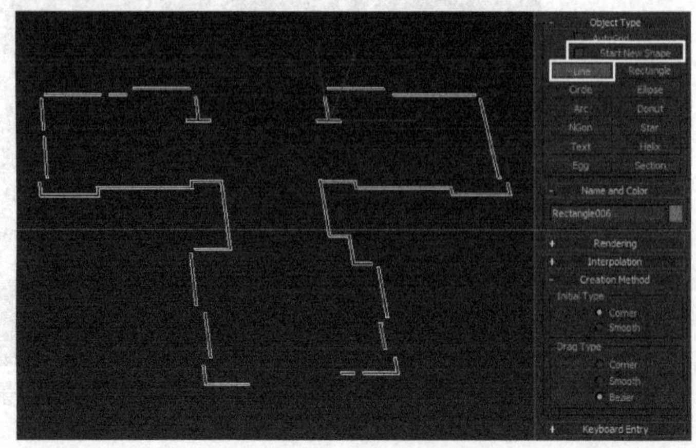
▲图 5-59　创建的墙体线

（4）进入修改面板，选择刚才创建的墙体，添加【Extrude】（挤出）修改器命令，

【Amount】（数量）为1 200mm，如图5-60所示。最终挤出效果如图5-61所示。

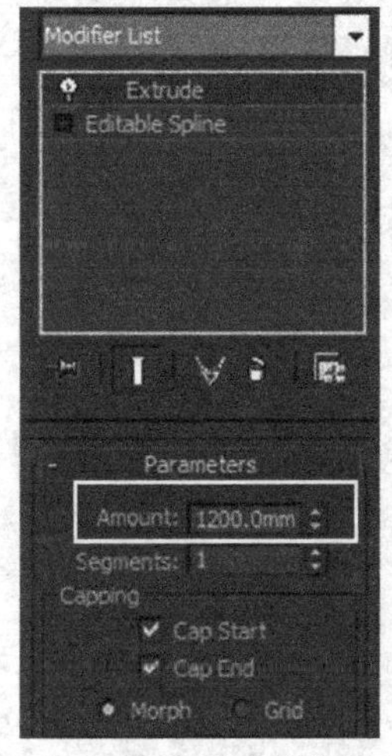

▲图 5-60 【Extrude】（挤出）1 200mm

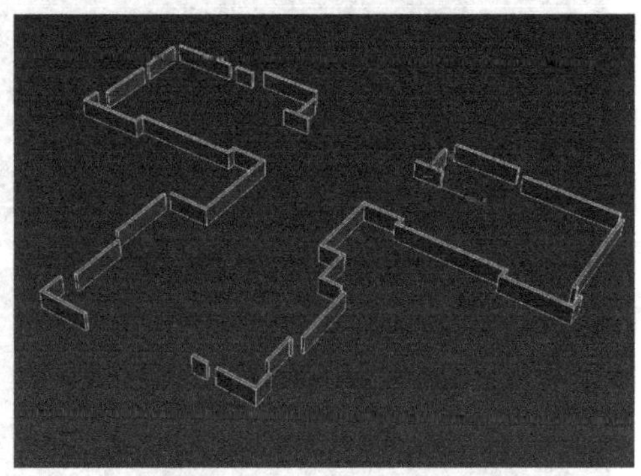

▲图 5-61 最终挤出效果

（5）单击右键，在弹出的菜单中选择【Convert To】（转化为）→【Convert To Editable Poly】（转化为编辑多边形），然后切换到【Editable Poly】（编辑多边形）的【Edge】（线段）级别。

（6）切换到【Front】（前）视图，选择所有纵向的线段，如图5-62所示。

▲图 5-62 选择纵向的线段

（7）单击子菜单【Edit Edges】（编辑线段）下的【Connect】（连接）设置，弹出窗口中【Segment】（线段）为2，【Pinch】（距离）为60，如图5-63所示。

▲图 5-63 【Connect】（连接）线段

（8）切换到【Editable Poly】（编辑多边形）中的【Polygon】（多边形）级别，选择如图5-64中所示的面。

视频33

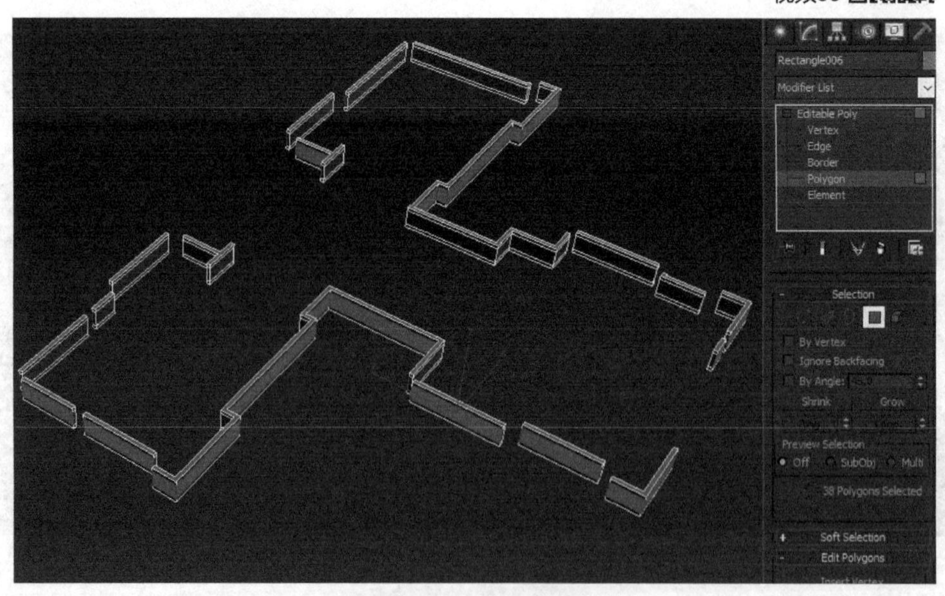

▲图 5-64 选择中间面

（9）再点击【Edit Polygons】（编辑多边形）中的【Extrude】（挤出）设置，在弹出的窗口中以挤出方式切换成【Local Normal】（自身法线），【Height】（高度）为100mm。最终结果如图5-65所示。

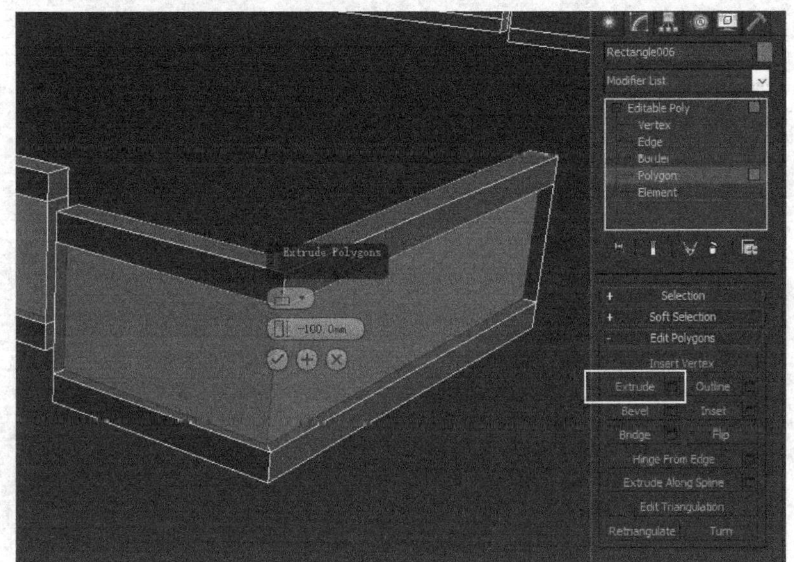

▲图 5-65　Extrude【挤出】100mm

（10）选择挤出后两端多余的面，然后删除面，如图5-66所示。

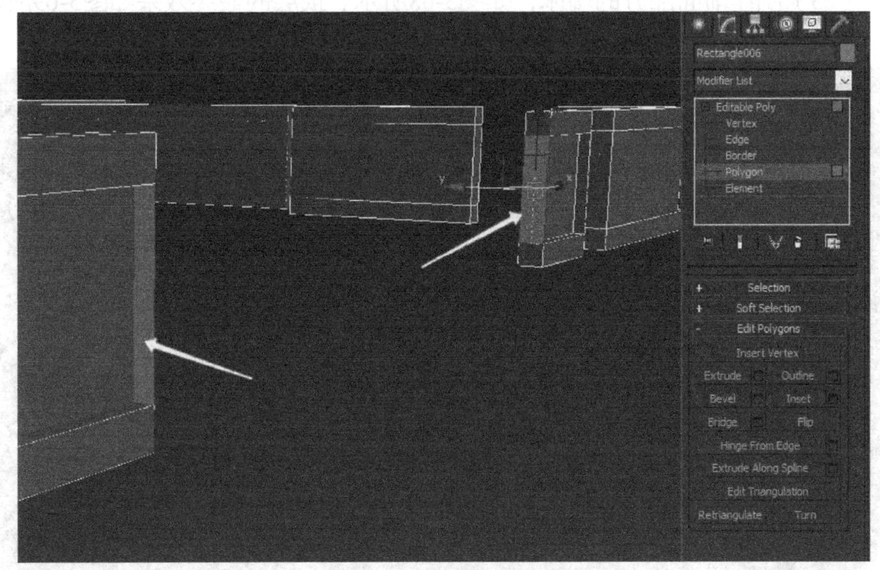

▲图 5-66　删除两端多余面

（11）切换到【Editable Poly】（编辑多边形）的【Border】（边界）元素，然后框选画面中所有边界，单击【Edit Borders】（编辑边界）中的【Cap】（封口），如图5-67所示。

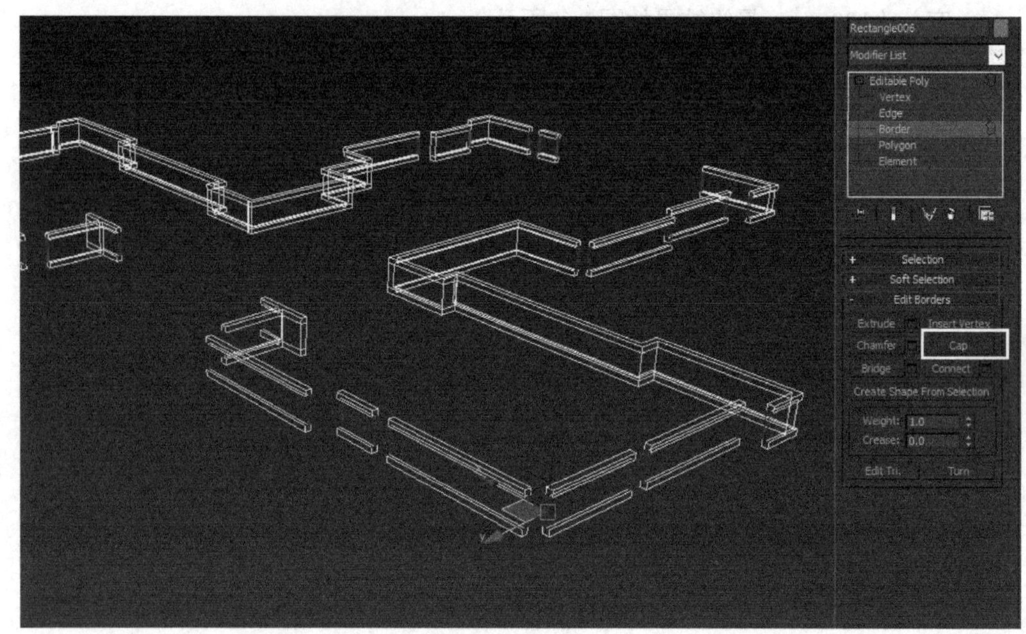

▲图 5-67　选择边界后单击【Cap】（封口）

（12）切换到【Front】（前）视图，参考“1.建筑一层底商制作”中的步骤（18）~（23）制作前面部分的墙体，如图5-68所示。顶层的最终效果如图5-69所示。

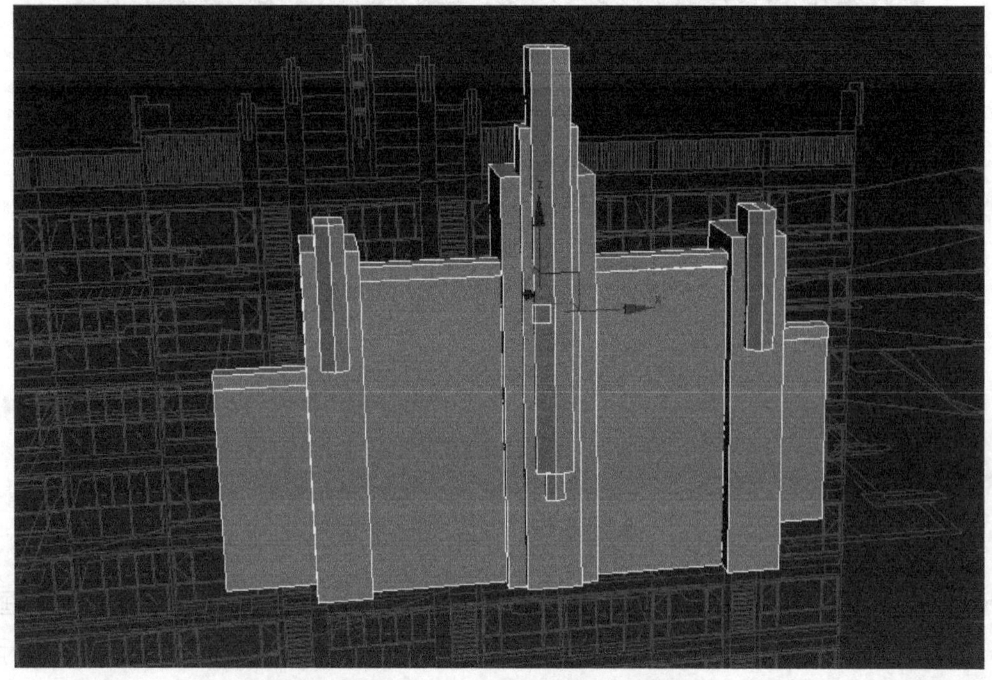

▲图 5-68　制作前面部分的墙体

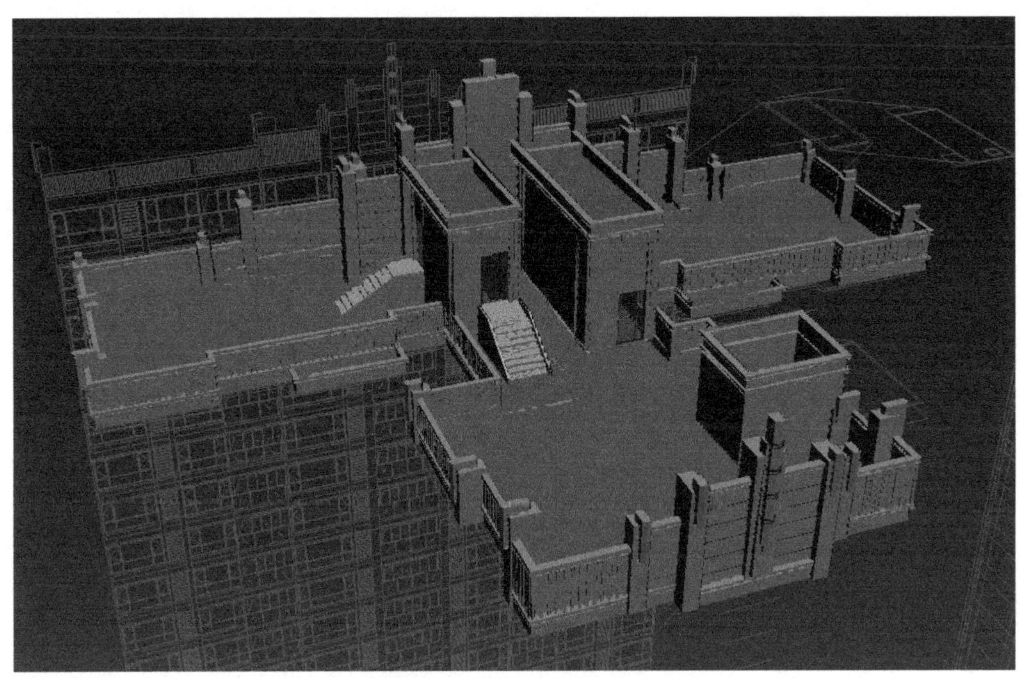

▲图 5-69　顶层的最终效果

5.4 制作完成

最终制作完成的模型效果如图5-70所示。

▲图 5-70　最终显示效果

本章小结

通过本章的学习，能够了解住宅高层建筑中的各个结构，掌握高层建筑中结构的制作方法。底商一层、中间层及其顶层等的制作方法是本章的重点。在现实生活中，高层住宅楼都可以用同样的方法和思路来制作。

第6章

别墅的制作

别墅是公司项目中常见的建筑类型，结构相对复杂，制作难度大。本章将带领大家了解别墅的定义及其分类，并通过实际案例讲解别墅中复杂结构的制作方法。

6.1 别墅的定义

别墅（Villa或Cottage）是指在风景区或郊外建造的供休养的住所，现在词义中通常为独立的庄园式居所，一般指体现生活品质及享用特点的高级住所。随着我国经济的飞速发展，城市人口密度提高，中高层、高密度建筑成为城市住宅的主要类型。而别墅满足了大城市的人们对低密度、高档生活环境的向往。

6.2 别墅的分类

别墅一般分为独立别墅、联排别墅、双拼别墅、叠加式别墅和空中别墅5种类型。

1.独立别墅

独立别墅是独门独院、私密性极强的单体别墅，是别墅历史最悠久的一种，也是别墅建筑的终极形式，如图6-1所示。

▲图 6-1　独立别墅

2.联排别墅

联排别墅（Townhouse）有自己的院子和车库，由3个或3个以上的单元住宅组成，一排2～4层连接在一起，每几个单元共用外墙，有统一的平面设计和独立的门户。联排别墅是目前大多数经济型别墅采取的形式之一，如图6-2所示。

▲图 6-2 联排别墅

3.双拼别墅

双拼别墅是联排别墅与独立别墅的中间产品，是由两个单元的别墅拼联组成的单栋别墅。与联排别墅和独立别墅相比，双拼别墅除了有独立的院落外，最关键的是降低了社区密度，增加了住宅采光面，拥有更宽阔的室外空间，如图6-3所示。

▲图 6-3 双拼别墅

4.叠加别墅

叠加别墅是联排别墅的一种延伸，也有点像复式户型的一种改良。叠加别墅介于别墅与公寓之间，是由多层的别墅式复式住宅上下叠加在一起组合而成的，一般4～7

层，由每单元2~3层的别墅户型上下叠加而成。这种开间与联排别墅相比，立面造型丰富一些，同时一定程度上克服了联排别墅窄进深的缺点，如图6-4所示。

▲图 6-4　叠加别墅

5.空中别墅

空中别墅发源于美国，称为“penthouse”，即“空中阁楼”。这种别墅位于城市中心地带，一般理解是建在公寓或高层建筑顶端具有别墅形态的大型复式住宅。

6.3 案例制作

通过实际案例使大家了解别墅制作的基本流程及公司制作要求。最终效果如图6-5所示。

▲图 6-5　最终效果图

1.分析图纸

使用AutoCAD 2014打开客户提供的资料，如图6-6所示。

▲图 6-6 原始图纸

通过观察图纸，可以发现该建筑有以下几个特点。

（1）整个模型由3个户型、6户组成，且呈现出左右对称的状态。在制作时只需要制作一半，然后对其进行镜像操作即可完成。

（2）立面的建筑元素比较丰富，如有户型的门窗、花纹复杂的栏杆、屋檐和屋顶的部分。

了解了这些特点之后，就可以抓住细节对模型进行制作了。

2.整理图纸

（1）删除图纸的无用信息。

选择菜单【工具】→【加载应用程序】，选择“acad2004.lsp”文件，单击【加载】按钮，对话框下方显示加载成功的信息，如图6-7所示。

在命令栏输入“lp”，选择想要删除的无用图层如家具、厨卫、填充等，最终效果如图6-8所示。

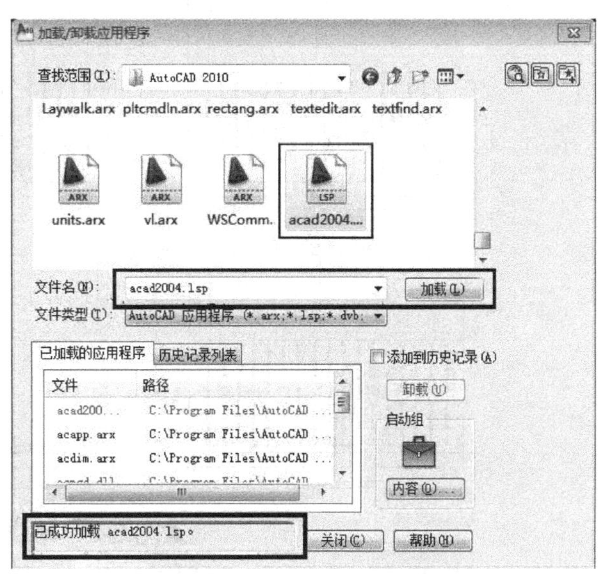

▲图 6-7 加载清理图纸插件

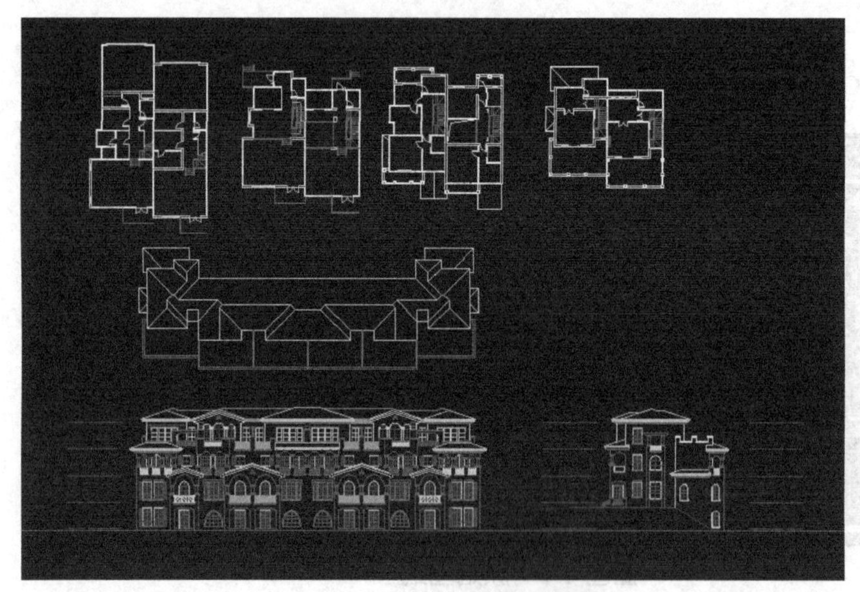

视频34

▲图 6-8 删除后的图纸

温馨提示

清理过程中如遇到相同的建筑结构特别是栏杆的时候，要注意删除相同的CAD线，这样可以减少CAD线对MAX的影响，使后面的操作更加流畅，如图6-9所示。

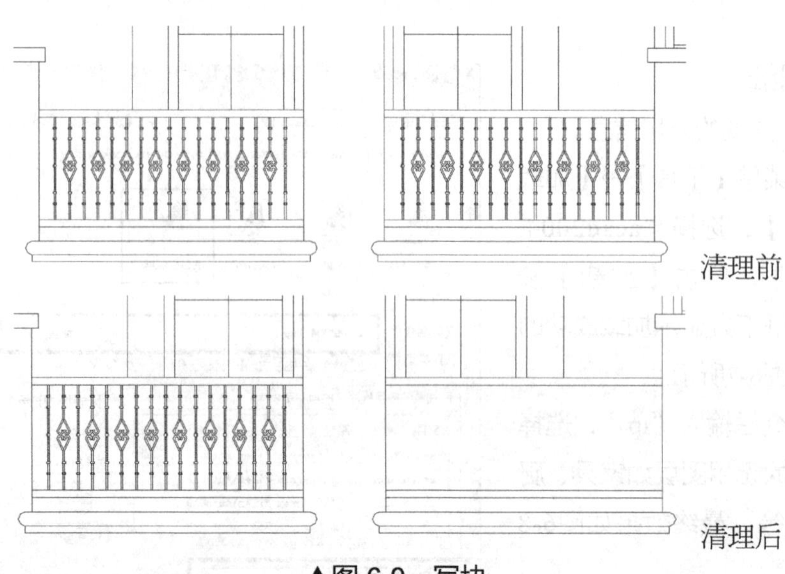

▲图 6-9 写块

（2）写块：将需要使用的CAD图纸单独保存。

执行【写块】操作。在命令提示栏中输入“W”，打开【写块】对话框，在【文件和路径】下拉列表框中设置好要保存的文件名和路径，如图6-10所示。

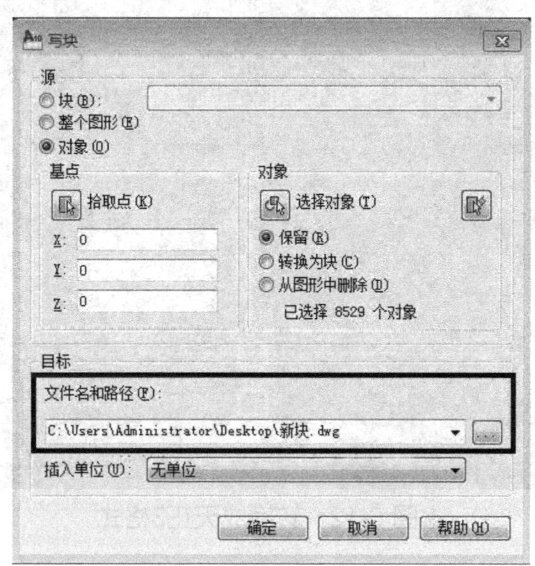

▲图 6-10　新建图层

（3）归并图层：把平面、立面相应的线归类到统一图层。

单击【图层特性管理器】，打开【图层特性管理器】面板，单击【新建图层】按钮，一步步创建所要归并的每一个平面及立面，如图6-11所示。

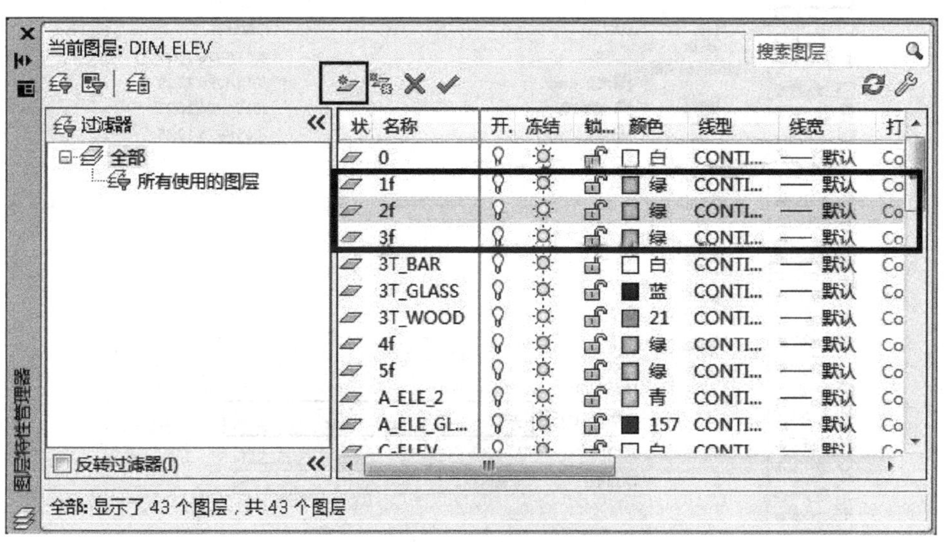

▲图 6-11　图纸出错的地方

选择所有的图形，在命令提示栏中输入“x”即【炸开】命令炸开所有的图形，发现图纸出现错误如图6-12所示。

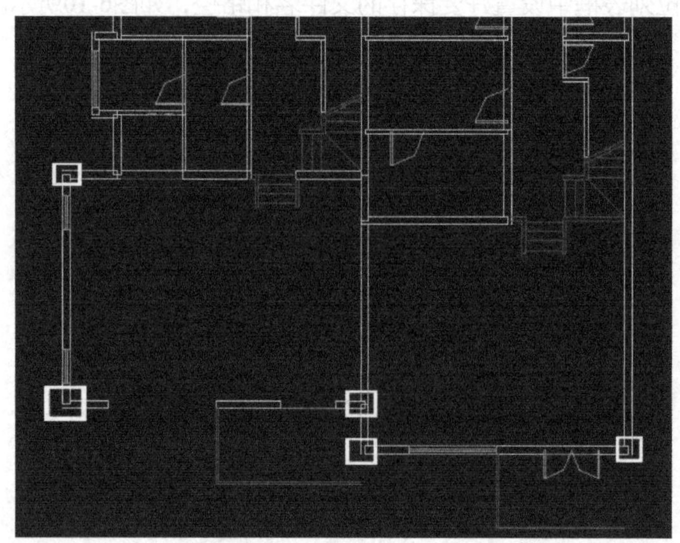

▲图 6-12　转换成天正3格式

这种现象表明，资料图纸是天正CAD所创建的，需要转换格式。打开天正CAD软件，打开写块文件，使用天正工具栏中【文件布图】菜单下的【图形导出】工具对图纸进行格式转换，保存为“天正3文件”，如图6-13所示。

▲图 6-13　归图层

选择相应的平面和立面，单击【图层控制】下拉菜单，一一对应改变图层，如图6-14所示。

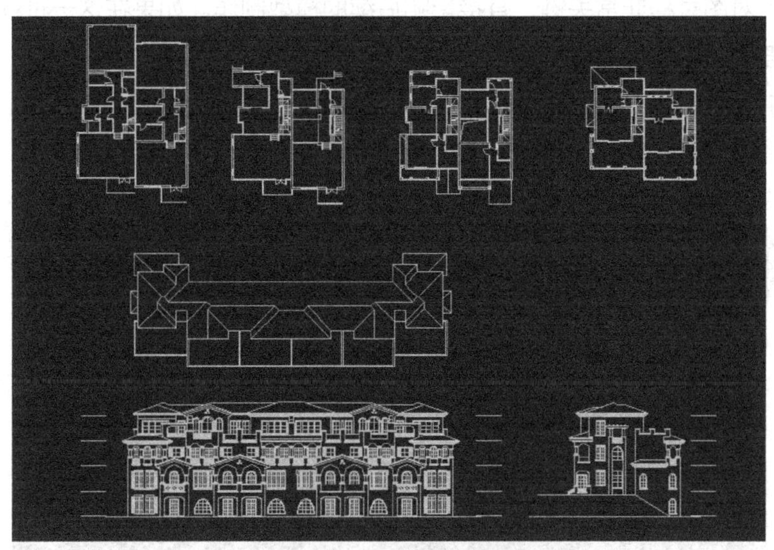

▲图 6-14 清理垃圾图层

（4）坐标归零：使归并好的CAD线移动到世界坐标原点。

在命令提示栏中输入“M”即【移动】命令，选择所有图块，在命令提示栏中输入“0，0”，按回车键。

（5）清理图纸：清理场景中无用的CAD图层。

在命令提示栏中输入“pu”即【清理】命令，按回车键。在弹出的【清理】面板中勾选【清理嵌套项目】复选框并单击【全部清理】按钮，在弹出的【清理-确认清理】对话框中选择【清理所有项目】选项，即可对图形进行清理，如图6-15所示。

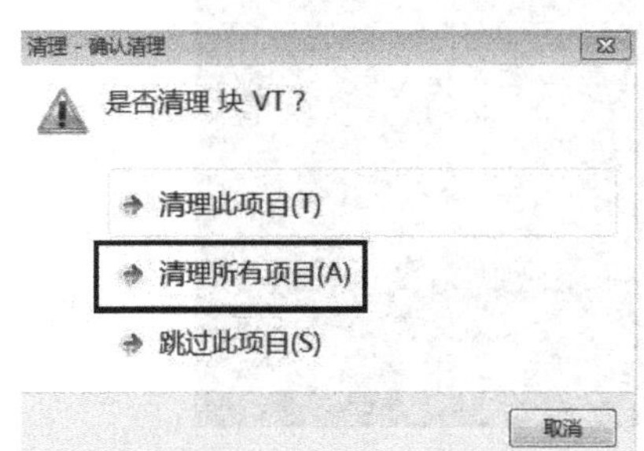

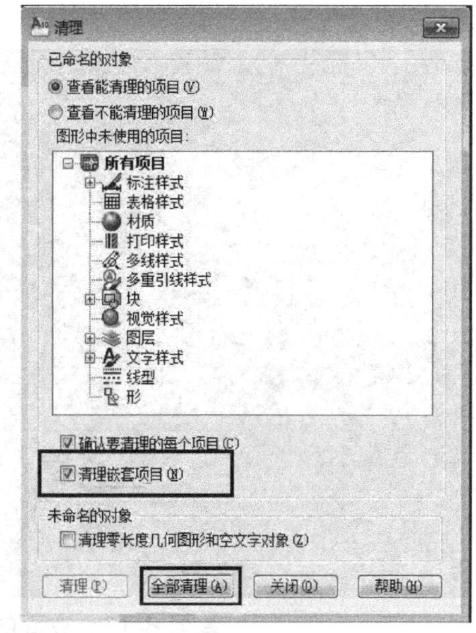

▲图 6-15 清理图纸

3.导入图纸与图纸对位

在导图和对图的过程中，一定要读懂图纸，了解场景中各个建筑元素的位置关系。其中，对图过程非常关键，直接影响后续的模型制作。如果在这一过程中发现问题，一定要及时与设计师进行沟通。

（1）平面的对齐。在3ds Max里，将CAD图纸中的平面，以立柱的位置、墙体转折线、门窗的位置为对齐标准依次进行对齐，如图6-16所示。

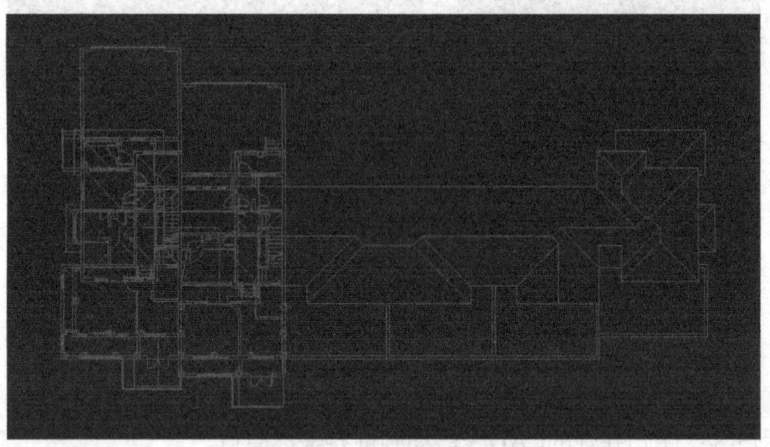

▲图 6-16　平面的对齐

（2）立面的对齐。在3ds Max里根据CAD立面，以立柱的位置、墙体转折线、门窗的位置依次为对齐标准与平面进行对齐，如图6-17所示。

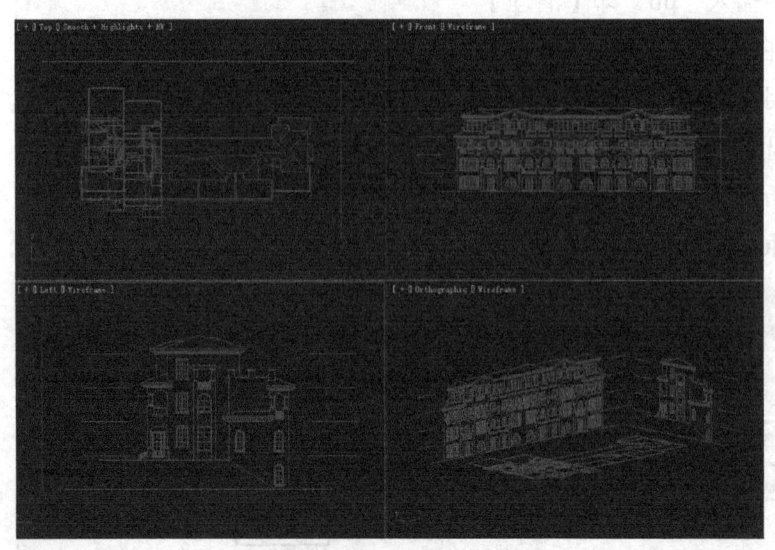

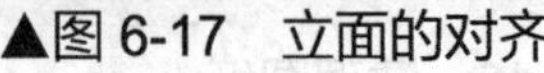

▲图 6-17　立面的对齐

视频35

4.创建模型

创建模型的顺序应该是先整体后局部，先制作主墙面，然后添加窗框、玻璃等细节。本案例按照从左向右、从下到上的制作顺序制作。

在实际项目制作中，对于这种多户型拼接可镜像的别墅一般会按照户型进行制作，为后续可能出现的户型错位拼接做好准备。

（1）创建一、二层墙面。在3ds Max中，只保留一层平面以及立面图纸，打开【捕捉】，在【Great】（创建）面板中单击【Shapes】（图形）按钮，选择【Rectangle】（矩形）和【Line】（线）工具，在【Front】（前）视图中根据立面图纸绘制好一、二层的立面图形。在描绘弧形门窗时用【Bezier Corner】（贝兹角点）模式进行调节，如图6-18所示。

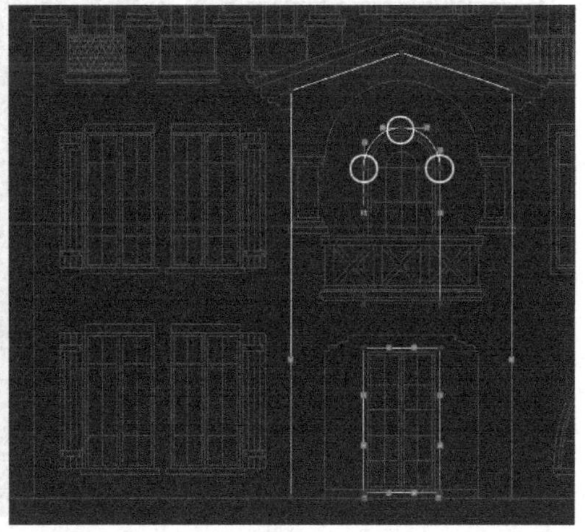

▲图 6-18　绘制墙面图形

在绘制墙洞时根据项目本身的特点要把窗台线脚的部分一起开洞。

选择图形并为其添加【Extrude】（挤出）修改器，设置【Amount】（数量）值为200mm，并在平面上摆好位置，如图6-19所示。

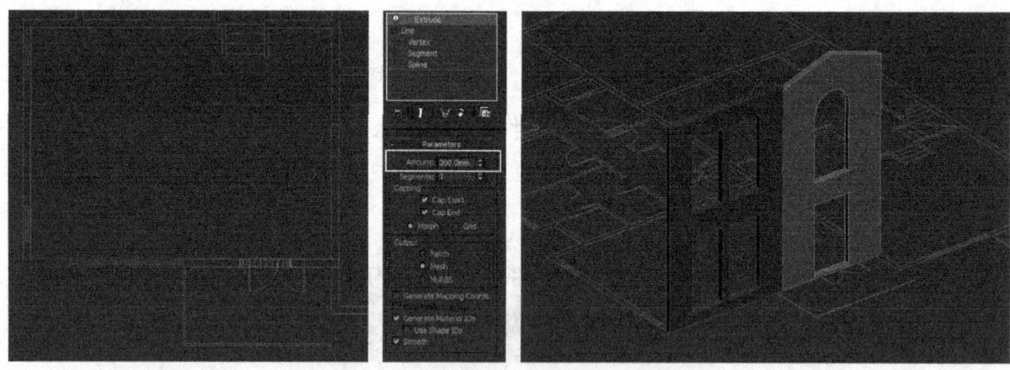

▲图 6-19　墙体厚度及位置摆放

单击主工具栏上的【Material Editor】（材质编辑器）按钮，为模型赋予一个墙体材质，只需要设置简单的颜色即可，如图6-20所示。

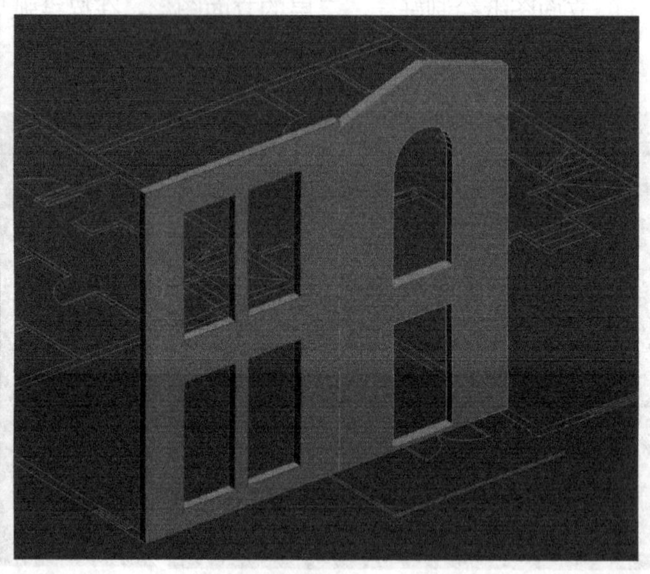

▲图 6-20　为模型赋予材质

（2）窗台门套的制作。在欧式别墅的制作中会有很多门、窗套和窗台的部分，可按立面图纸提供的形状绘制，也可直接提取墙体上门、窗洞的线条制作。

选择墙体，回到【修改器堆栈】中【Line】（线）命令的【Spline】（样条线）子对象下选择门、窗洞的线条，如图6-21所示。

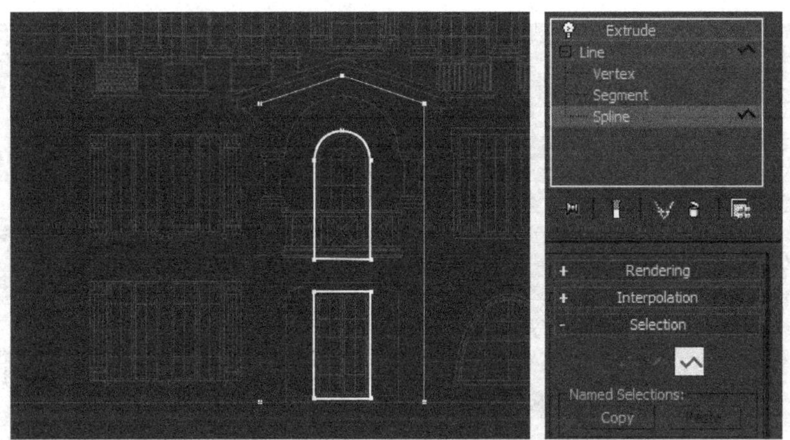

▲图 6-21 选择墙体门、窗洞的线条

在【Geometry】（几何体）卷展栏下单击【Detach】（分离）按钮并勾选【Copy】（复制）复选项提取门套的线条，进入【Segment】（线段）子对象选择下方的线段删除，如图6-22所示。

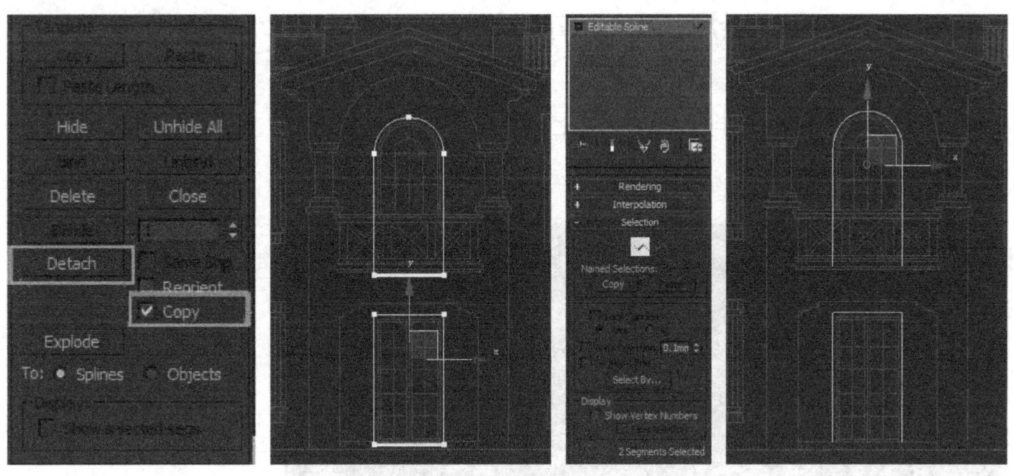

▲图 6-22 分离复制门套线条

进入【Spline】（样条线）子对象，在【Geometry】（几何体）卷展栏下找到【Outline】（轮廓）命令，在输入框中输入“80mm”，加【Extrude】（挤出）修改器，设置【Amount】（数量）值为280mm，如图6-23所示。

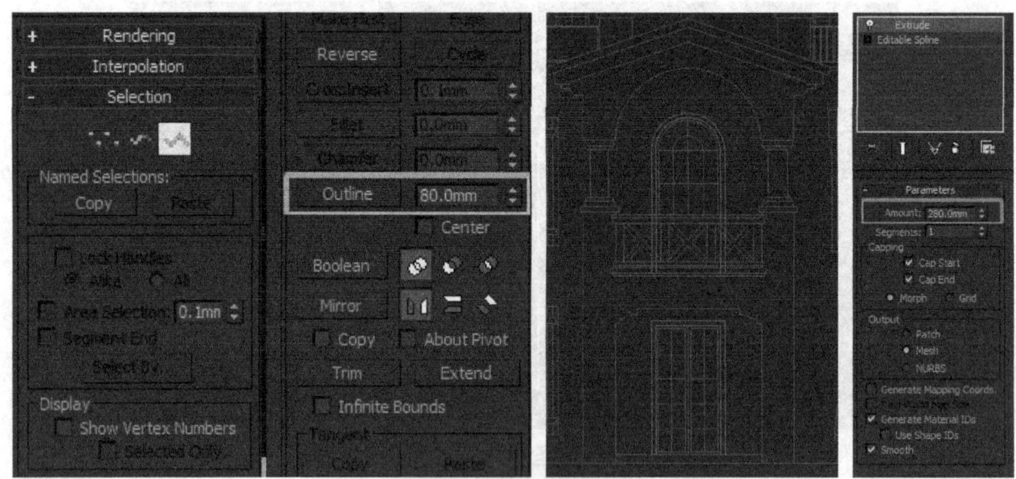

▲图 6-23　制作门套

温馨提示

在建筑设计中，门、窗套的尺寸多数为突出墙面80mm，一般为了材质的统一，在制作门、窗套时都会加上墙体的厚度。

使用相同的原则制作好左边墙洞上、下檐口的窗台和线脚，并为这些物体赋予材质，如图6-24所示。

▲图 6-24　制作窗台及材质赋予

视频36

（3）门窗框及玻璃的制作。在【Great】（创建）面板中单击【Shapes】（图形）按钮，选择【Rectangle】（矩形）工具，在【Front】（前）视图中根据立面图纸绘制好矩形窗框的立面图形。添加【Edit Spline】（编辑样条线）修改器选择【Spline】（样条线）子对象，在【Geometry】（几何体）卷展栏下找到【Outline】（轮廓）命令，在输入框中输入“50mm”，加【Extrude】（挤出）修改器，设置【Amount】（数量）值为50mm，并赋予材质，如图6-25所示。

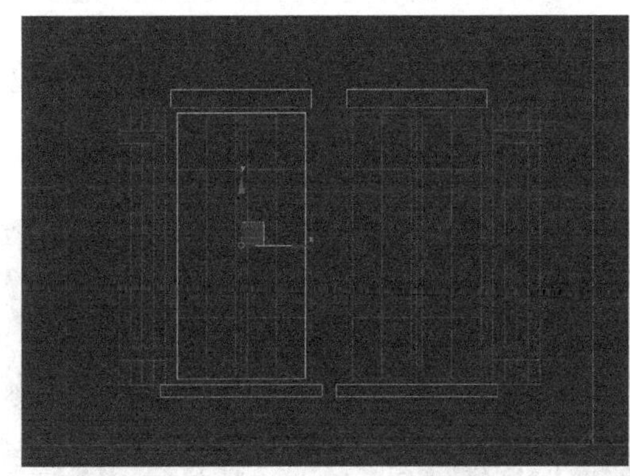

▲图 6-25　矩形窗框的制作

单击主工具栏中的【Align】（对齐）工具，选择目标物体为墙体，打开【AlingSelection】（对齐当前选择）对话框，在【AlingPosition（Screen）】（对齐位置（屏幕））中只勾选【ZPosition】（Z位置），在【CurrentObject】（当前对象）中选择【Minimun】（最小），在【TargetObject】（目标对象）中选择【Minimun】（最小），单击【OK】按钮使窗框和墙体对齐，如图6-26所示。

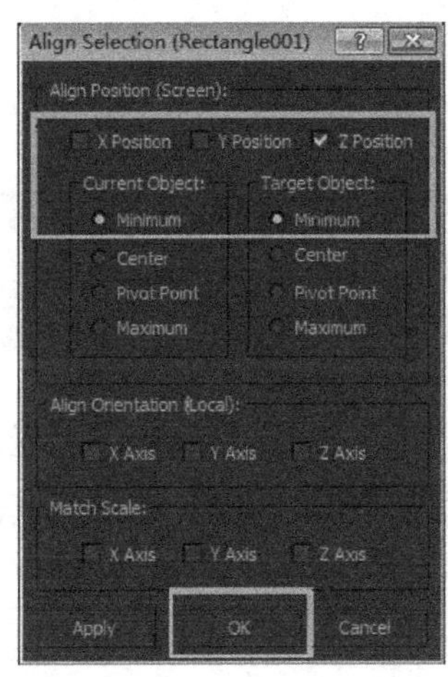

▲图 6-26　窗框的对齐

温馨提示

在模型的制作过程中，窗框的摆放位置有两种情况，一种是居中摆放，另一种是沿墙的内侧摆放，大多数公司在制定模型制作规范时都习惯用沿墙体内侧摆放的方式，这样可以增加一点进深感，为后续渲染做好准备。

选择窗框添加【Edit Mesh】（编辑网格）修改器，选择【Face】（面）子对象复制出横向和竖向的窗框，如图6-27所示。

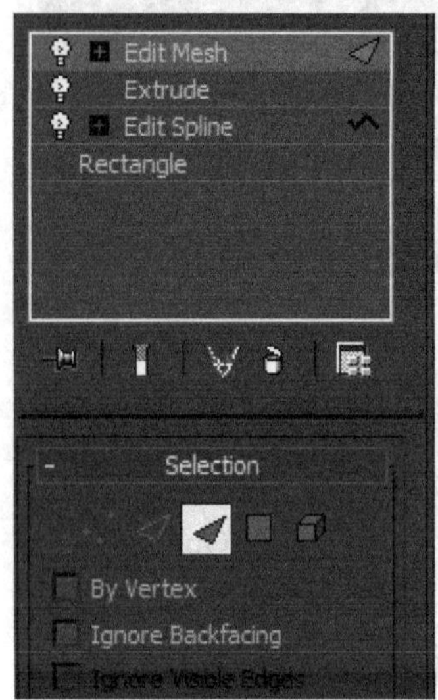

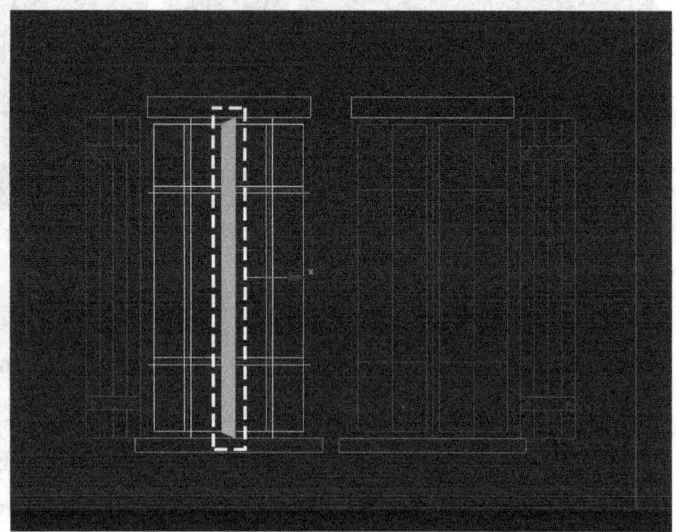

▲图 6-27　窗框分割的制作

温馨提示

在模型的制作过程中一般不考虑窗扇的开启方式，无论窗框是否是用双线表示，一般都按照普通窗框的制作方法统一制作。

打开捕捉，按【Shift】键移动复制相同的窗框，在【Clone Options】（克隆选项）对话框中选择【Instance】（实例）以保持相同窗框之间的关联性，方便后续修改，如图6-28所示。

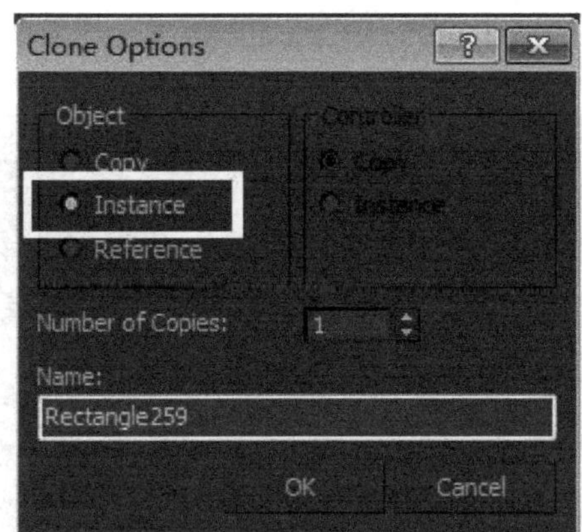

▲图 6-28 复制相同的窗框

选择弧形门套，在修改器堆栈中回到【EditableSpline】（可编辑样条线）修改器下选择【Segment】（线段）子对象，选中门套的内侧线段在【Geometry】（几何体）卷展栏下单击【Detach】（分离）按钮并勾选【Copy】（复制）复选项提取门框的线条。进入【Vertex】（顶点）子对象，单击【Connect】（连接）命令选择下方的两个顶点，使门框形成一个闭合的线，如图6-29所示。

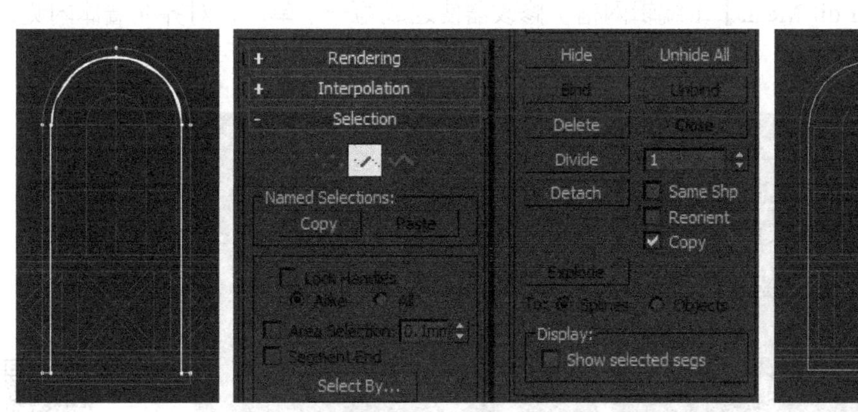

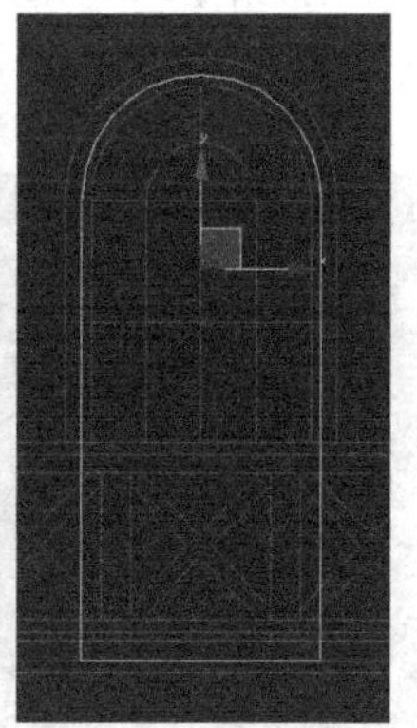

▲图 6-29 提取弧形门框图形

温馨提示

在制作弧形门、窗框时，一般不会重新绘制门框的图形，都是用提取线段的方式来制作，这样可以保证框体与墙体之间的无缝交接。

按照矩形窗框制作窗挺的方法制作好门框的部分，如图6-30所示。

▲图 6-30　制作弧形门框

在【Great】（创建）面板中单击【Shapes】（图形）按钮，选择【Rectangle】（矩形）工具，在【Front】（前）视图中根据绘制好的门、窗洞的大小绘制一个矩形，添加【Edit Mesh】（编辑网格）修改器使之成为一个单片，对齐在墙体内侧，如图6-31所示。

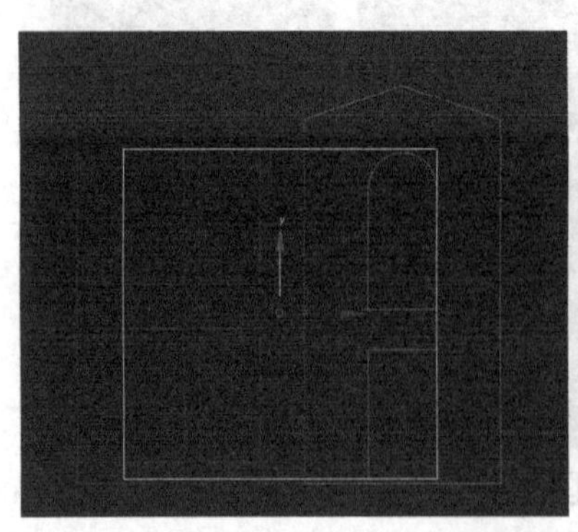

视频37

▲图 6-31　制作玻璃

温馨提示

在实际工作中，一般都会对在同一个平面的玻璃进行统一制作，而不会一块一块制作。

（4）装饰木窗的制作。在立面描绘出木窗的大小，添加【Extrude】（挤出）修改器，设置【Amount】（数量）值为10mm，并将其对齐摆放在墙体外侧，添加【Edit Poly】（编辑多边形）修改器，如图6-32所示。

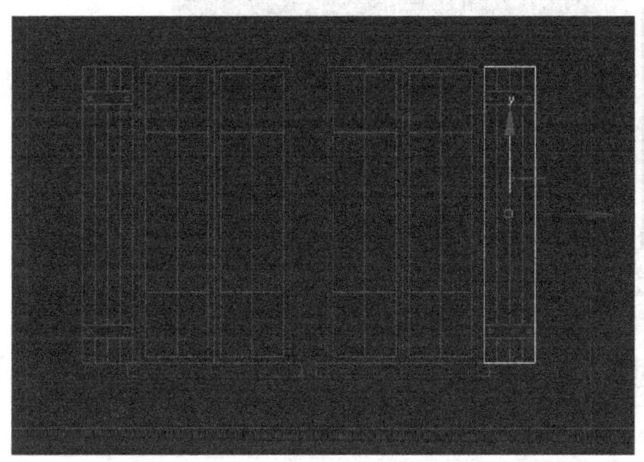
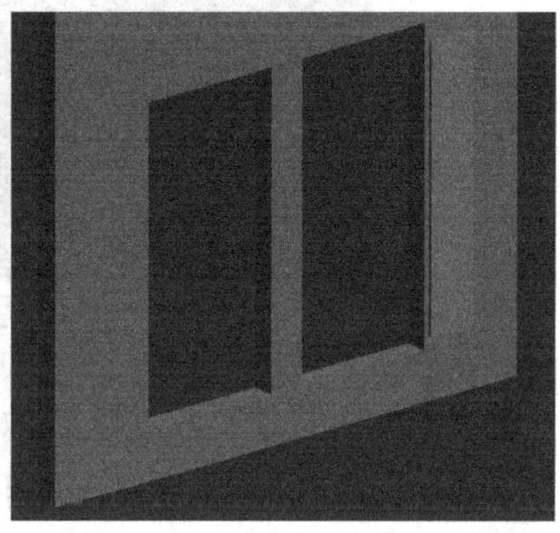

▲图 6-32 制作木窗

进入【Edge】（边）子对象，选择上下两条边，单击【Edit Edges】（编辑边）卷展栏下【Connect】（连接）命令中的【Settings】（设置）按钮，打开相应的对话框，在【Segments】（分段）中设为“3”，即可创建出3条均匀的分段，如图6-33所示。

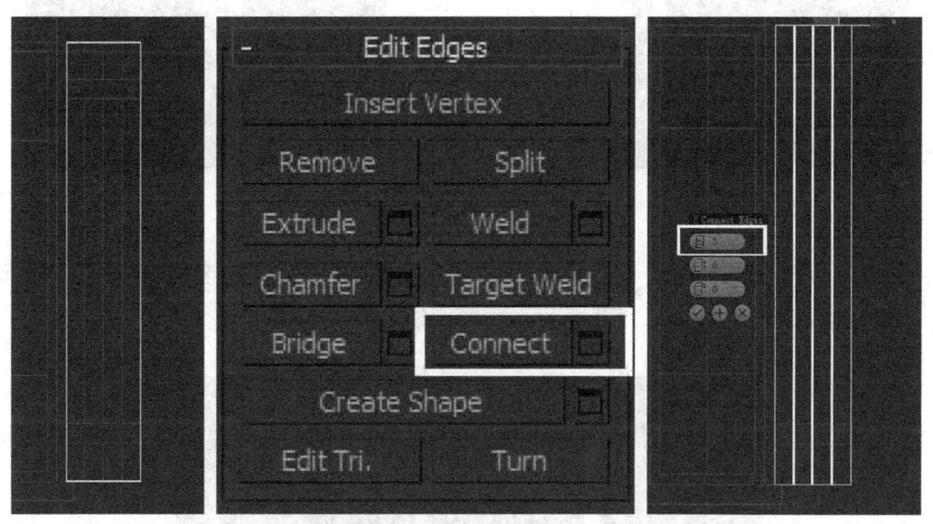

▲图 6-33 均匀连接木窗分段

选择连接出来的3条边，单击【Edit Edges】（编辑边）卷展栏下【Chamfer】（切角）命令中的【Settings】（设置）按钮，打开相应的对话框，在【Amount】（数量）中设为“5”，使木窗产生10mm的分缝，如图6-34所示。

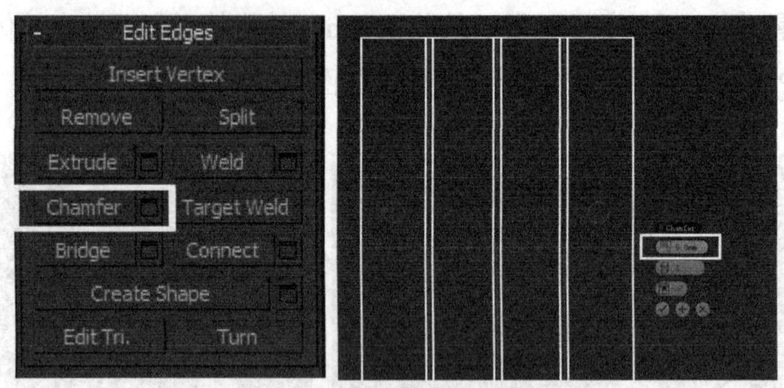

▲图 6-34　分缝的制作

进入【Polygon】（多边形）子对象，选择大块的4个面，单击【Edit Polygon】（编辑多边形）卷展栏下【Extrude】（挤出）命令中的【Settings】（设置）按钮，打开相应的对话框，在【Height】（高度）中设为“5”，使木窗产生5mm的凹槽，赋予材质完成木窗的制作，如图6-35所示。

▲图 6-35　凹槽的制作

按立面描绘金属构件，挤出相应的尺寸，按立面图纸实例复制好剩余的装饰木窗，如图6-36所示。

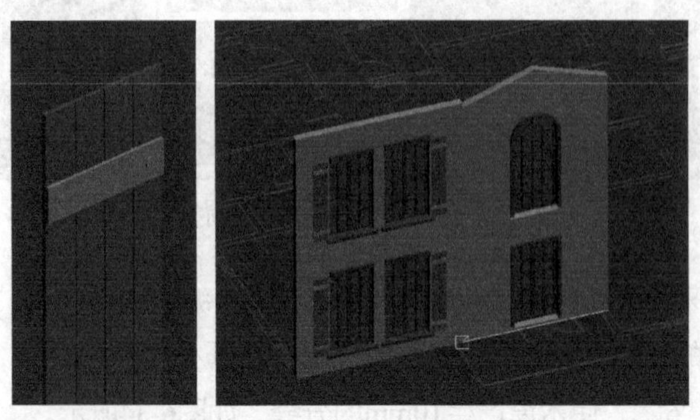

视频38

▲图 6-36　装饰木窗的完成

（5）二层阳台的制作。根据立面描绘阳台挡板的形状，挤出200mm，并摆放在平面的位置，如图6-37所示。

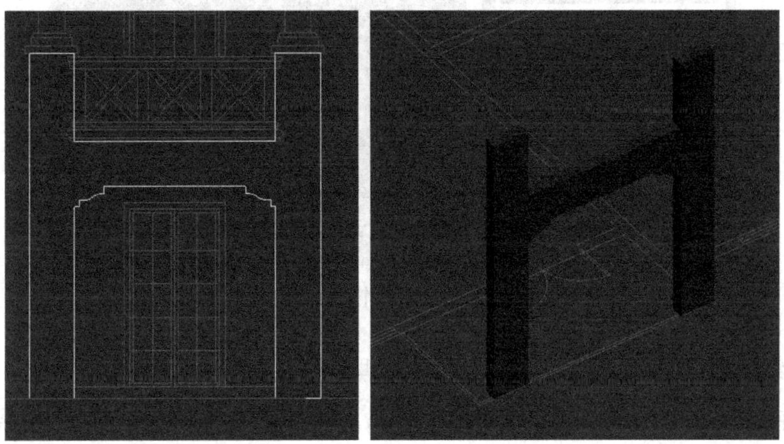

▲图 6-37 阳台挡板的制作

温馨提示

在实际工作中，当类似柱子的墙体出现时，一般按普通墙体厚度制作，以使整个项目的墙体尺寸统一。

在【Top】（顶）视图中按二层墙洞的大小描绘出线脚的路径，在【Front】（前）视图中描绘出线脚截面的形状，如图6-38所示。

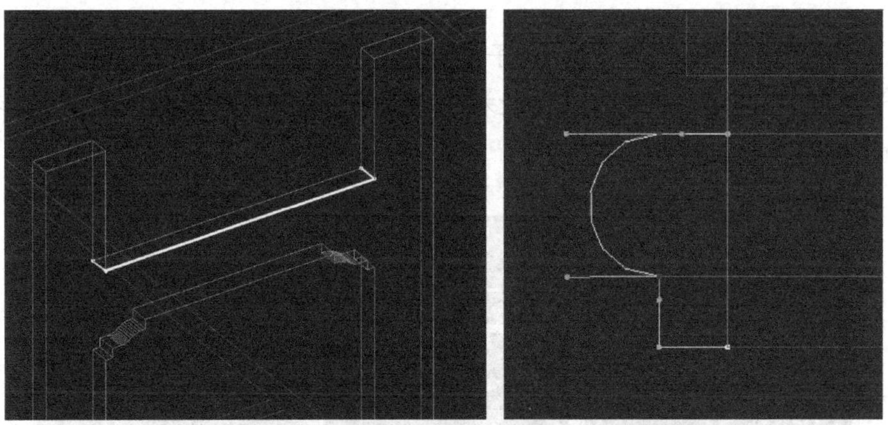

▲图 6-38 线脚路径与截面的描绘

选择路径添加【BevelProfile】（倒角剖面）修改器，单击【PickProfile】（拾取剖面）按钮拾取绘制好的截面，得到线脚的形状，如图6-39所示。

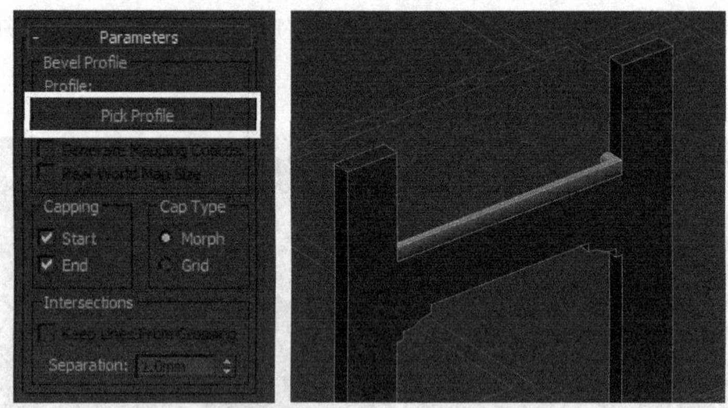

▲图 6-39　制作线脚

发现线脚截面翻转，这里有以下两种处理办法。

① 在修改器堆栈选择【Profile Gizmo】（剖面Gizmo）子对象并沿Z轴旋转180°，如图6-40所示。

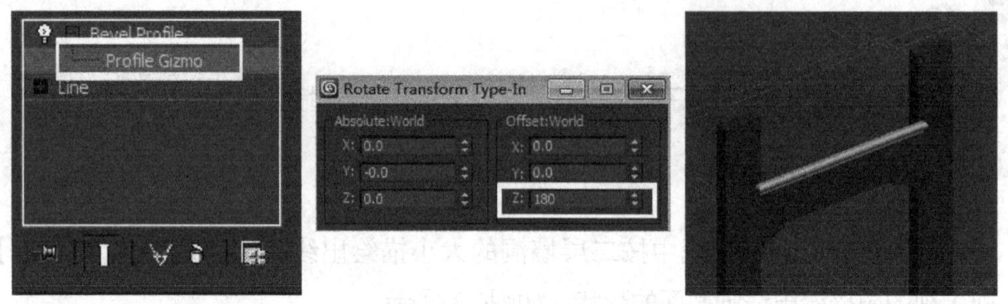

▲图 6-40　截面翻转方法①

② 进入路径【Vertex】（顶点）子对象选择另一个端点，在【Geometry】（几何体）卷展栏中单击【MakeFirst】（设为首顶点）按钮改变首顶点的位置，这样也可使截面翻转，如图6-41所示。

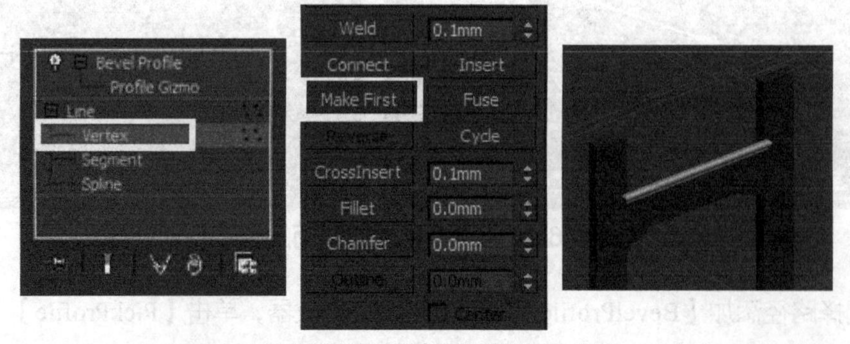

▲图 6-41　截面翻转方法②

根据立面图纸分析，此阳台应突出挡板，所以可定好突出尺寸为450mm，并依据相同的立面图形制作好木质栏杆，如图6-42所示。

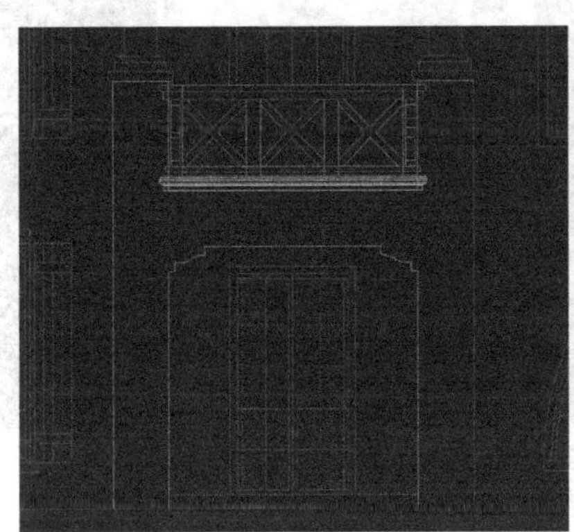

▲图 6-42 线脚与木质栏杆的制作

释放出一、二层墙体，以墙体位置为边界制作好侧面的阳台挡板栏杆以及阳台板，如图6-43所示。

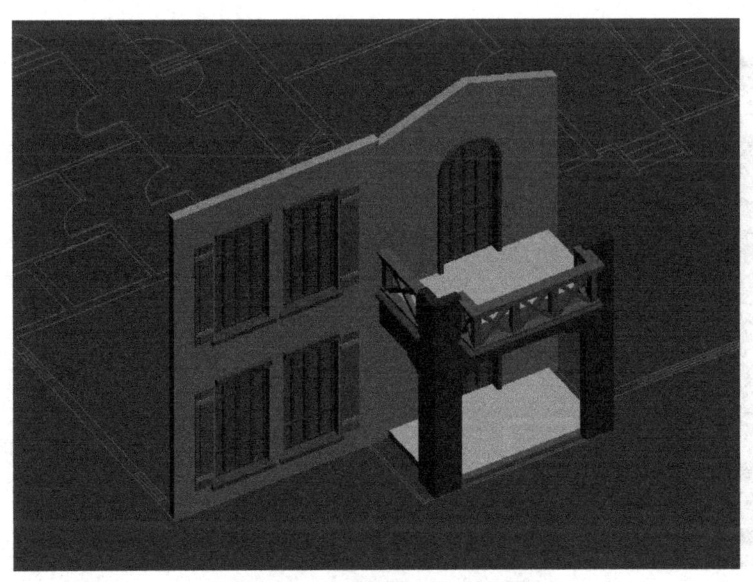

视频39

▲图 6-43 侧面阳台的制作

因为挡板上方有线脚存在，所以在二层阳台板以上的部分需要将柱子补全，这样才能使线脚有所支撑，如图6-44所示。

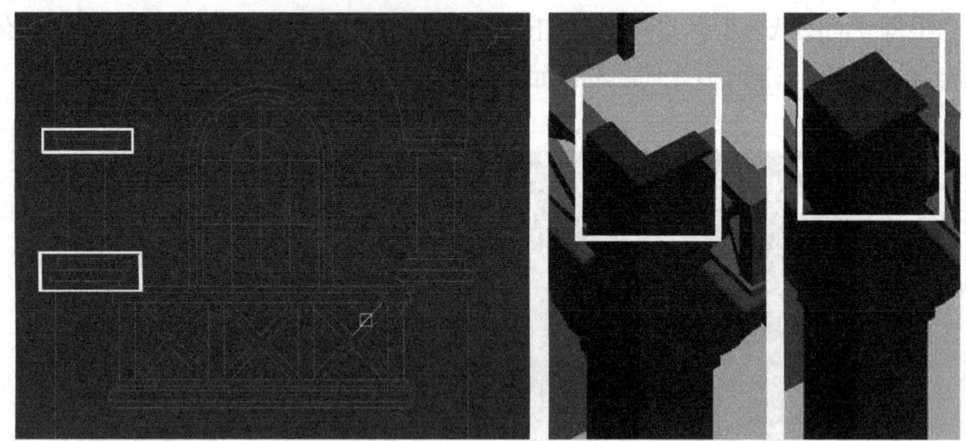

▲图 6-44　阳台立柱的补全

在立面描绘柱子形状的一半，添加【Lathe】（车削）修改器，在【Parameters】（参数）卷展栏下单击【Direction】（方向）中【Y】按钮，继续单击【Align】（对齐）中【Min】（最小）按钮得到柱子的形状，创建好柱子的线脚部分，如图6-45所示。

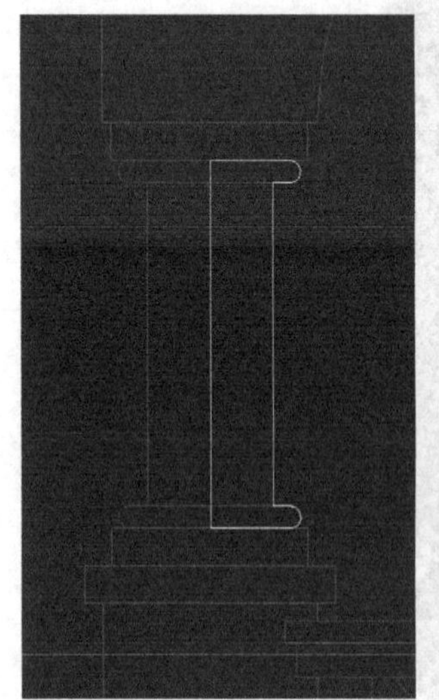

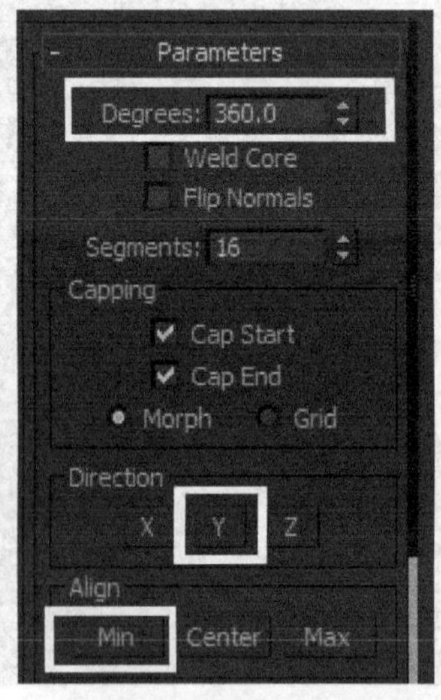

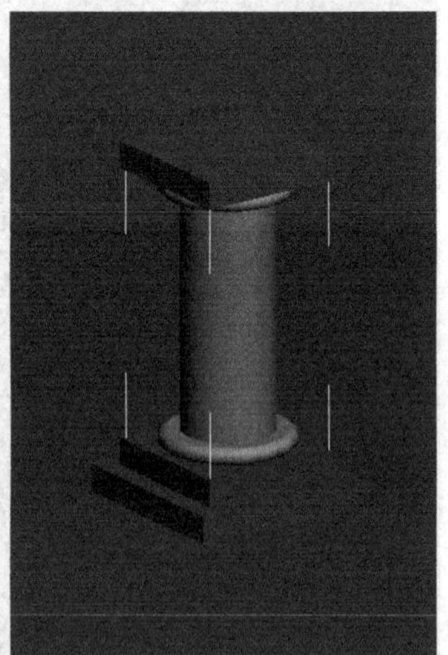

▲图 6-45　柱子的制作

温馨提示

如果在描绘立柱形状时描绘的是左边的半个形状，那么在选择对齐时就要单击【Max】（最大）按钮。

按照与前面相同的方法制作阳台顶部的墙体，为了使下方柱子有所支撑，墙体的厚度应为600mm，如图6-46所示。

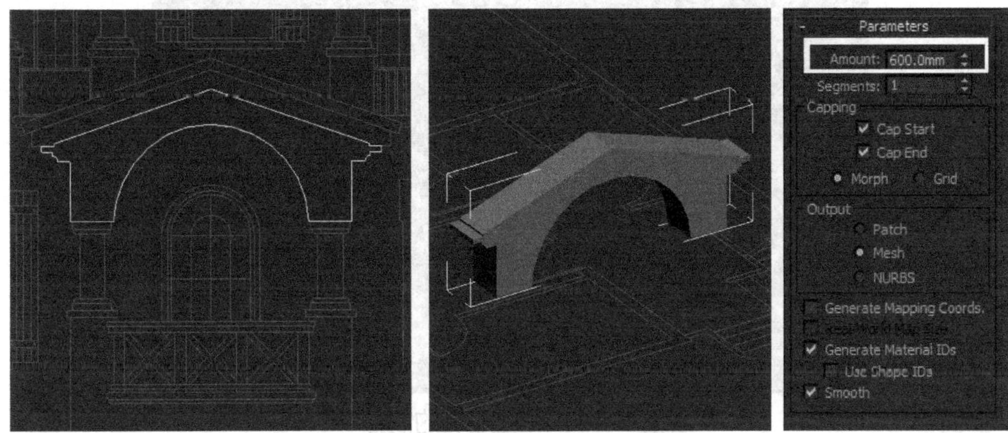

▲图 6-46 阳台顶部的墙体

在立面描绘阳台屋顶檐口的形状并分别给出不同的厚度，使两层檐口的尺寸差为50mm，如图6-47所示。

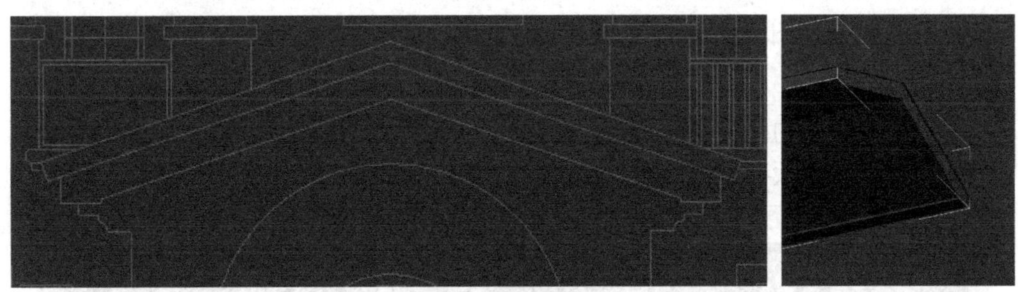

▲图 6-47 屋顶檐口的制作

在图纸没有明确表示檐口、线脚的进退尺寸时，一般都按50mm为单位依次进退。

（6）三层的制作。依据前面的方法制作三层的墙体、门窗框、阳台的线脚，得到三层墙面的部分，如图6-48所示。

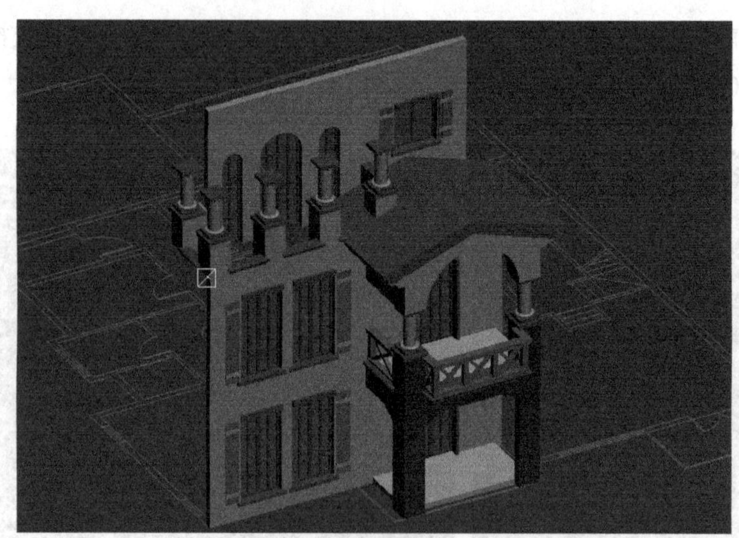

▲图 6-48　三层建筑的制作

温馨提示

发现二层阳台屋顶和三层阳台挡板之间有穿插，这种墙体交接的方式明显是错误的。继续通过对图纸的分析发现，现在的阳台屋顶不光与边户型有交集，还与中间户型有交集，所以这个屋顶的最终处理要等到中间户型制作完成后才能继续。

三层阳台顶部的墙体参考二层方法制作，完成后发现因为厚度的局限会出现墙体共面的现象，这是不允许的，如图6-49所示。

▲图 6-49　墙体转折处共面

对墙体添加【Edit Mesh】（编辑网格）修改器，进入【Vertex】（顶点）子对象，选择相应的顶点，将墙体交接处修改成45°夹角的状态，解决共面问题，如图6-50所示。

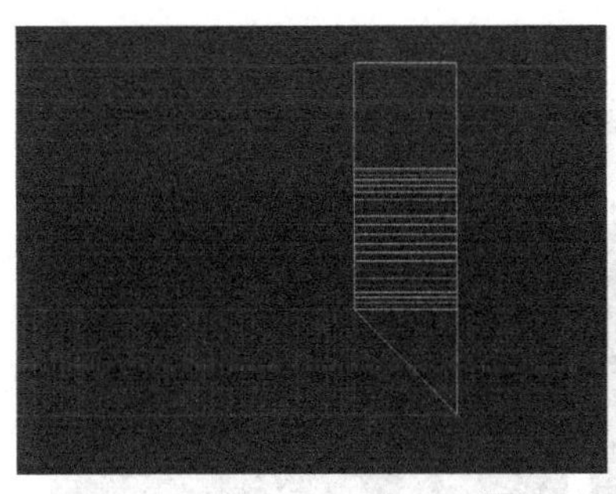
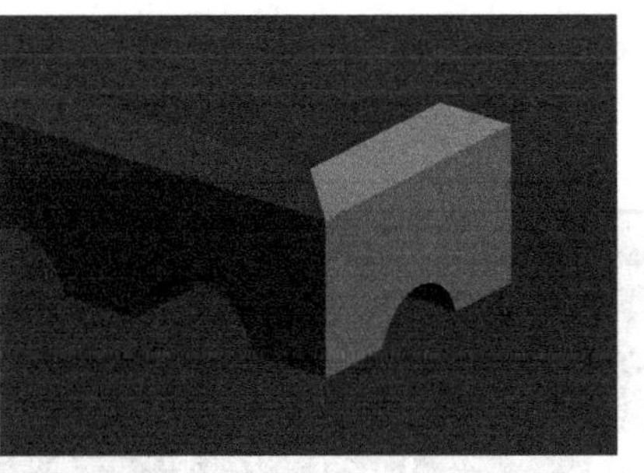

▲图 6-50 解决共面

视频40

三层阳台栏杆为铁艺连杆，用一般的制作方法来制作不太方便，这里使用可渲染线的方法来制作。先制作好铁艺栏杆的外框，如图6-51所示。

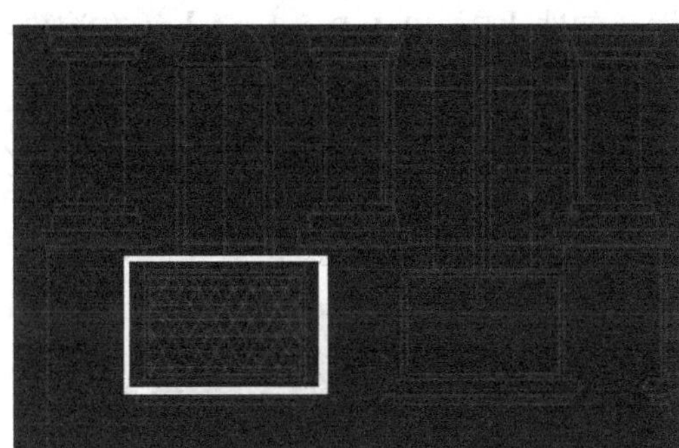
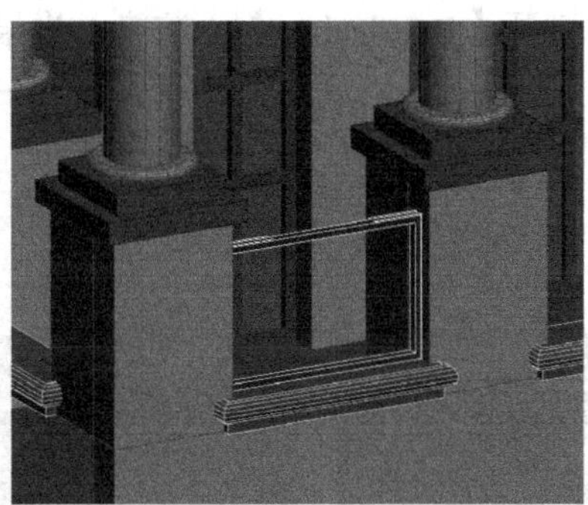

▲图 6-51 铁艺栏杆

通过图形中线的创建先制作好所有交叉的线和栏杆内框线，选取其中一根。在修改面板中的【Geometry】（几何体）卷展栏下单击【Attach Mult】（附加多个）按钮，打开【Attcah Multiple】（附加多个）对话框，单击【Attach】按钮使所有线附加为一个线形，如图6-52所示。

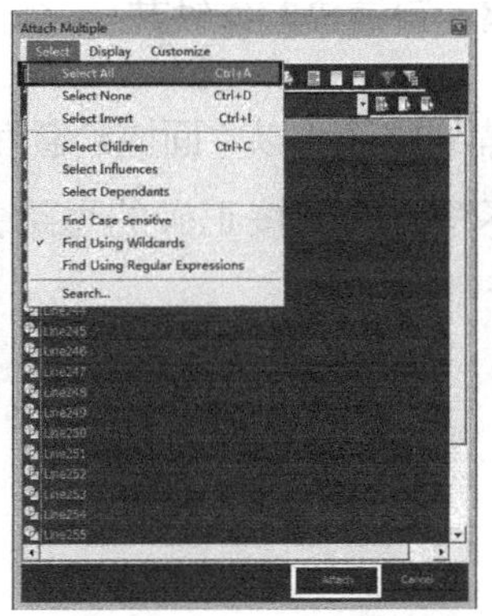

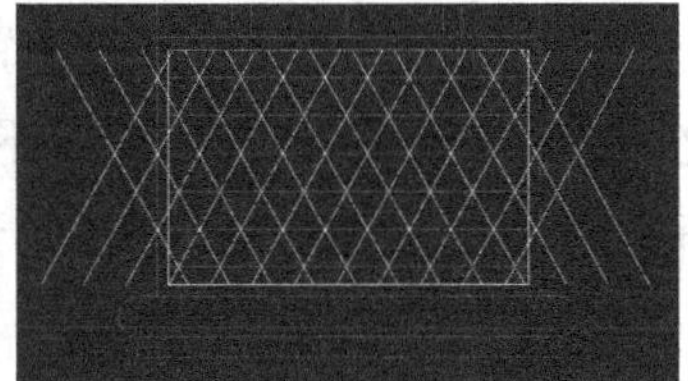

▲图 6-52 制作铁艺轮廓

进入【Spline】（样条线）子对象，单击【Trim】（修剪）命令，依次修剪掉边框以外多余的线。删除铁艺栏杆框的轮廓线，最终得到铁艺的形状，如图6-53所示。

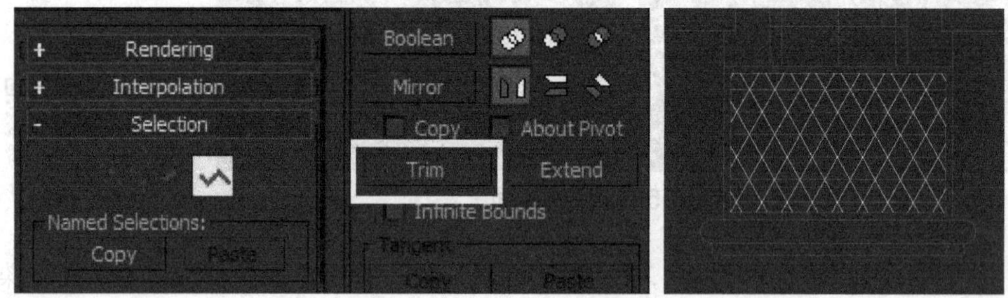

▲图 6-53　铁艺的最终形状

打开【Rendering】（渲染）卷展栏，勾选【EnableInRenderer】（在渲染中启用）和【EnableInViewport】（在视口中启用）选项，分别设置【Rectangular】（矩形）的【Length】（长度）为30mm，【Width】（宽度）为5mm，得到铁艺的最终形状，如图6-54所示。

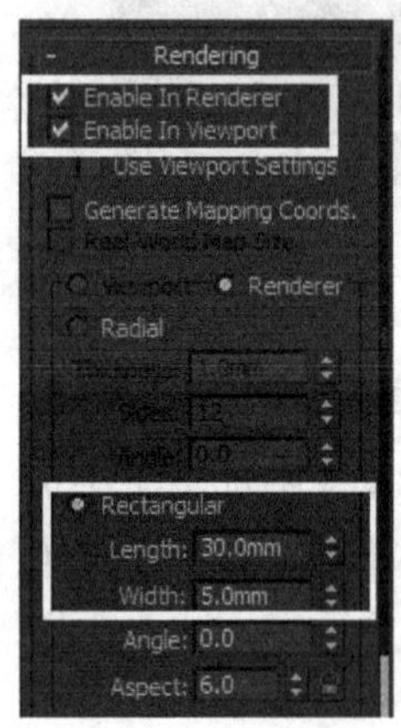

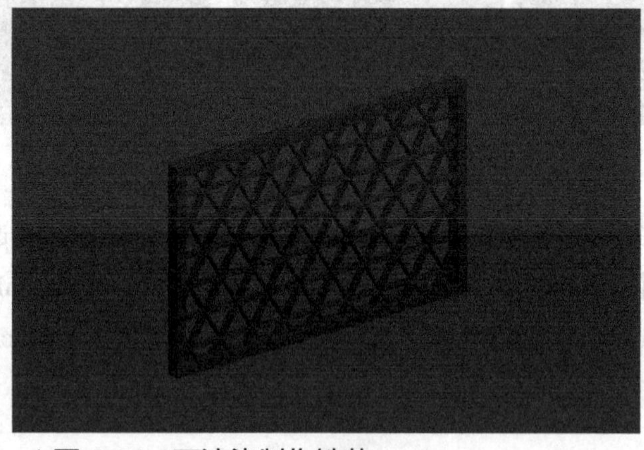

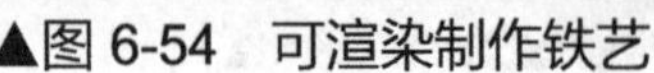

▲图 6-54　可渲染制作铁艺

视频41

沿三层阳台屋顶墙体边界描绘路径，以立面描绘截面的方式制作檐口部分，发现立面图纸的绘制和实际情况不符时，要按正确的思路去制作檐口大小，如图6-55所示。

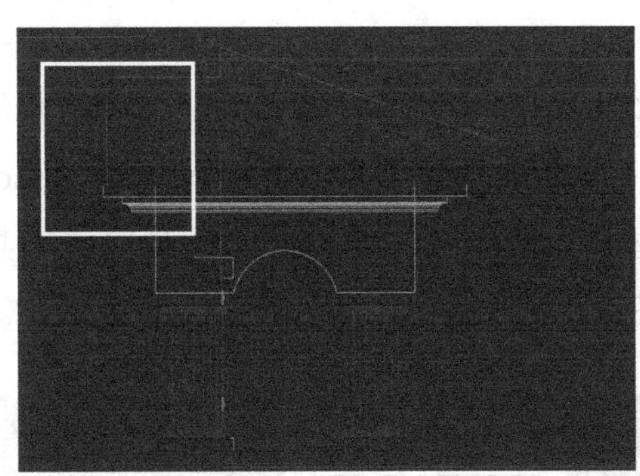

▲图 6-55　三层阳台屋檐

制作好四层阳台挡板的部分以方便制作三层阳台的屋顶部分，如图6-56所示。

▲图 6-56　四层阳台挡板墙体部分

以三层阳台屋檐为边界结合南立面及西立面图纸绘制好屋顶部分，如图6-57所示。

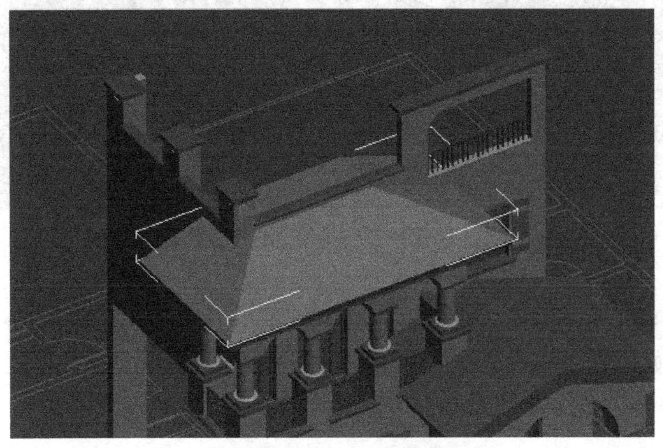

▲图 6-57　三层屋顶

发现有一部分屋面穿插到四层阳台挡板以内，沿四层阳台挡板外轮廓描绘创建一个高度大于屋顶的体块，选择屋顶单击【Great】（创建）→【Geometry】（几何体）→【Compound Objects】（复合对象）下【Boolera】（布尔）命令，单击【Pick Operand B】（拾取操作对象B）按钮拾取体块，选择【Subtraction（A-B）】（差集（A-B））选项，如图6-58所示。制作出最终屋顶并赋予材质后的效果如图6-59所示。

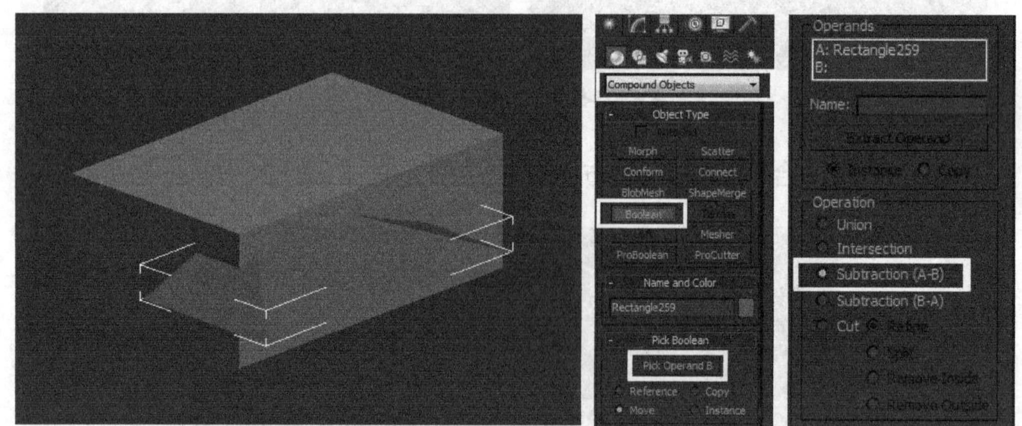

▲图 6-58　减去多余屋顶

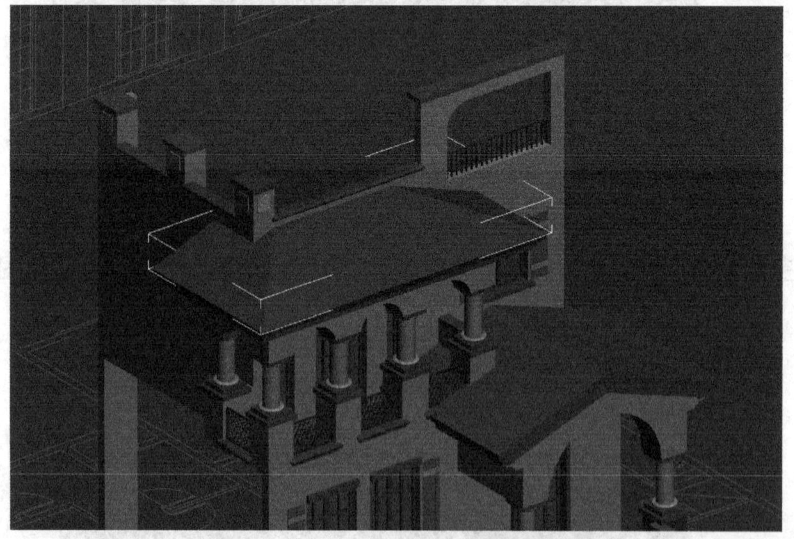

▲图 6-59　三层屋顶的最终效果

（7）制作四层。根据前面的制作方法描绘四层墙体，如图6-60所示。用相同的制作方法制作好四层的窗框以及玻璃的部分，如图6-61所示。

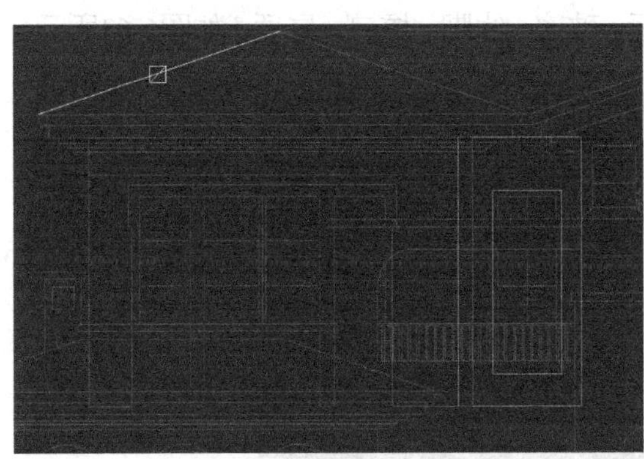
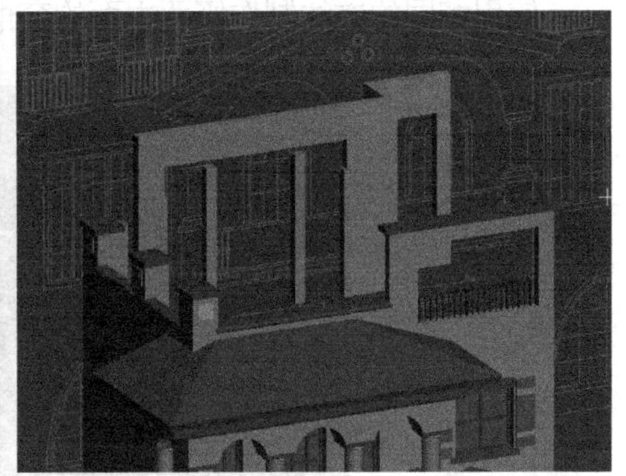

▲图 6-60　制作四层墙体

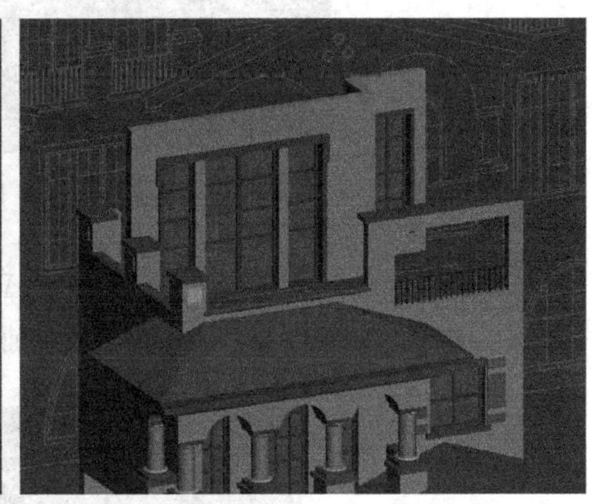

▲图 6-61　制作四层的窗框和玻璃

（8）制作西立面。根据西立面描绘墙体形状，在平面上放置好相应的位置，制作好西立面的所有墙体，如图6-62所示。

▲图 6-62　西立面墙体的绘制

使用相同的方法制作好西立面的窗框、玻璃、线脚、檐口、屋顶，如图6-63所示。

▲图 6-63　西立面细节的制作

（9）制作北立面。此案例没有提供北立面图纸，只要在人视图角度没有问题即可，一切细节按照立面元素统一的原则进行制作，如图6-64所示。

▲图 6-64　北立面的制作

温馨提示

至此，整个边户型就制作完毕了，可将所有模型成组以防止后续操作出错。

（10）制作中间户型。中间户型的立面元素样式和边户型完全一致，可按照相同的制作思路以及制作方法逐步完成中间户型的制作，如图6-65所示。

▲图 6-65　中间户型的制作

（11）屋顶的制作。选择所有四层的墙体，沿墙体平面描绘屋顶檐口的路径，通过分析在遇到有双坡屋顶时需断开檐口的路径，如图6-66所示。在立面描绘檐口的截面图形，如图6-67所示。

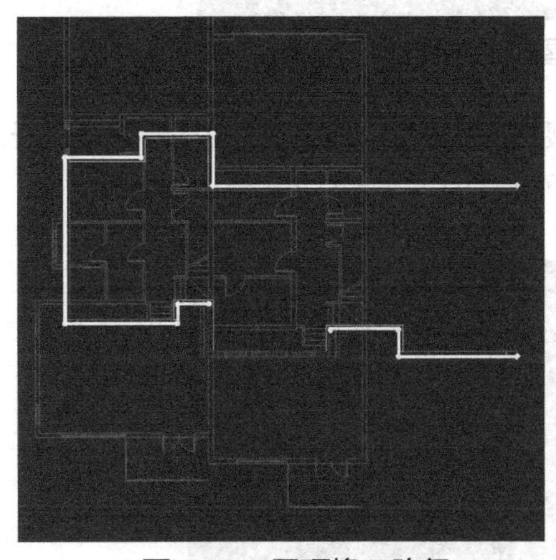

▲图 6-66　屋顶檐口路径

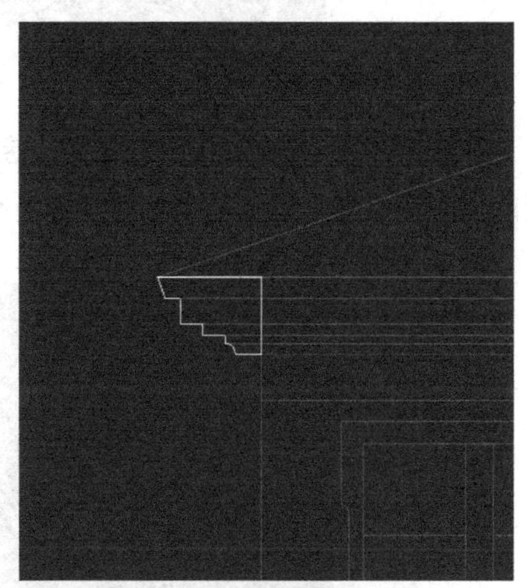

▲图6-67　屋顶檐口截面

使用下面几层阳台屋顶檐口的制作方法制作好屋顶檐口，如图6-68所示。

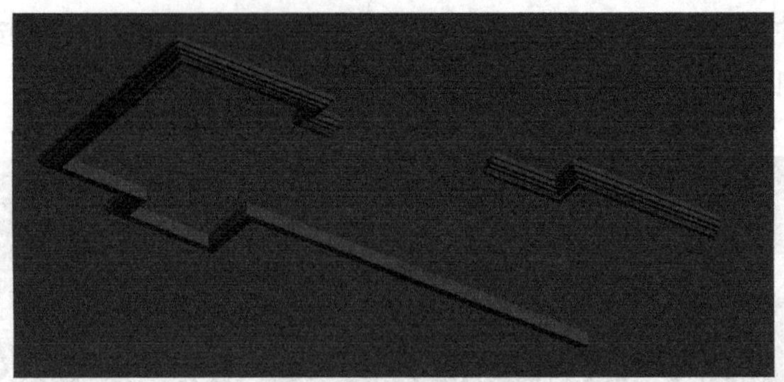

▲图 6-68　屋顶檐口

打开屋顶平面，沿平面外轮廓描绘图形制作好屋顶的整体形状，添加【Edit Poly】（编辑多边形）修改器，如图6-69所示。

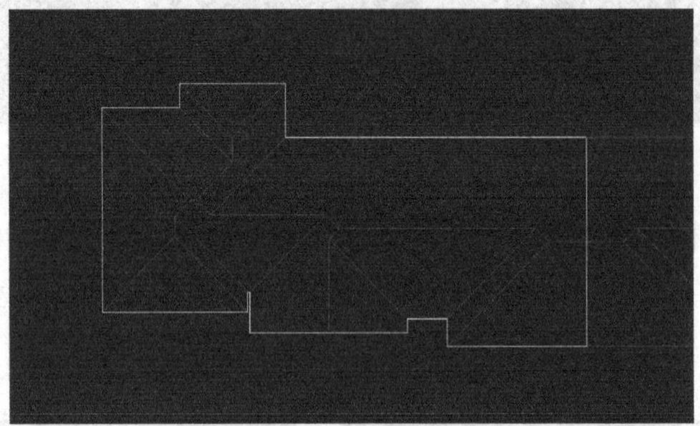

▲图 6-69　屋顶的整体形状

在【Edit Geometry】（几何体）卷展栏下单击【Cut】（切割）命令，在打开捕捉的状态下，根据屋顶平面图切割好所有的屋脊线，如图6-70所示。

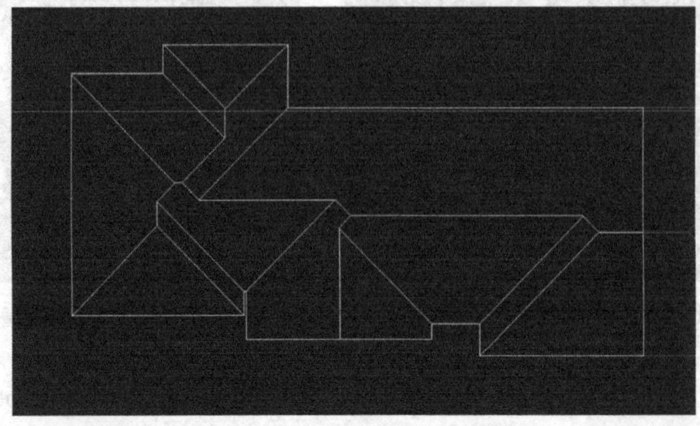

▲图 6-70　切割屋脊线

切割屋脊线时尽量寻找最长的屋脊线走向来切割，不要一根一根地切割。

将切割好的平面移动到线脚的位置，进入【Vertex】（顶点）子对象，分别选择水平或垂直方向的顶点并将其移动到立面图纸上相应的位置，这样整个屋顶就轻松地制作完毕了，如图6-71所示。

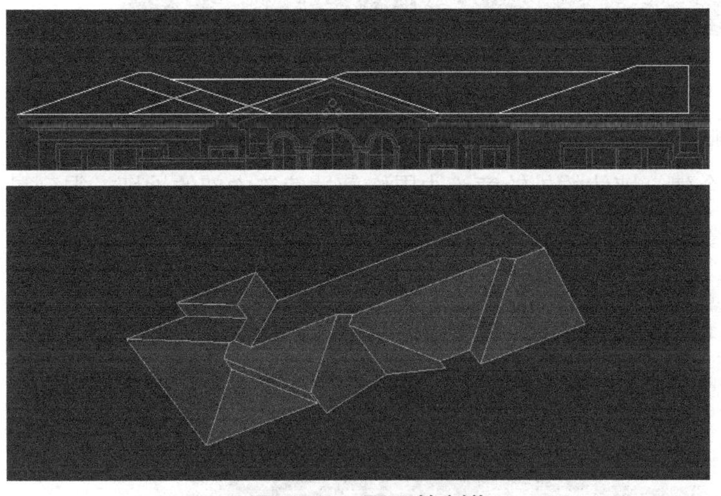

▲图 6-71　屋顶的制作

（12）最终的拼接。至此，对整栋建筑来说，对称的部分已经全部制作完毕了，选择制作好的模型镜像复制得到最终的模型，如图6-72所示。

▲图 6-72　最终的立面效果

根据立面图纸制作好四层露台部分的分户墙，选择所有墙体，沿墙体的内侧描绘闭合图形制作楼板，如图6-73所示。

▲图 6-73　楼板和分户墙

（13）地形的制作。在侧立面描绘地坪线，添加【Extrude】（挤出）修改器，使地坪无限延长，以整个建筑墙体的外轮廓为边界修剪掉建筑内部的地坪，得到最终的整体模型，如图6-74所示。

▲图 6-74　最终的模型效果

本章小结

通过本章的学习，我们深刻领会到在制作一个模型时，先要仔细分析图纸，掌握好建筑的具体结构，然后再去考虑制作模型的方法，快速找到制作模型的技巧，加快模型的创建速度并保持准确性，不能因为模型的问题而影响到后续的渲染及其他工作，从而影响到整个项目的进度。

第7章

室内单面建模的制作

本章主要以室内单面建模中的客厅、餐厅为例，来详细讲解室内单面建模的流程、方式及方法。

7.1 室内的定义

室内是指建筑的内部空间，包括居住建筑室内、公共建筑室内、工业建筑室内、农业建筑室内。根据建筑物的使用性质、所处环境和相应标准，可运用物质技术手段和建筑设计原理，创造出功能合理、舒适优美、满足人们物质和精神生活需要的室内环境。

7.2 基本概念

本章用单面建模的方式，演示了相关建模方法的墙体、窗户、门洞和过门石的制作过程及方法。单面建模方法的优点在于建模速度快、省面；但同时也有缺点，即不易修改、对制作人员要求高，需要其三维空间想象能力强。所以，在创建模型之前，首先需要对概念做一个详细的了解。

（1）室内单面建模，其目的是做静态室内效果图（照片）。

（2）我们生活的室内空间就像一个盒子，单面建模亦是如此。先建立基本体，在体内直接创建相机、灯光、调节材质、导入家具模型等，并不考虑墙体厚度。

（3）关键词："建我所见!"（即只需制作渲染出图中能看到的地方，看不到之处不予考虑。）

（4）3D模型的面为单面，即一面可视，另一面不可视。

7.3 室内单面建模案例

1.导入CAD

在AutoCAD软件中，（位置：通过扫描二维码下载相应配套教学资源）先将文字、标注等删除，只留墙体、家具等需要制作的层，如图7-1所示。

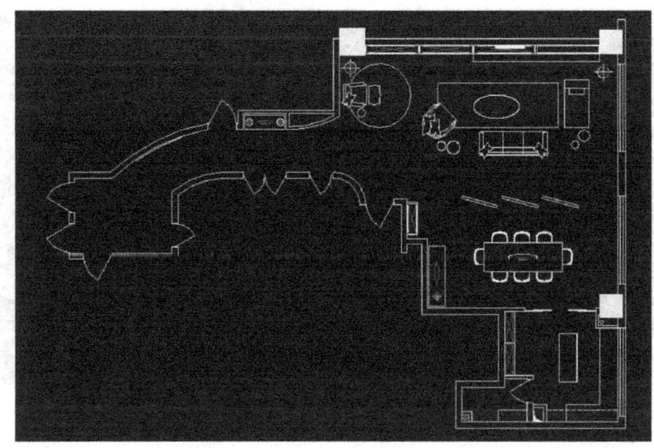

视频43

▲图 7-1 AutoCAD文件

2.描内线、挤出

在3ds Max软件中，导入AutoCAD图纸文件后，先将CAD图形成组，再按照前面所学的内容分别设置【调整图层】并【冻结】，如图7-2所示。

（1）使用【样条线】（Line）命令，沿着内墙线勾线。在遇到门洞、窗洞时使用【细化】（Refine），要求线封闭、闭合，如图7-3所示。

视频44

▲图7-2 冻结AutoCAD文件

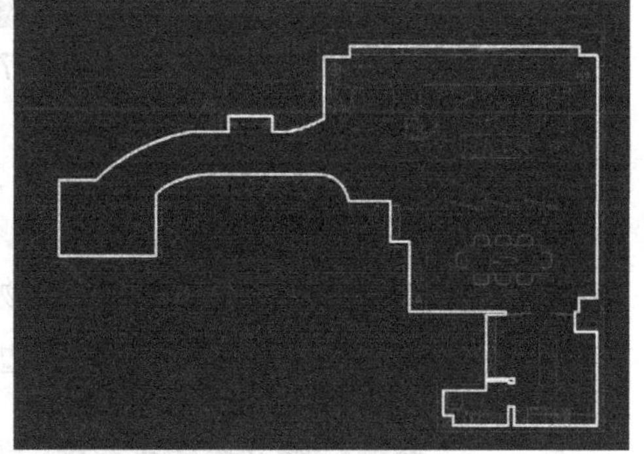

▲图 7-3 沿AutoCAD文件描线

温馨提示

注意捕捉是否切换到2.5维捕捉，不可出现断线、线重合、线不在同一平面的现象，如图7-4所示。

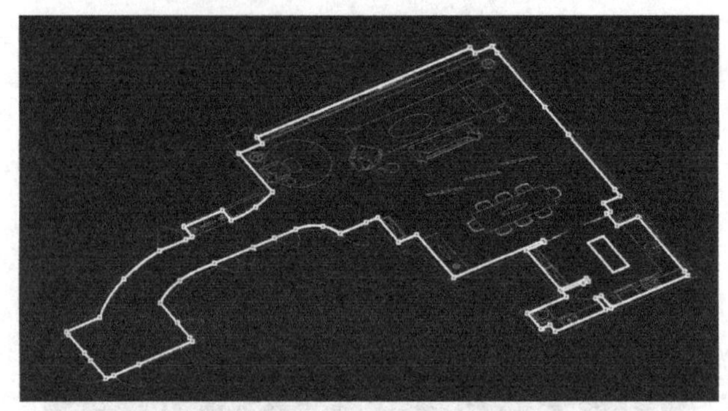

▲图 7-4 描线注意事项

（2）将完成的样条线选中并【Extrude】（挤出），所挤出的数量为室内楼层净高，此模型楼层净高为3m，如图7-5所示。

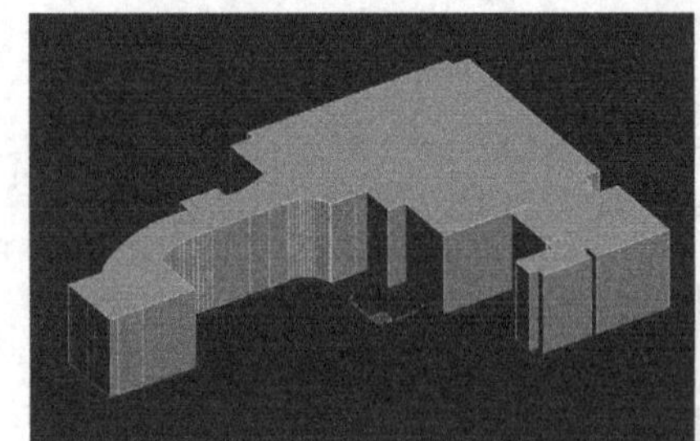

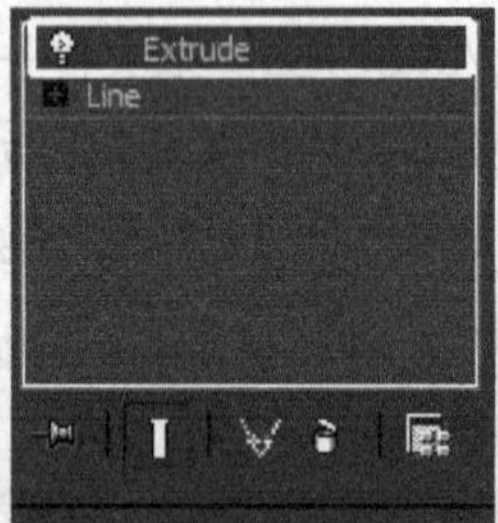

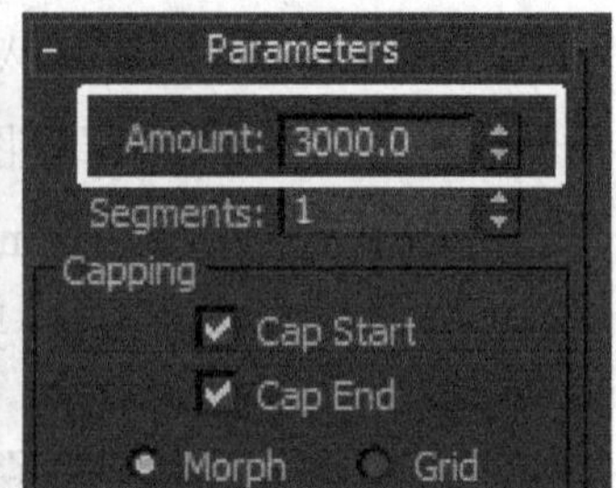

▲图 7-5 挤出

3.转换为可编辑多边形

（1）在3ds Max软件中，先选中创建物体并单击鼠标右键，再选择【Convert To Editable Poly】（转换为可编辑多边形），如图7-6所示。

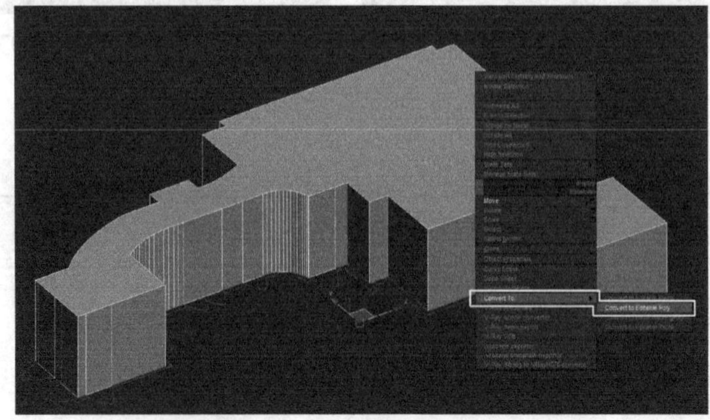

视频45

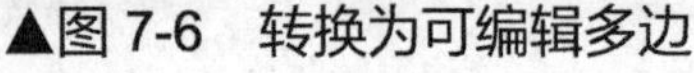

▲图 7-6 转换为可编辑多边

温馨提示

选取物体单击鼠标右键。

（2）在参数面板中，先选择【Polygon】（多边形），然后选取创建物体所有的面，并单击【Flip】（翻转），从而让法线翻转使内部空间可见，如图7-7所示。

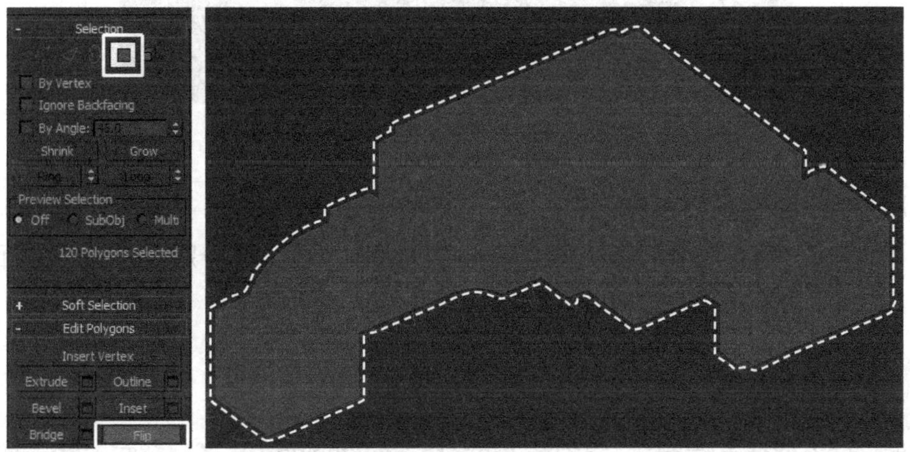

▲图 7-7　法线翻转

（3）注意，此时我们会看到创建物体变成黑色，其解决方法为选取创建物体并调节【Object Properties】（对象属性），开启【Backface Cull】（背面消隐）即可，如图7-8所示。

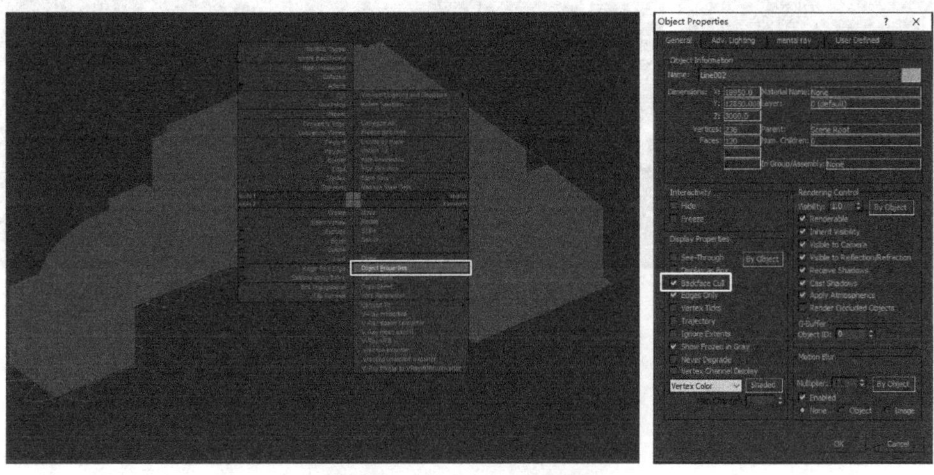

▲图 7-8　开启背面消隐

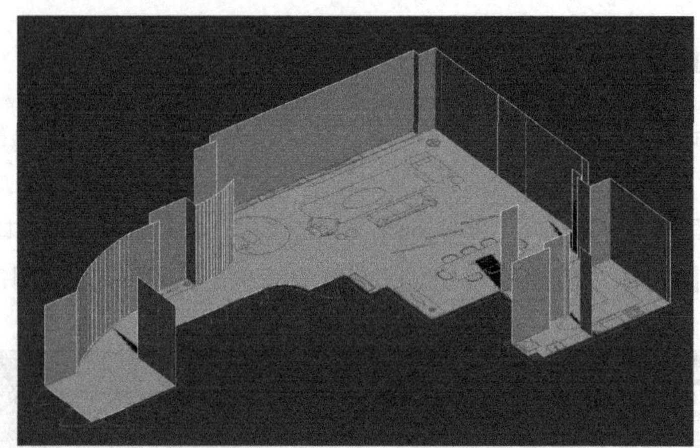

▲图 7-8 开启背面消隐（续）

（4）面分离。具体方法有如下两种。

① 在3ds Max软件中先选择【Polygon】（多边形），再分别分离地面、顶面部位，然后分别赋予材质。

温馨提示

此时，面不能被直接选中，需勾选【Ignore Backfacing】（忽略背面）复选项，如图7-9所示。

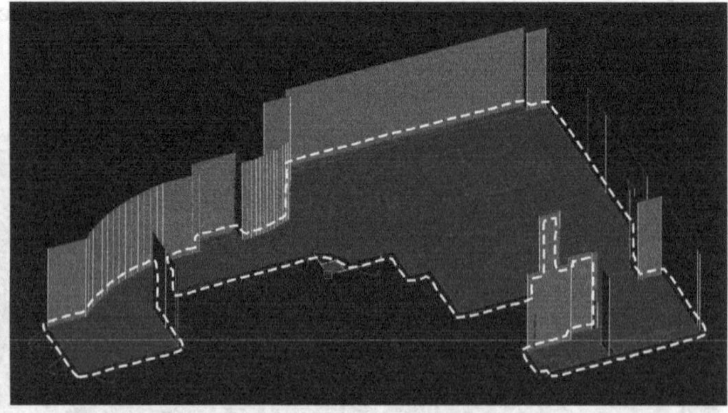

▲图 7-9 忽略背面

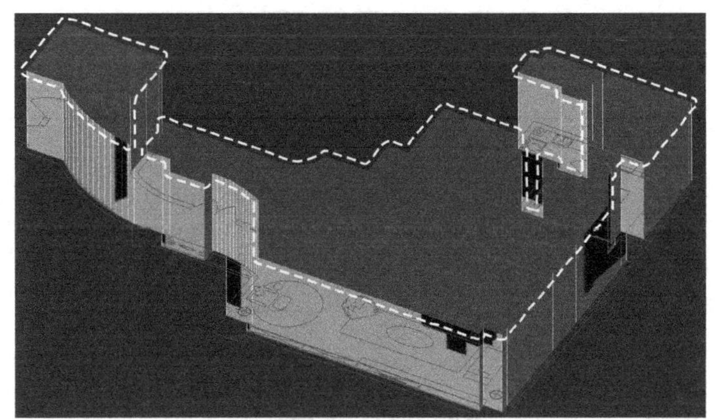

▲图 7-9 忽略背面（续）

②首先单独选取顶面，再选择【Detach】（分离）；然后单击选取地面，再选择【Detach】（分离）。这样，就可将墙面、地面和顶面分别赋予所需材质，如图7-10所示。

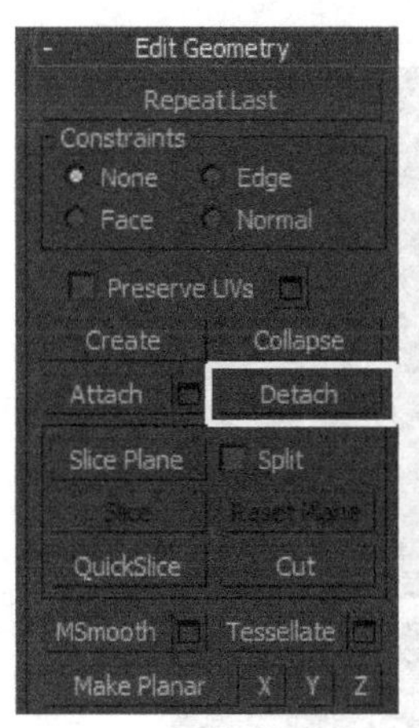

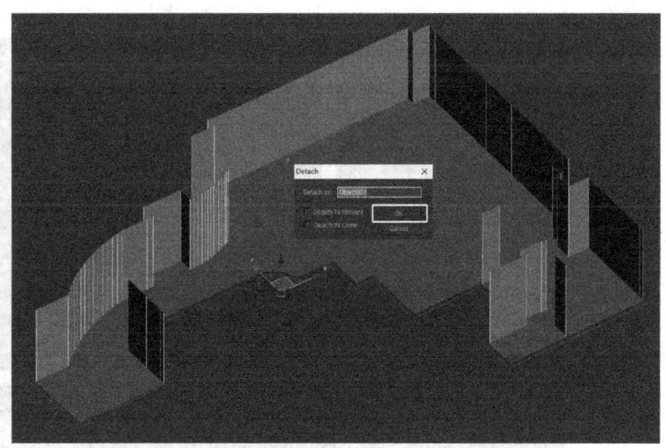

▲图 7-10 面分离

4.切线、挤出

在3ds Max软件中，由于之前在门洞、窗洞处都已添加节点并挤出，所以便会得到窗洞、门洞位置的线框，如图7-11所示。下面，由此制作窗户、门洞和过门石（此处的窗户制作以厨房为例）。

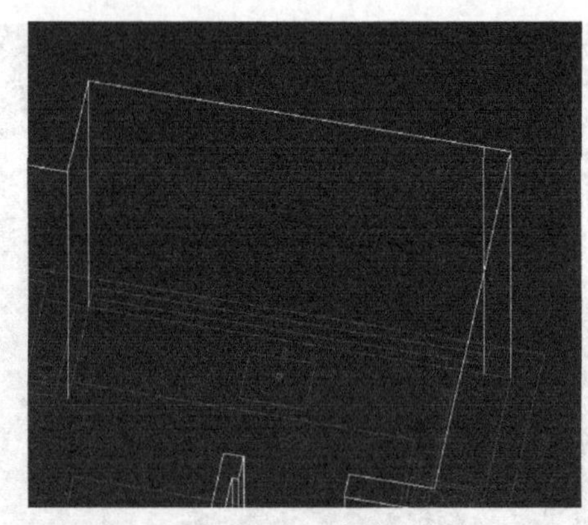

▲图 7-11　窗户制作

视频46

（1）制作窗户，具体步骤如下。

①先选中墙面（但注意不要选到地面、顶面），再选择【Edga】（边），然后选取两根竖向边，使用命令【Connect】（连接）得到两根横线，如图7-12所示。

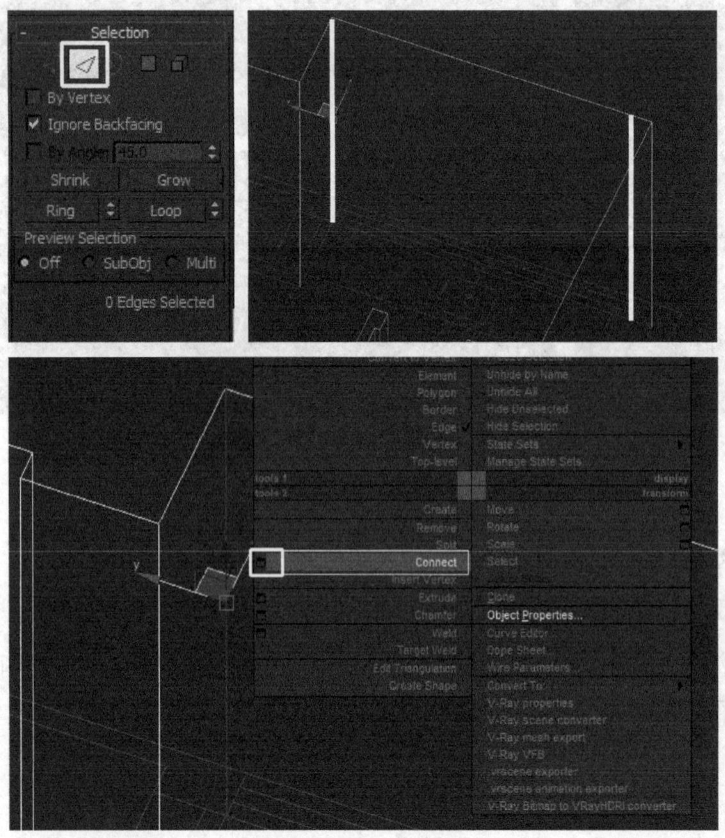

▲图 7-12　选择边

② 调整两根横线的高度及其间距，用来分别确定窗高、窗下墙和窗上墙（本模型窗下墙高度尺寸为850mm，窗户高度尺寸为1 600mm，窗上墙高度尺寸为550mm），如图7-13所示。

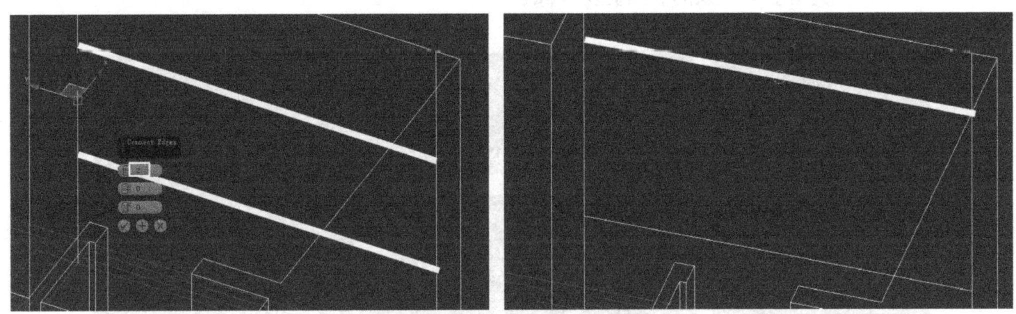

▲图 7-13　调整边间距

③ 确定好位置后，先选择【Polygon】（多边形），再选取窗户口的面，执行【Extrude】（挤出）命令并输入相应的数据-200mm，注意是负数，如图7-14所示。

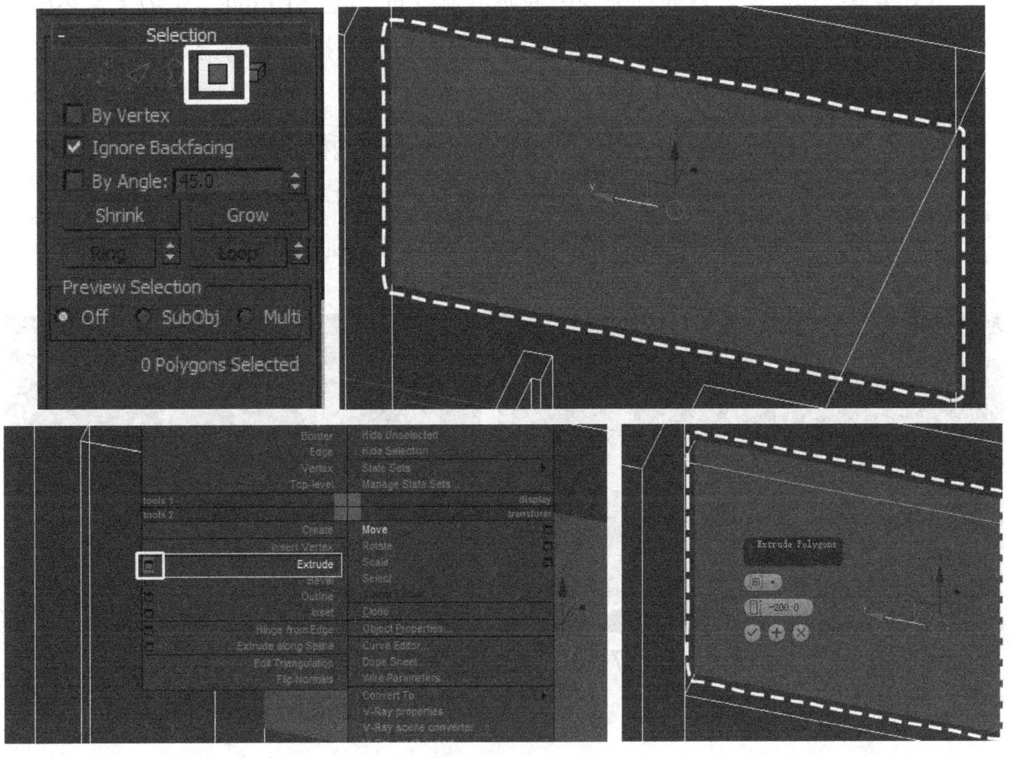

▲图 7-14　挤出

④挤出后，先对当前所选择的面使用【Detach】（分离），然后将该面分离，用来制作窗棱，如图7-15所示。注意：由于此时制作窗棱的面已被分离，所以当前状态下是无法选择窗口面的。我们需要先退出【Polygon】（多边形），才能选中被分离的窗口面。

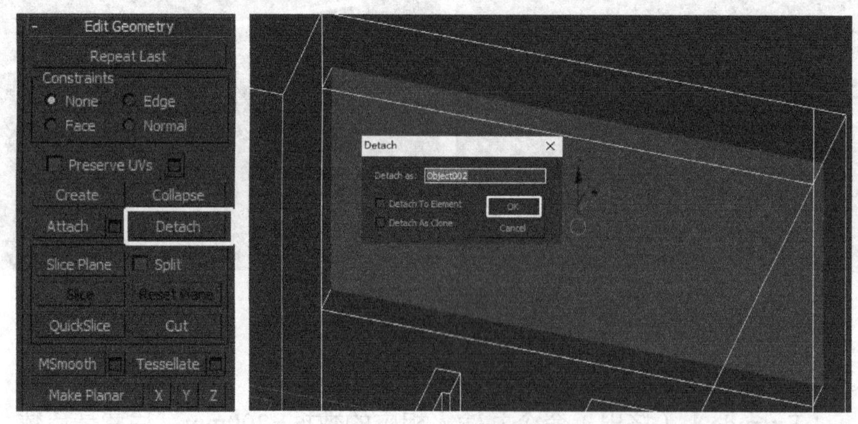

▲图 7-15　面分离

⑤接着制作窗棱。首先选择并单独显示窗口面，选择【Edga】（边），然后使用【Connect】（连接）分割窗棱（窗棱数量根据实际场景而定），具体步骤如下。

a. 选择【Edga】（边）以选取横向边，再选取两根竖线，使用【Connect】（连接）连接出竖向边，制作竖向窗棱（此时需要调整窗棱的尺寸、位置，该竖向窗棱距离侧墙间距为600mm），如图7-16所示。

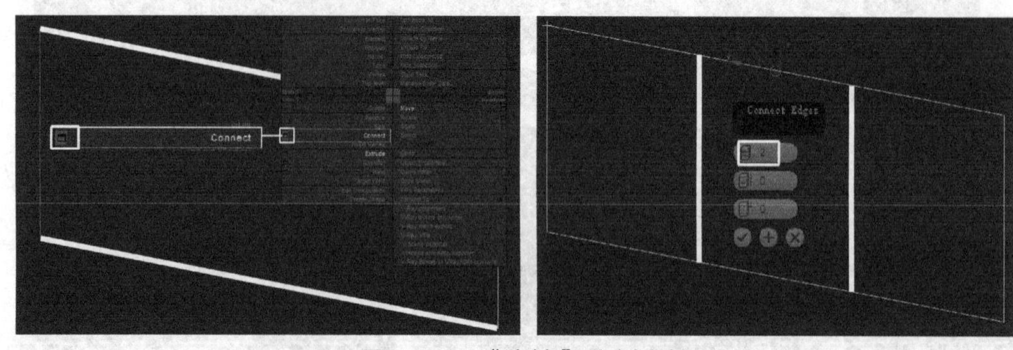

▲图 7-16　“连接”分割窗棱

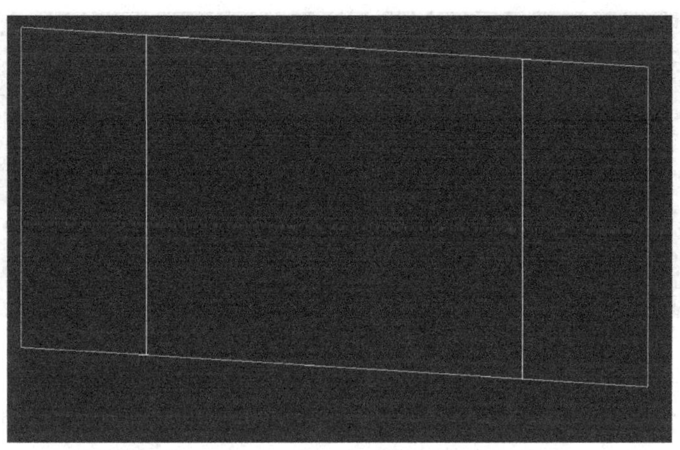

▲图 7-16 “连接”分割窗棱（续）

b. 选择【Polygon】（多边形），选取所有的面，并使用【Inset】（插入）命令，然后在插入面板中进行设置。先将【Group】（组）选项切换到【ByPdygon】（按多边形），再输入插入量30mm（具体数据根据实际窗棱宽度确定），接着将【Extrude】（挤出）厚度设置为30mm（具体数据也根据实际窗棱厚度确定），如图7-17所示。

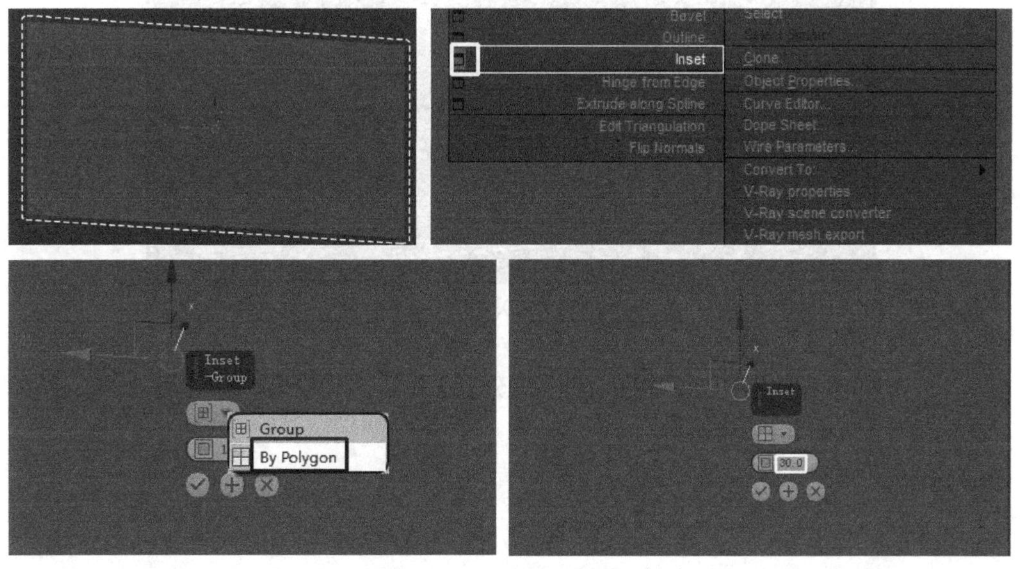

▲图 7-17 插入与挤出（1）

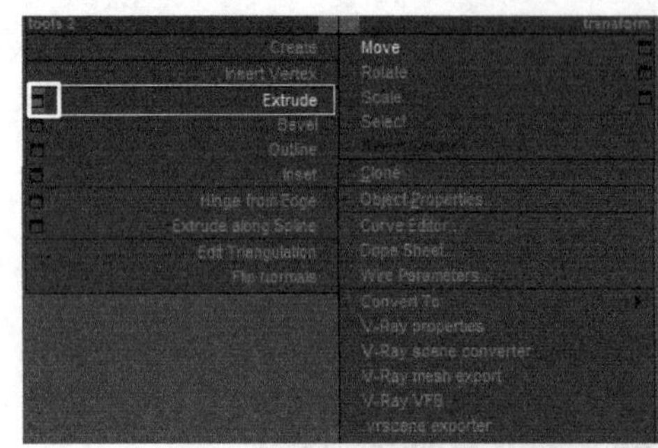

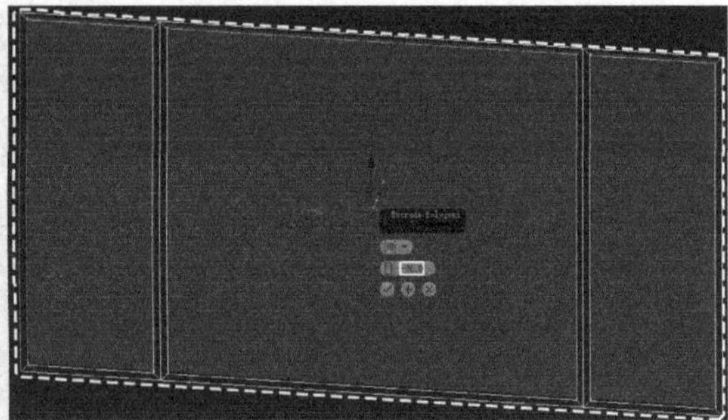

▲图 7-17　插入与挤出（1）（续）

c. 此时，窗棱造型已基本确定，下面继续制作出细节。再次使用【Inset】（插入）命令，同时输入插入量20mm，并且继续使用【Extrude】（挤出）命令，并输入挤出厚度20mm（其步骤与之前完全一致，只是数据不同，效果如图7-18所示。

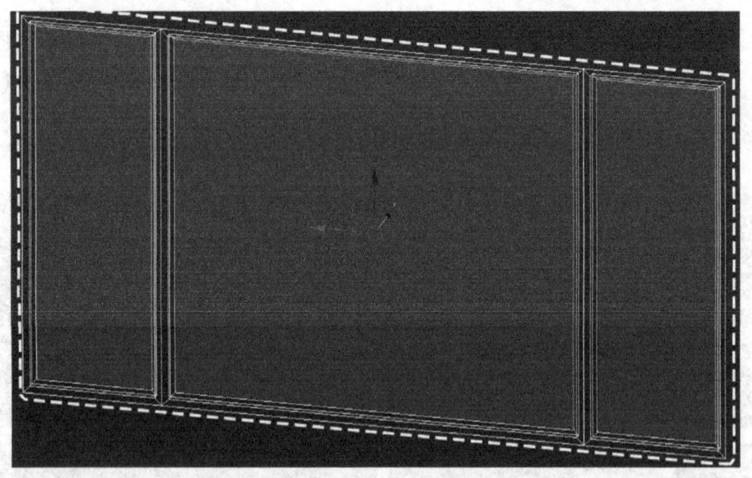

▲图 7-18　插入与挤出（2）

d. 将当前所选中的面【Detach】（分离），刚好可以将其作为窗户的玻璃，如图7-19所示。

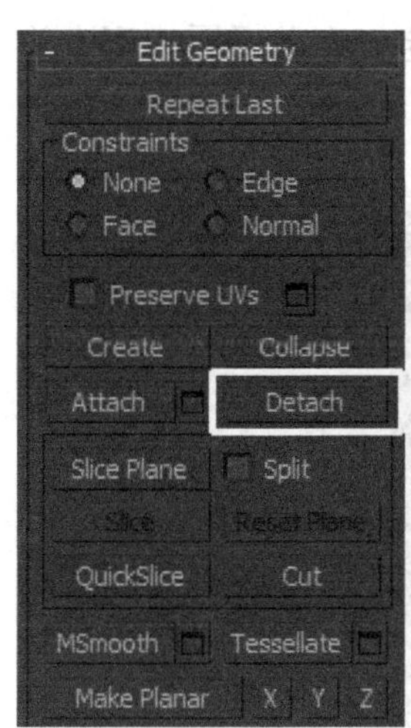

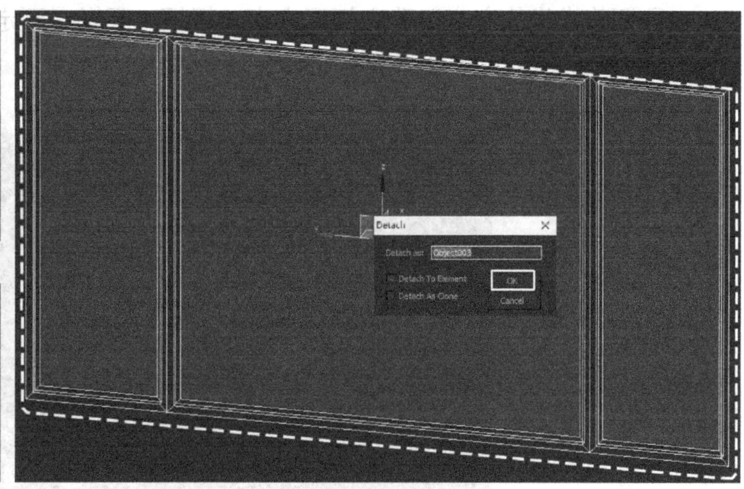

▲图 7-19 面分离

（2）制作门洞（此处以走道处门洞为例），具体操作步骤如下。

①先选取墙体，选择【Edga】（边），再选取门洞的两根竖向边并以此连接出一根横线，如图7-20所示。

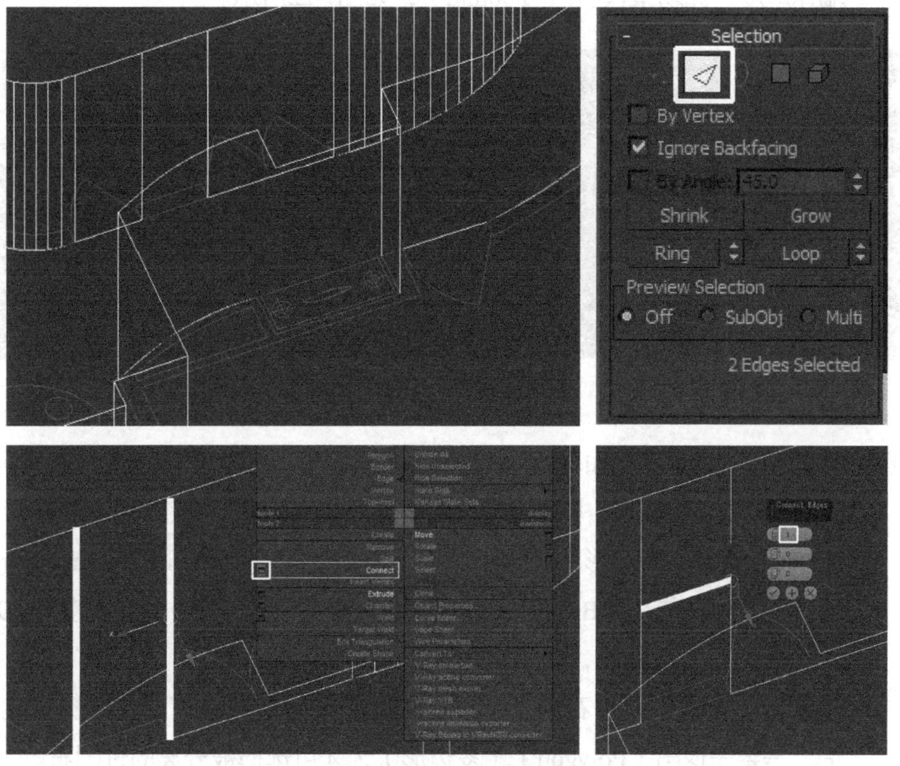

▲图 7-20 选择边

②调整横线的高度以确定门洞高度（根据实际场景而定，在此场景模型中为2 000mm），如图7-21所示。

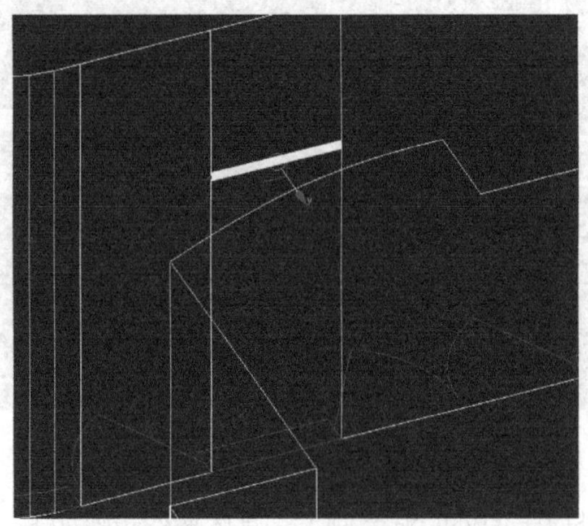

▲图 7-21　确定门洞高度

③选择【Polygon】（多边形），将制作好的门洞面选中并挤出，挤出厚度为墙体厚度（此场景模型为-200mm），如图7-22所示。

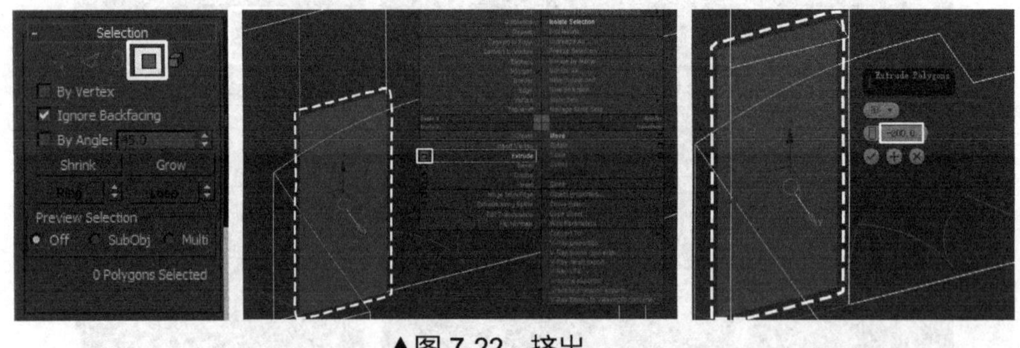

▲图 7-22　挤出

（3）制作过门石，具体步骤如下。

①之前制作门洞时，挤出后地面自然产生了新的面（注意观察），此时选择【Polygon】（多边形）并选中该面，然后使用【Detach】（分离）命令。再选中此面并使用【Bevel】（倒角）命令进行设置：其中高度设置为10mm，轮廓量设置为-15mm，如图7-23所示。

注意：由于制作过门石的面已被分离，所以当前状态下无法选择过门石的面。需要先退出【Polygon】（多边形），才可选择被分离的过门石。

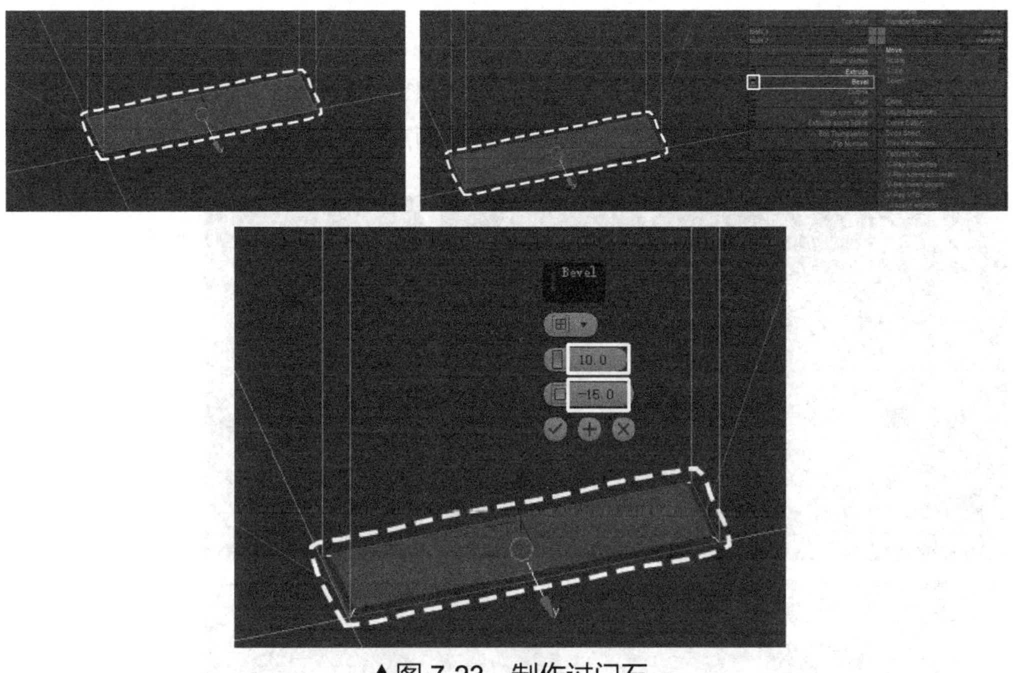

▲图 7-23 制作过门石

②退出【Polygon】（多边形），给过门石赋予材质即可。

（4）剩余窗口、门洞、过门石的制作步骤与之前一致，这里不再赘述，如图7-24所示。

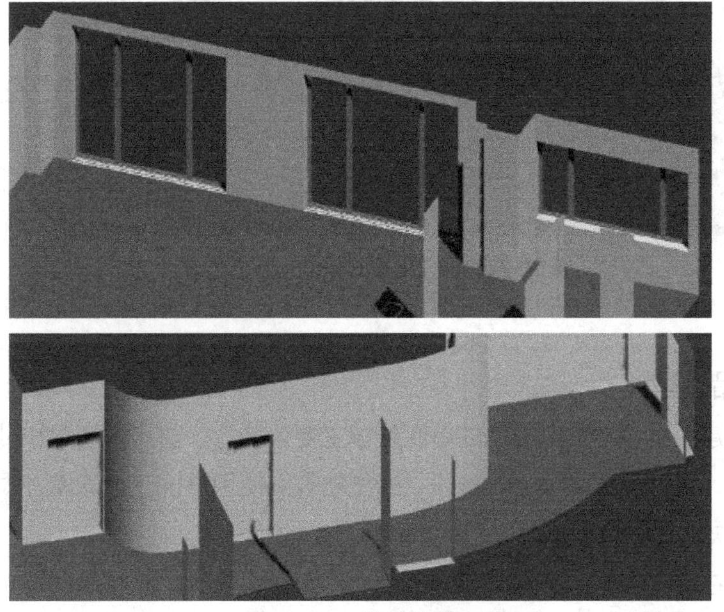
▲图7-24 剩余步骤一致

5.设置相机

在3ds Max软件中，要先从【Top】（顶）视图创建相机，然后分别调整角度、镜头大小和高度（将相机设为平视视角，距离地面高度1 200mm），如图7-25所示。

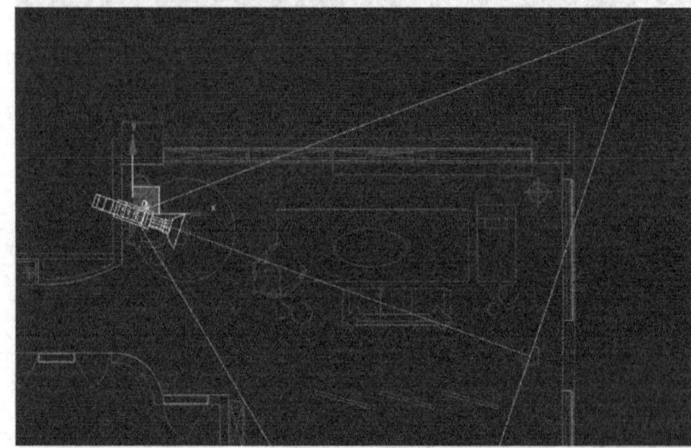

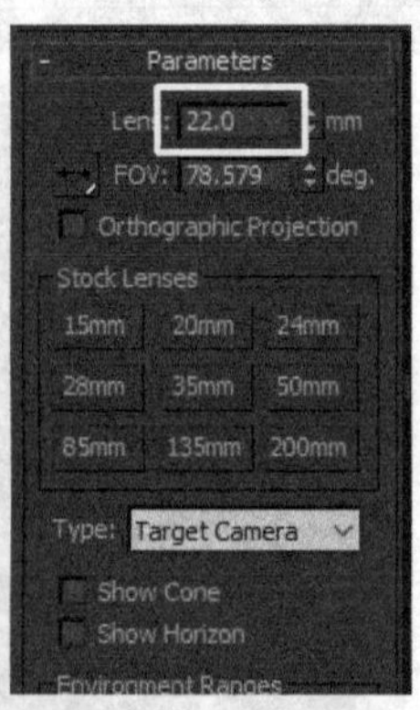

视频47

▲图 7-25 创建相机

6.添加成品模型

在室内建模中，本章所演示的单面建模主要为墙体、窗户、门洞和过门石的制作过程及方法，至于后续吊顶、石膏线、造型墙等则使用常规三维建模方式，运用前面章节所学的知识即可。

其中，在室内空间中占据重要地位的活动家具、装饰物品和绿植等，在室内建模过程中都是通过网络等渠道，收集现成家具模型导入其中，无需自己制作。最终的完成效果如图7-26所示。

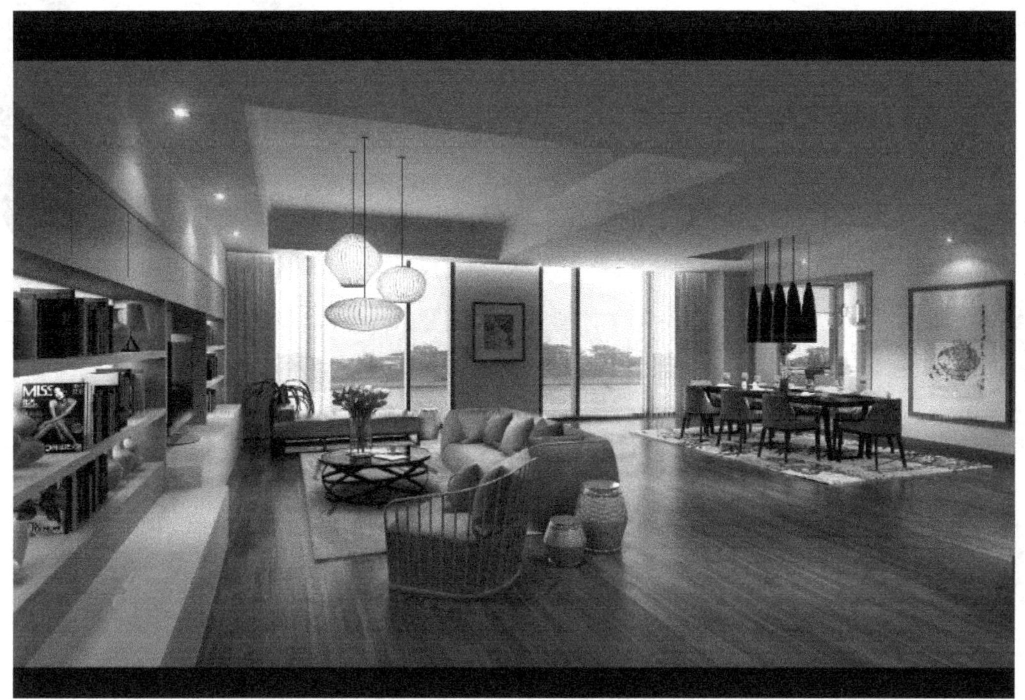

▲图 7-26　最终效果图

本章小结

通过本章的学习，能够详细了解室内单面建模方法、制作流程和要点，有助于我们在室内项目的制作过程中将所学内容熟练掌握并灵活运用，在未来的工作过程中通过单面建模方法也可减轻一定的工作负担。本案例CAD、效果图、完整版模型（包含贴图、灯光、模型、后期）都在相应的教学资料中供大家下载使用。

附录

3ds Max常见问题解决技巧

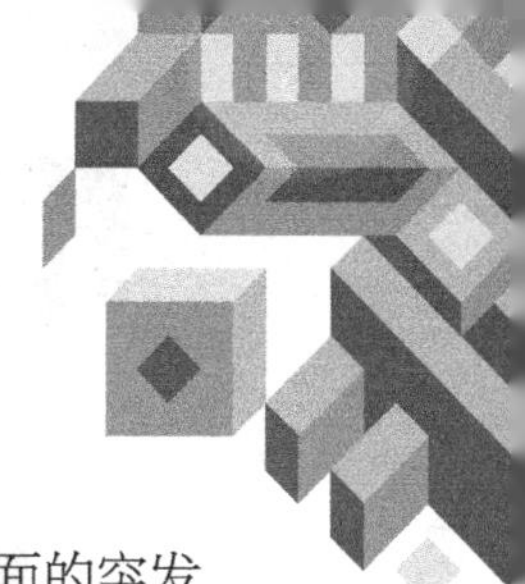

本章主要讲解3ds Max在操作过程中出现的一些显示、操作、场景等方面的突发问题的解决方法，对于初学者学习、掌握软件操作有着至关重要的作用。

（1）3ds Max在操作中显示命令面板突然消失。

在菜单栏中单击【Customize】（自定义菜单）并选择【Show UI】（显示用户界面），然后勾选【Show Command Panel】（显示命令面板），如附图1所示。

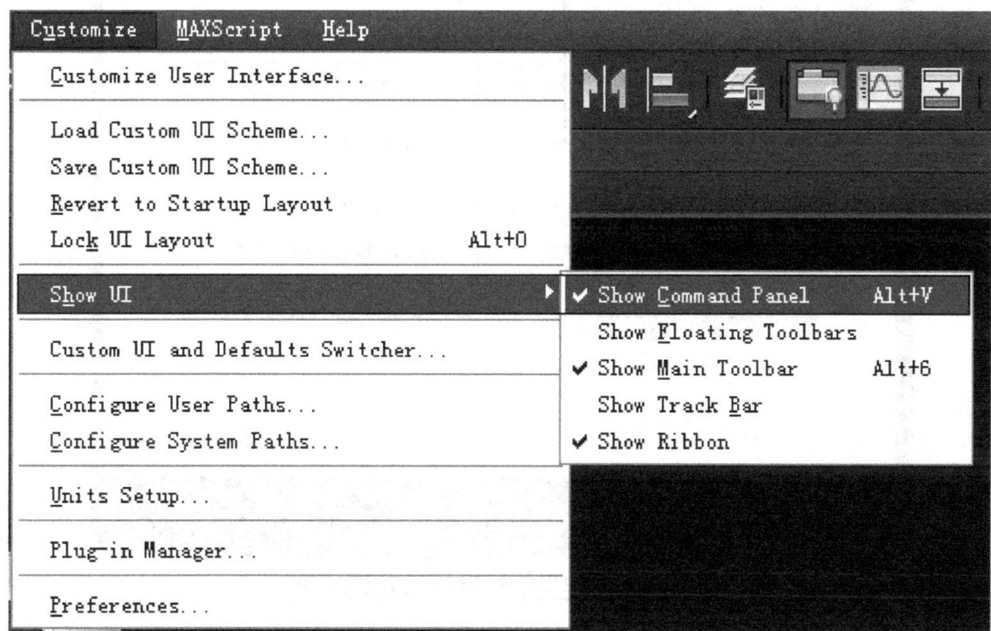

附图1　显示命令面板选项

**温馨提示**

自定义菜单中设定的显示命令面板选项有时候在勾选状态下仍然显示不出来，这时可以在【Customize】（自定义菜单）中单击【Custom UI and Defaults Switcher】（自定义用户界面和默认切换器），在弹出的对话框中选择【DefaultsUI】（默认）界面设置，如附图2所示。

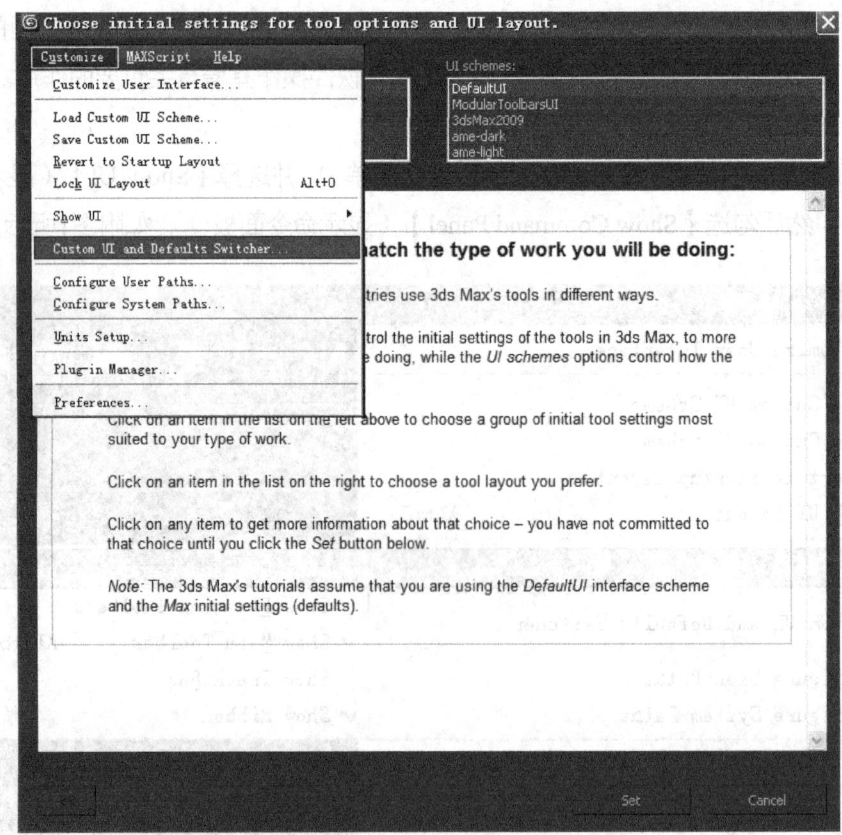

附图2　自定义UI与默认设置切换器

（2）3ds Max在操作中常用工具栏突然消失。

在菜单栏中单击【Customize】（自定义菜单）选择【Show UI】（显示用户界面），然后勾选【Show Main Toolbar】（显示主工具栏），如附图3所示。

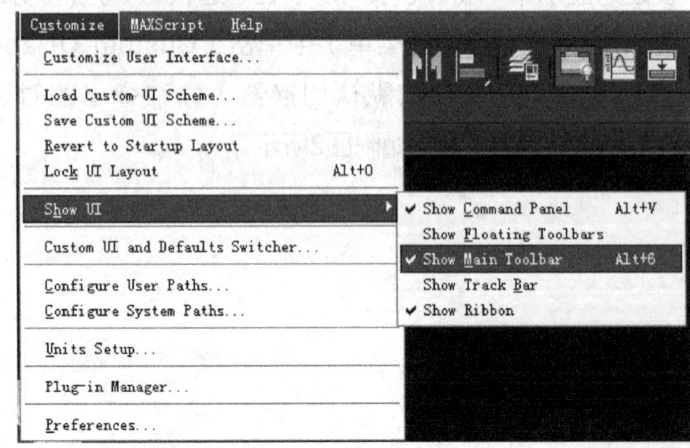

附图3　显示主工具栏

（3）3ds Max在操作中【Gizmo】（坐标轴）显示为红色的细线，不能使用鼠标感应来锁定坐标轴。

在3ds Max操作中，可能无意按了X键（切换坐标轴的快捷键），此时再按一次X键就可以恢复此功能了。或是打开【customize】（自定义菜单）单击【Preferences】（首选项），在对话面板中勾选【Gizmo】（变换轴）选项中的【On】（启用），如附图4所示。

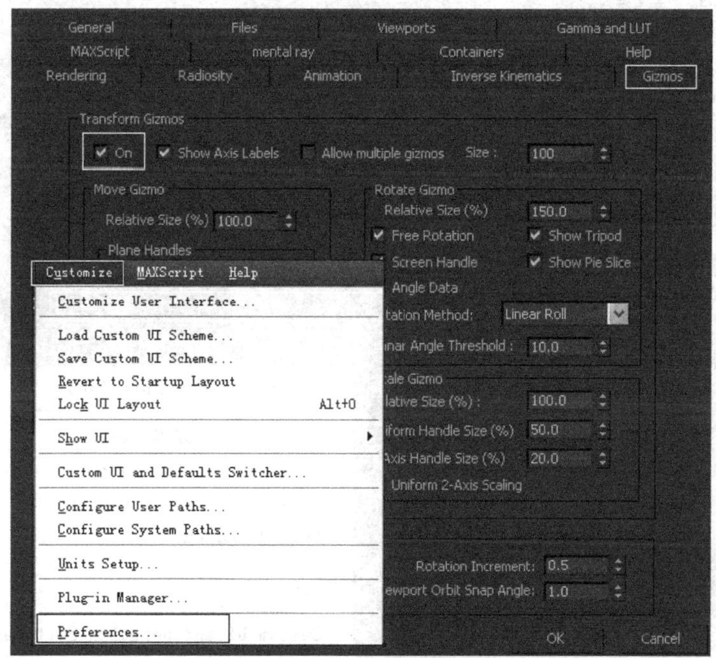

附图4 首选项变换轴

（4）当3ds Max采用OpenGL显示模式，创建的物体显示“面”时，会出现一条对角线，如附图5所示。

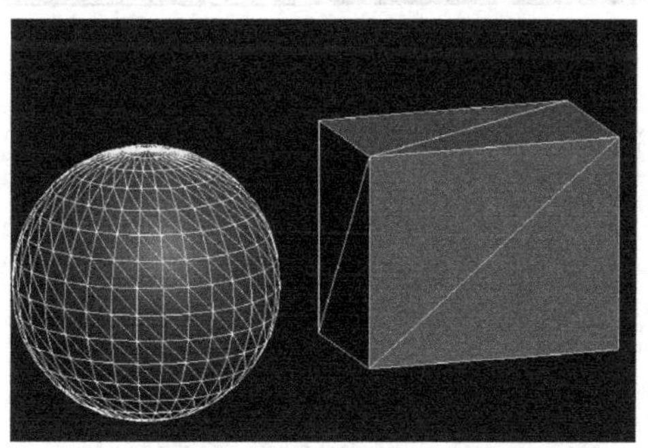

附图5 对角线显示图样

打开【Customize】（自定义菜单）并单击【Preferences】（首选项）。单击【Viewports】（视口）按钮，选择【Configure Driver】（配置驱动程序），在弹出的对话面板中取消【Display Wireframe Objects Using Triangle Strips】（显示所有三角形边）的勾选状态，如附图6所示。

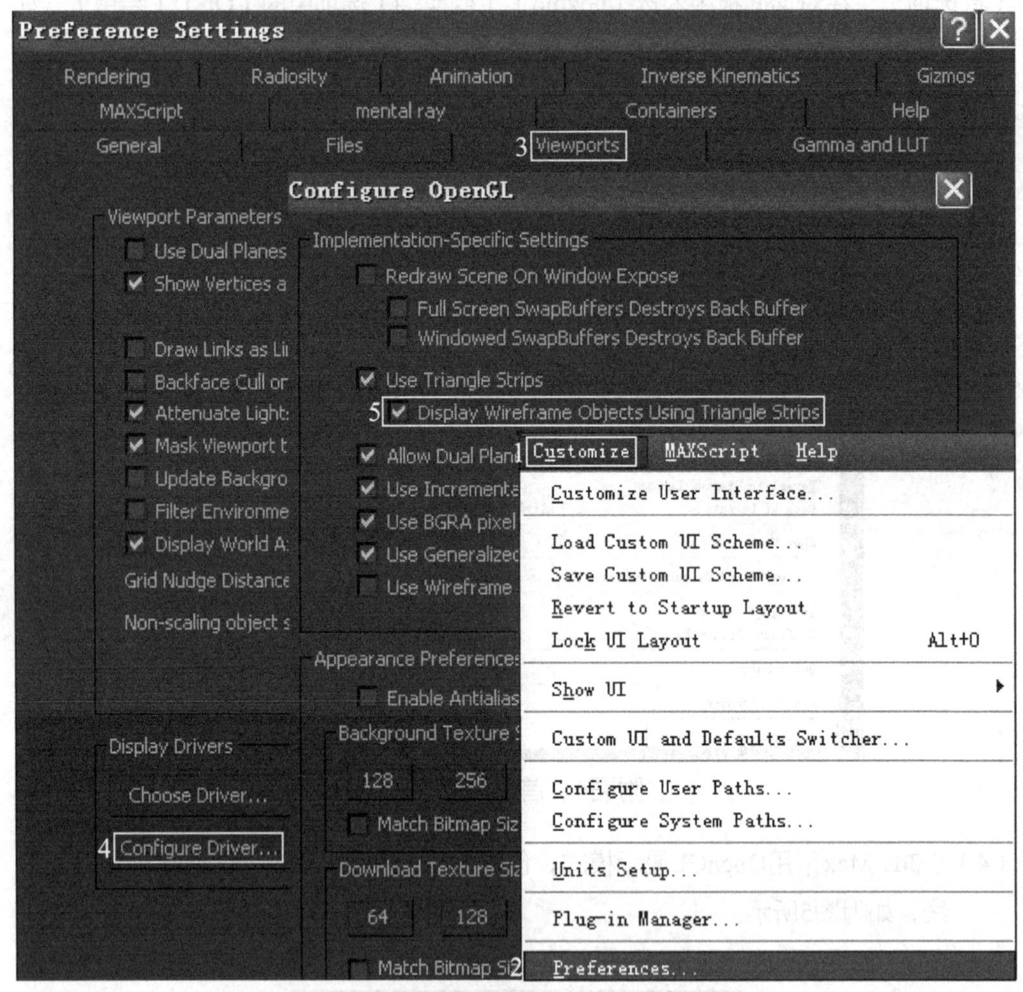

附图6　首选项视口

（5）在创建样条线的过程中弹出提示是否闭合的对话框，无法继续操作，如附图7所示。

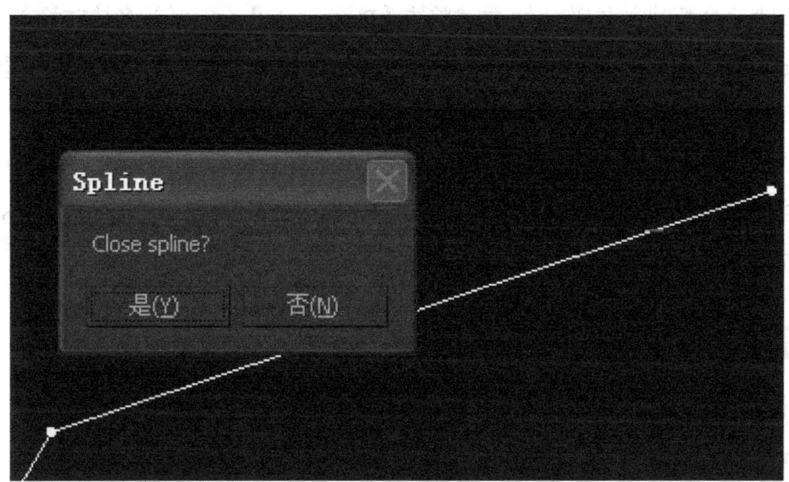

附图7　对话框弹出图样

在创建样条线的过程中，为了使捕捉更加准确，会将窗口过于放大，当点与点之间的距离很近时，系统会自动弹出是否闭合的对话面板。单击“否”之后按Z键使视口最大化显示，然后单击绘图区任意定位一个点，按【Backspace】键将其取消，就可以正常操作了。

（6）创建样条线在挤出后无法显示面或是显示破面，如附图8所示。

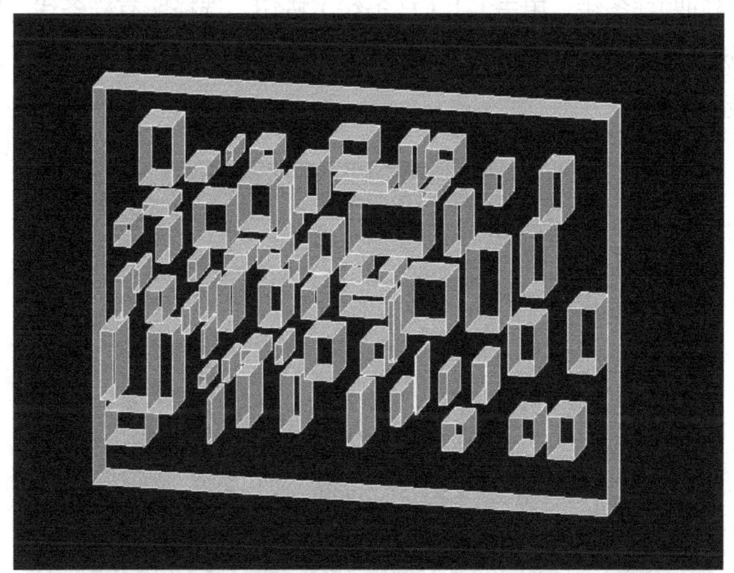

附图8　挤出破面示意

首先，保证样条线是闭合状态，无重合线条、断点。如果挤出出错可通过以下两种方法来处理。

① 创建一个标准的图形，如右键单击【Rectangle】（矩形）将其转换为【Convert to Editable Spline】（可编辑样条线），单击【Attach】（附加）命令将问题线条附加在一起后，再单击基础命令即可，如附图9所示。

最后单击【Spline】（样条线）将矩形选中删除，然后，单击【Pivot】（轴）→【Affect Pivot Only】（仅影响轴）选择【Alignment】（对齐）→【Center to Object】（居中到对象）将物体的轴心居中到对象，如附图10所示。

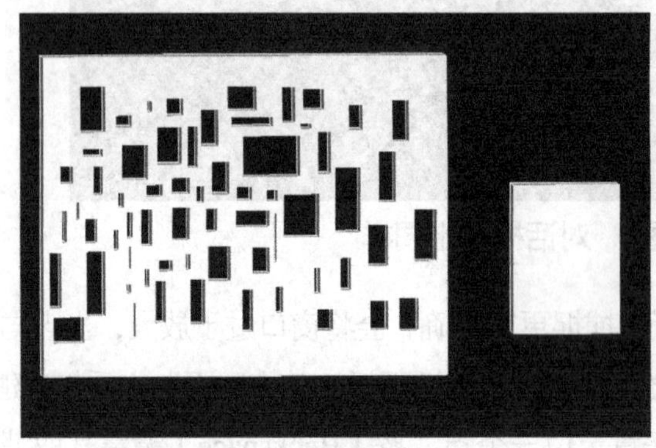

附图9　附加后挤出示意

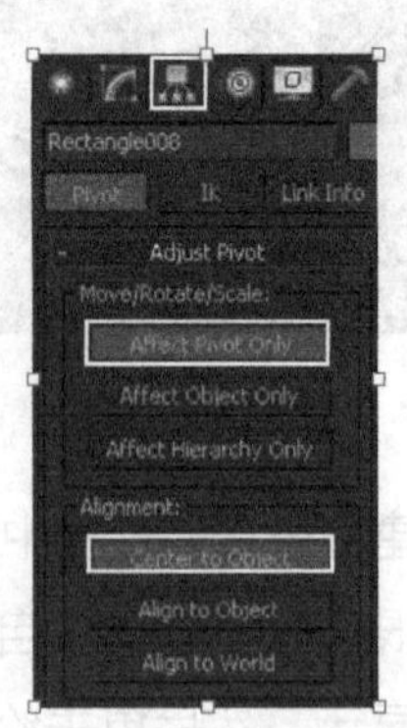

附图10　层次面板

注：附图十白色方矩形框放到第一横排第三个按钮处，如图所示。

②选择问题样条线，单击 （样条线）按钮，选择所有样条线，单击鼠标右键选择【Reverse Splne】（反转样条线）之后再进行挤出即可，如附图11所示。

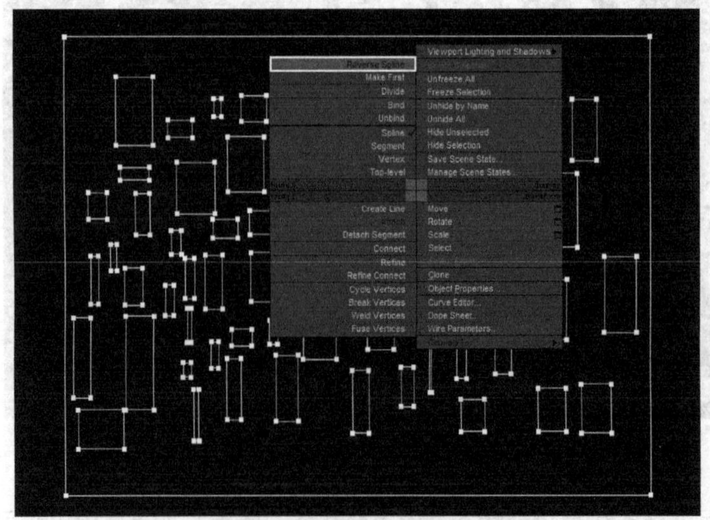

附图11　翻转样条线右键菜单